石油高等院校特色规划教材

高等注水工程

（富媒体）

蒋建勋　杜　娟　李　颖　编著

本书由西南石油大学"研究生教材建设项目"资助

石油工业出版社

内 容 提 要

本书从油田注水出发，介绍了注水工程方案的编制过程，以及各种注水工艺的基本原理和工艺特点。主要包括油田注水开发基础、水质及水处理技术、注水工艺技术、周期注水技术、分层注水技术、注水水质调控决策技术、注水井增注技术、油田注水系统运行优化技术和注水开发效果评价。通过加强工艺的理论分析，力求建立较为完善的注水系统，注重实际技术的现场应用效果，具有较强的理论指导和实用性。

本书可作为石油工程专业本科生和硕士研究生教材，也可供油田开发工程技术人员参考。

图书在版编目（CIP）数据

高等注水工程：富媒体／蒋建勋，杜娟，李颖编著.
—北京：石油工业出版社，2021.12
石油高等院校特色规划教材
ISBN 978－7－5183－5098－8

Ⅰ. ①高… Ⅱ. ①蒋…②杜…③李… Ⅲ. ①油田注水–高等学校–教材 Ⅳ. ①TE357.6

中国版本图书馆 CIP 数据核字（2021）第 255818 号

出版发行：石油工业出版社
（北京市朝阳区安华里 2 区 1 号楼 100011）
网 址：www.petropub.com
编辑部：（010）64523733
图书营销中心：（010）64523633
经 销：全国新华书店
排 版：三河市燕郊三山科普发展有限公司
印 刷：北京中石油彩色印刷有限责任公司

2021 年 12 月第 1 版 2021 年 12 月第 1 次印刷
787 毫米×1092 毫米 开本：1/16 印张：17
字数：414 千字

定价：44.00 元

前言

注水开发是国内外保持油田高效开发的一项技术手段，也是提高油田最终采收率的重要方法。油藏经天然能量衰竭式开采后，压力下降，需进行能量补充，而注水是最有效的方式，因此在全世界得到广泛的应用。

油田注水工程是以渗流力学、油田化学、物理化学、材料力学等学科为理论基础，以数学、计算机科学、经济学等学科为研究工具，以油藏高效开发为目的的一门综合性学科。其研究对象包括地面管网系统、地面水处理系统、井筒注入系统及地层流动系统，最终目的是提高原油采收率，实现对油藏的高效开发。

油田注水工程作为石油工程的重要组成部分，涉及油藏工程、采油工程、油田化学工程、地面工程等多个学科，是石油工程开发方案设计、油田正常生产运维的重要内容。

注水几乎贯穿油田开发的始终，但国内石油高校在讲授石油工程的相关知识时，很少系统地介绍注水工程的内容。同时随着近年来研究生的扩招，跨专业的研究生比例增加，使得部分学生缺乏石油工程中油田注水工程的相关知识。因此，我们在本科教学的基础上，在石油工程专业的研究生课程建设中，开设了注水工程这门课，在西南石油大学研究生院教材建设项目的资助下，组织编写了这本教材。

本教材共九章，由西南石油大学蒋建勋、杜娟、李颖共同编著完成，具体编写分工如下：蒋建勋负责第一章、第三章、第四章、第五章、第六章，杜娟负责第二章、第七章，李颖负责第八章、第九章。

在本教材的编写过程中，得到了西南石油大学研究生院、石油与天然气工程学院的大力支持，在此表示衷心的感谢。同时，西南石油大学硕士研究生谢冰汐、李伟、李杰、李茂茂、马寒松参与了教材的部分资料收集与文字整理工作，在此一并表示感谢。

油田注水工程是一门理论联系实际、涉及学科广、技术性强的系统工程，教材的编写过程中引用了很多前人的研究成果、经验和一些现场数据，在此表示由衷的感谢。

由于编写人员水平有限，对于如何适应新时期研究生教育还有待进一步探索，本教材难免存在缺点和不足之处，敬请广大师生和读者提出宝贵意见。

编者

2021 年 10 月

目录

富媒体资源目录

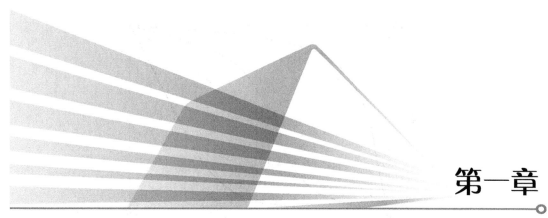

第一章
油田注水开发基础

　　油田注水工程主要研究注水开发油田的驱替特征、水驱曲线、含水上升规律、产量递减规律、注水开发井网等，运用油藏工程的方法来预测注水开发油田的采收率（视频 1-1、彩图 1-1）。它是注水开发油田的基础，在此基础上指导油田的有效开发。

视频 1-1　油田注水井简介　　　　　　彩图 1-1　注水示意图

　　注水开发油田的驱替特征，不管是从微观上还是宏观上，在"油层物理"和"渗流力学"课程中已经学习过，在此就不一一赘述了。

第一节　注水开发油田含水上升规律

一、含水上升规律

　　注水开发的油田，在生产一定时间之后必将产水，且油井含水率会不断上升。油井或油田产水会降低产油能力，想要提高产油能力，需要认识产水规律，找出减缓含水上升速度的方法。

1. 含水上升一般规律

　　根据大量注水开发油田的生产资料统计，油田含水规律一般分为 3 种基本模式：凸型、s 型和凹型（图 1-1）。

　　凸型曲线反映了油田见水早、无水采油期短、早期含水上升快、晚期含水上升慢的特

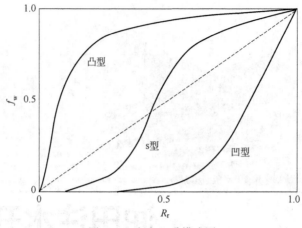

图 1-1　含水上升模式图

点，并且油田的主要产油量都集中在中—高含水阶段，因此，开发效益相对较差。

凹型曲线反映了油田见水晚、无水采油期长、早期含水上升慢、晚期含水上升快的特点，并且油田的主要产油量都集中在中—低含水阶段，因此，开发效益相对较好。

s 型曲线的情况，介于凸型和凹型两种情况之间。

凸型曲线可以用下面的方程进行描述：

$$R_r = a + b\ln(1 - f_w) \tag{1-1}$$

式中　　R_r——可采储量的采出程度，定义为采出油量占可采地质储量的比例；

a、b——曲线常数；

f_w——含水率，定义为日（月、年）产水量与日（月、年）产液量的比值。

s 型曲线可以用下面的方程进行描述：

$$R_r = a + b\ln \frac{f_w}{1 - f_w} \tag{1-2}$$

凹型曲线可以用下面的方程进行描述：

$$\ln R_r = a + b\ln f_w \tag{1-3}$$

当然，油田实际的含水上升曲线可能位于凸型曲线和凹型曲线包围区域的任意位置。曲线越凸，表明开发效果越差；曲线越凹，表明开发效果越好。曲线的凸凹性质，除了与地层岩石和流体本身性质有关之外，还受到井网布置、完井方式和驱替剂的选择等人为因素的影响。

由于油田开发方案的不断调整，含水上升曲线可能不是一条光滑的曲线，也可能不是单调递增的曲线，但总的趋势是不断上升的。

油田上一般把 $f_w = 0\% \sim 20\%$ 称作低含水阶段，把 $f_w = 20\% \sim 60\%$ 称作中含水阶段，把 $f_w = 60\% \sim 90\%$ 称作高含水阶段，把 $f_w = 90\% \sim 98\%$ 称作特高含水阶段。当 $f_w = 98\%$ 时，油田的开发效益极差，油井关井或油田废弃。因此，矿场上一般把 $f_w = 98\%$ 称作油田开发的极限含水率。

2. 含水上升统计规律

油田生产过程中记录了大量的油、气、水产量及压力、温度等直接性的测试资料，从这些资料中可以整理出含水率、气油比等间接性资料，将这些资料绘制到时间尺度的坐标里，就是所谓的综合生产曲线。

在这些综合生产数据中，求出油田的累积产水量（W_p）和累积产油量（N_p）之后，把它们绘制到半对数坐标中，W_p 和 N_p 在油田生产一段时间之后会呈现出一定的线性关系，用方程表示如下：

$$\lg W_p = a + b N_p \tag{1-4}$$

式中，a、b 为水驱常数，可以用来评价油田的水驱效果，显然，a、b 的值越小，水驱油的效果就越好。

式（1-4）就是由马克西莫夫于 1959 年提出、童宪章于 1978 年命名的甲型水驱曲线方程。

除此之外，研究水驱曲线的数学方程还有很多，实际应用时可以根据实际情况进行选择，甚至可以设计出一些新的数学关系式。下面是几种常见的统计关系曲线方程。

方程 1：

$$\frac{L_p}{N_p} = a + b L_p \tag{1-5}$$

其中

$$L_p = W_p + N_p$$

式中　L_p——累积产液量，m^3。

方程 2：

$$\lg L_p = a + b N_p \tag{1-6}$$

方程 3：

$$\frac{L_p}{N_p} = a + b W_p \tag{1-7}$$

方程 4：

$$\ln R_{wo} = a + b N_p \tag{1-8}$$

式中　R_{wo}——（瞬时）生产水油比。

方程 5：

$$\ln R_{Lo} = a + b N_p \tag{1-9}$$

式中　R_{Lo}——生产液油比，即产液量与产油量的比值。

方程 6：

$$\ln f_w = a + b N_p \tag{1-10}$$

方程 7：

$$\ln f_w = a + b \ln N_p \tag{1-11}$$

反映油田累积产油量、累积产水量、累积产液量及累积注水量之间统计关系的曲线称为水驱特征曲线。水驱特征曲线都有其对应的 f_w—N_p 关系，这些关系是独立的，并不是由水驱特征曲线推导出来的，但它们和水驱特征曲线一样，同样代表着油田的含水变化规律。下面介绍几种 f_w—N_p 关系的方程：

方程 1，与式（1-5）相对应的 f_w—N_p 关系：

$$N_p = \frac{1}{b} \left[1 - \sqrt{a(1-f_w)} \right] \tag{1-12}$$

方程 2，与式（1-6）相对应的 f_w—N_p 关系：

$$N_p = \frac{1}{b}\left[\lg\left(\frac{0.4343}{b}\frac{1}{1-f_w}\right) - a\right]\qquad(1-13)$$

方程 3，与式（1-4）相对应的 f_w—N_p 关系：

$$N_p = \frac{1}{b}\left[\lg\left(\frac{0.4343}{b}\frac{f_w}{1-f_w}\right) - a\right]\qquad(1-14)$$

方程 4，与式（1-7）相对应的 f_w—N_p 关系：

$$N_p = \frac{1}{b}\left[1 - \sqrt{(a-1)\frac{1-f_w}{f_w}}\right]\qquad(1-15)$$

二、含水上升影响因素

含水上升影响因素包括地层非均质性、平面驱替方式、油藏类型与井身结构、流体性质、渗流物理性质等。

1. 地层非均质性

为了分析地层非均质性对含水上升规律的影响，假定驱替皆为活塞式驱替。图 1-2 为只有一个小层、即均质地层的活塞式驱替图。在采出端见水之前，油井的含水率为 0%；在采出端见水之后，油井的含水率为 100%（图 1-3）。

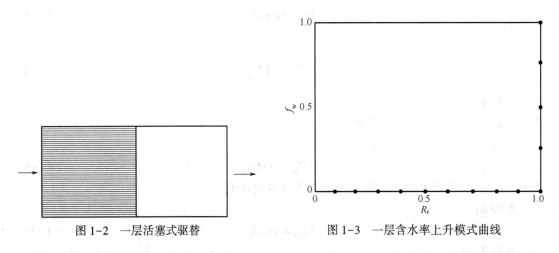

图 1-2　一层活塞式驱替　　　　　图 1-3　一层含水率上升模式曲线

图 1-4 为两个等厚小层的活塞式驱替图，每个小层都是均质地层，两小层的渗透率之比为 1∶2，则其渗流速度之比也为 1∶2，在油井见水时，高渗小层的采出程度为 100%，低渗小层的采出程度为 50%，整个地层的总采出程度为 75%，油井刚见水时的含水率从 0% 跃升到 50%。待低渗小层见水时，油井含水率从 50% 再次跃升至 100%。图 1-5 为地层含水率上升模式曲线，曲线只有两个台阶。

图 1-6 为 4 个等厚小层的活塞式驱替图，每个小层都是均质地层，4 个小层的渗透率之比为 1∶2∶4∶8，则其渗流速度之比也为 1∶2∶4∶8，与两个小层的情况相比，油井的见水时间大大提前，且含水率上升模式曲线呈 4 个台阶变化（图 1-7）。

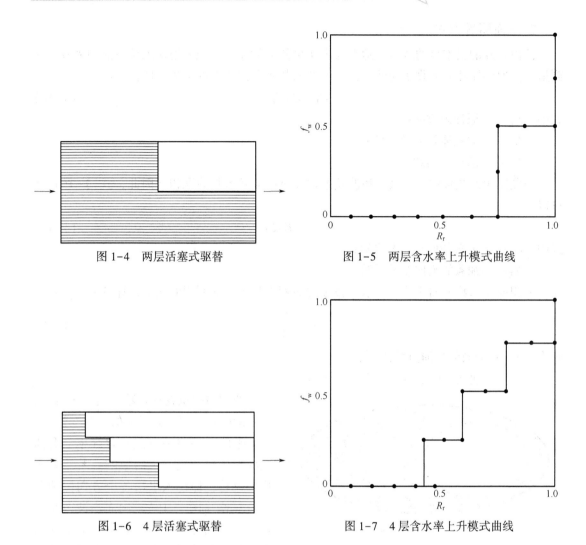

图 1-4　两层活塞式驱替

图 1-5　两层含水率上升模式曲线

图 1-6　4层活塞式驱替

图 1-7　4层含水率上升模式曲线

通过以上三种地层情况的对比可以看出，地层的非均质性越强，油井的见水时间就越早，含水率曲线的台阶就越小。实际油田的地层非均质性都很强，并且都不是活塞式驱替，因此，含水率曲线的变化也就不是台阶状，而是光滑的曲线。

图 1-8 为非均质地层和均质地层非活塞驱替含水率曲线的对比情况，非均质地层见水早、含水率曲线凸性强；而均质地层则相反，见水晚、含水率曲线凹性强。因此，对于多油层油田，细划开发层系或

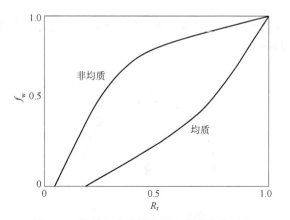

图 1-8　均质和非均质地层含水率曲线对比

分层开采，可以使驱替单元的非均质程度减弱，进而提高驱替效率和开发效益。

2. 平面驱替方式

油田开发的根本目的就是从地下采出尽可能多的原油，或者说使地层原油的采收率达到最大。地层原油的采收率为油藏体积波及系数和驱油效率的乘积，即：

$$E_R = E_V E_D \qquad (1-16)$$

式中　E_R——原油采收率；

　　　E_V——油藏体积波及系数；

　　　E_D——油藏驱油效率。

油藏体积波及系数为油藏面积波及系数和垂向波及系数的乘积，因此，式(1-16) 又可以写成：

$$E_R = E_A E_Z E_D \qquad (1-17)$$

式中　E_A——油藏的面积波及系数；

　　　E_Z——油藏的垂向波及系数。

面积波及系数为油藏被注入水驱替过的面积占整个含油面积的比例，计算公式为：

$$E_A = \frac{A_s}{A} \qquad (1-18)$$

式中　A——油藏的含油面积，m^2；

　　　A_s——油藏的注水驱替面积（图1-9），m^2。

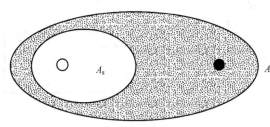

图1-9　油藏平面波及图

油藏的面积波及系数不是一个常数，而是随驱替进程不断增大的一个变量。

平面上的驱替方式对含水率上升曲线的形态也产生一定的影响。若驱替为均匀驱替，即注入水从各个方向向油井进行驱替（图1-10），则面积波及系数较高。在油井见水时，图1-11中均匀驱替的面积波及系数为1。面积波及系数越大，油井的见水时间就越晚，原油的采出程度就越高，含水率上升曲线就越呈凹性。

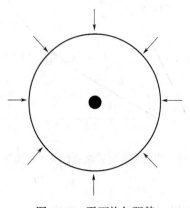

图1-10　平面均匀驱替

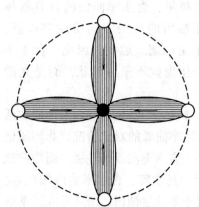

图1-11　平面4方向驱替

图 1-11、图 1-12 和图 1-13 分别为平面 4 方向、2 方向和 1 方向驱替的情形。在所有这些驱替方式中，均匀驱替的面积波及系数最高，其次是 4 方向驱替，1 方向驱替的面积波及系数最低。对于 1 方向和 2 方向驱替，由于地层的大部分含油面积没有被注入水波及，因而油层的采出程度较低；从注水井注入的水，又直接从采油井采出，因而含水率较高，含水率曲线的凸性较强。之所以出现这种情况，是因为注入水沿压力梯度方向优先驱替，这种现象一般称作舌进。图 1-14 为各种平面驱替方式的含水率上升模式曲线的对比，从图中曲线可以看出，驱替越均匀，油井的见水时间就越晚，含水率上升曲线就越凹；相反，驱替越不均匀，油井的见水时间就越早，含水率上升曲线就越凸。因此，在进行注水开发油田的注采井网设计时，应考虑平面驱替的均匀特性。就平面驱替的均匀性而言，天然的边水驱替显然优于人工注采井网的驱替。

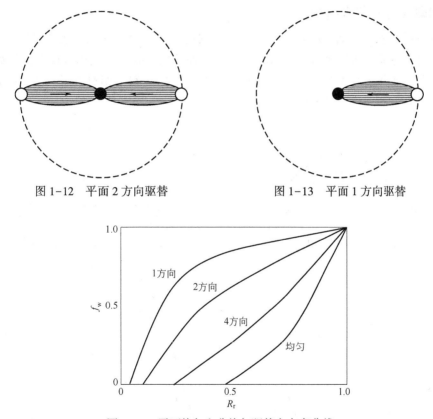

图 1-12　平面 2 方向驱替　　　　　　　图 1-13　平面 1 方向驱替

图 1-14　平面均匀和非均匀驱替含水率曲线

油藏的垂向波及系数为油藏被水驱替过的厚度占油层总厚度的比例，计算公式为：

$$E_Z = \frac{h_s}{h} \tag{1-19}$$

式中　h——油层的总厚度，m；

　　　h_s——油层的注水驱替厚度（图 1-15），m。

由图 1-15 可以看出，地层中每一点的垂向波及系数不尽相同，某一点的垂向波及系数也不是一个常数，而是随驱替进程不断增大的一个变量。

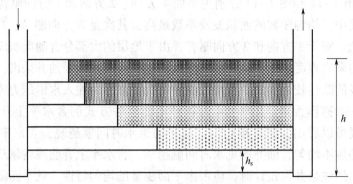

图 1-15 油藏垂向波及图

3. 油藏类型与井身结构

用直井开发边水油藏与用直井开发底水油藏相比，其含水率上升规律是完全不同的。边水油藏因油井离边水较远（图 1-16），因此，油井见水的时间也相对较晚；而底水油藏则不同，由于油井离底水较近（图 1-17），油井见水的时间也相对较早。图 1-18 为边水油藏与底水油藏含水率上升曲线对比图。

图 1-16 直井开采边水油藏　　　　图 1-17 直井开采底水油藏

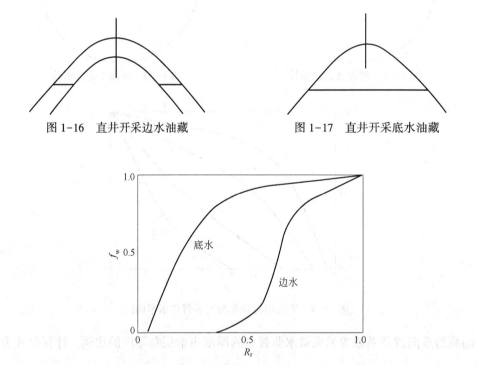

图 1-18 直井开采边水油藏与底水油藏含水率模式曲线

一些底水油藏的开采，采用了水平井技术。一般情况下，若水平井与油水界面平行，如图 1-19（a）所示，则底水的驱替效果较好；如果水平井与油水界面存在一定的角度，如图 1-19（b）所示，则驱替效果变差；用直井开采底水油藏的效果一般都较差，如图 1-19（c）所示。图 1-20 为不同油井开采底水油藏的含水率上升模式曲线。

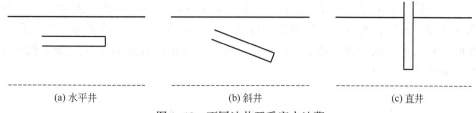

(a) 水平井　　　　　　　(b) 斜井　　　　　　　(c) 直井

图 1-19　不同油井开采底水油藏

4. 流体性质

驱替流体和被驱替流体的性质，对含水率上升曲线的形态也产生一定的影响。水驱替原油的分流率（水流量与总流量之比）公式为：

$$f_w = \frac{1}{1 + \mu_R \dfrac{K_{ro}}{K_{rw}}} \qquad (1-20)$$

式中　μ_R——水油黏度比；

K_{ro}、K_{rw}——油、水的相对渗透率。

由式（1-20）可以看出，水油黏度比越高，分流率就越低（图 1-21），即水

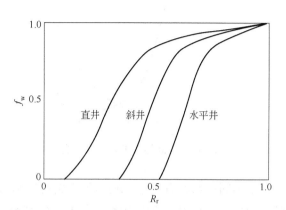

图 1-20　不同油井开采底
水油藏含水率模式曲线

在地层中的流动能力就越低，油的流动能力就越强，也即水驱替原油的能力就越强，反映在含水率的变化曲线上，出现油水黏度比越高，见水时间就越晚、含水上升速度就越慢的特点（图 1-22）。通过加入增黏剂，提高注入水的黏度，进而达到提高水驱替原油的能力，是常用的 EOR 方法之一。通过热力学方法，降低原油的黏度，进而提高原油的流动能力，是常用的热采方法。

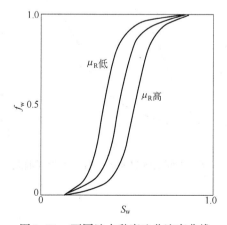

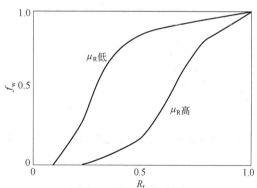

图 1-21　不同油水黏度比分流率曲线　　　图 1-22　不同油水黏度比含水率上升模式曲线

5. 渗流物理性质

根据式（1-20）可知，分流率的大小还受到相对渗透率（K_r）的影响，而相渗曲线的

形态又主要受油水界面张力的影响。图 1-23 为油水界面张力较高的相渗曲线，曲线显示油水两相共渗区较窄，而且水的流动能力远低于油的流动能力。若降低油水界面张力，相渗曲线的两相共渗区则变宽（图 1-24），束缚水和残余油饱和度都变小，而且水的流动能力趋近于油的流动能力。

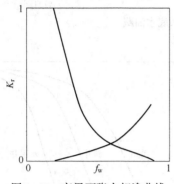
图 1-23　高界面张力相渗曲线

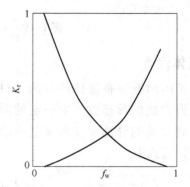
图 1-24　低界面张力相渗曲线

　　由不同油水界面张力（σ）的相渗曲线绘制的分流率曲线如图 1-25 所示。油水界面张力变化，导致相渗曲线变化，进而导致分流率曲线变化。油水界面张力越高，分流率曲线的凸性就越强；相反，油水界面张力越低，分流率曲线的凹性就越强。反映在含水率的上升模式曲线上，则出现油水界面张力越低、见水时间就越晚、含水上升速度就越慢的特点（图 1-26），通过加入表面活性剂，降低油水界面张力，进而达到提高水驱替原油的能力，是另一种常用的 EOR 方法之一。

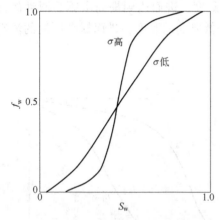
图 1-25　不同油水界面张力分流率曲线

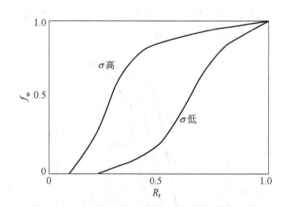
图 1-26　不同油水界面张力含水率模式曲线

三、水驱油田产量递减规律

　　水驱油田在开发后期将进入产量递减阶段。掌握产量递减的规律，对于预测油田可采储量、预测产量变化及评价调整效果有重要意义。

　　目前我国各油田描述产量递减规律都是采用 Arps 双曲递减曲线。自 Arps 双曲递减曲线提出以来，国内外都对它进行了极为深入的研究，特别是对 Arps 双曲递减曲线的递减参数确定方法的研究，而且对 Arps 双曲递减曲线在具体油田中的递减指数 n 值的变化范围也进行了讨论。李传亮的《油藏工程原理（第三版）》一书中对 Arps 双曲递减曲线有相关阐述，但是很少有人讨论 Arps 双曲递减曲线在水驱油田中的适用性问题。俞启泰首先提出了 Arps 双曲递减曲线的适应性问题，水驱油田是否遵循 Arps 双曲递减曲线？水驱油田递减曲线又和 Arps 双曲递减曲线有什么关系？俞启泰根据水驱特征曲线及其含水率—累积产油量关系进行了水驱油田产量递减公式的推导。

由水驱特征曲线公式（1-5）与含水率与累积产油量关系式（1-13）推导水驱油田递减曲线公式的过程如下：

含水率可由下式表示：

$$f_w = \frac{Q_w}{Q_w + Q_o} \tag{1-21}$$

式中　Q_w——t 时刻的产水量，t/a 或 t/mon；

$\qquad Q_o$——t 时刻的产油量，t/a 或 t/mon；

$\qquad t$——生产时间，a 或 mon。

令油田产液量（$Q_w + Q_o$）为常数 c，即：

$$c = Q_w + Q_o \tag{1-22}$$

将式（1-21）、式（1-22）代入式（1-12）得：

$$N_p = \frac{1}{b}\left(1 - \sqrt{\frac{a}{c}Q_o}\right) \tag{1-23}$$

将上式两端对时间 t 微分得：

$$\frac{dN_p}{dt} = \frac{d\left(\frac{1}{b} - \frac{1}{b}\sqrt{\frac{a}{c}}Q_o^{0.5}\right)}{dQ_o}\frac{dQ_o}{dt} \tag{1-24}$$

又知：

$$\frac{dN_p}{dt} = Q_o \tag{1-25}$$

则式（1-24）微分后可得：

$$Q_o = -\frac{1}{2b}\sqrt{\frac{a}{c}}\frac{1}{Q_o^{0.5}}\frac{dQ_o}{dt} \tag{1-26}$$

对式（1-26）变换后并使 t 由 0 到 t，Q_o 由 Q_i 到 Q_o 积分得：

$$\int_0^t dt = \int_{Q_i}^{Q_o} -\frac{1}{2b}\sqrt{\frac{a}{c}}\frac{1}{Q_o^{1.5}}dQ_o \tag{1-27}$$

式中　Q_i——t 为 0 时刻的产油量，t/a 或 t/mon。

式（1-27）运算后得：

$$t = \frac{1}{b}\sqrt{\frac{a}{c}}\left(\frac{1}{Q_o^{0.5}} - \frac{1}{Q_i^{0.5}}\right) \tag{1-28}$$

变换式(1-28) 得 Q_o 计算公式，即为递减曲线公式：

$$Q_o = \left(\frac{1}{b\sqrt{\dfrac{c}{a}}t + \dfrac{1}{Q_i^{0.5}}} \right)^2 \tag{1-29}$$

或

$$\frac{1}{Q_o^{0.5}} = \frac{1}{Q_i^{0.5}} + b\sqrt{\frac{c}{a}}t \tag{1-30}$$

将式(1-25) Q_o 代入式(1-29) 变换后，并对 N_p 由 0 到 N_p、t 由 0 到 t 积分得：

$$\int_0^{N_p} dN_p = \int_0^t \left(\frac{1}{b\sqrt{\dfrac{c}{a}}t + \dfrac{1}{Q_i^{0.5}}} \right)^2 dt \tag{1-31}$$

运算上式即得累积产油量公式：

$$N_p = \frac{1}{b\sqrt{\dfrac{c}{a}}} \left(Q_i^{0.5} - \frac{1}{b\sqrt{\dfrac{c}{a}}t + \dfrac{1}{Q_i^{0.5}}} \right) \tag{1-32}$$

通过上述推导可以得出递减曲线公式(1-29)、累积产油量公式(1-32)。

对任何水驱油田，在开发后期，当产液量不变时，其 Arps 双曲递减指数都应该等于 0.5，而式(1-29) 和该曲线重合。由于 Arps 双曲递减公式有三个待定参数，对油田实际数据更加敏感，不容易求得准确的递减方程。而用式(1-29) 可以避免求得的 n 值过于离谱，反而能更好地反映油田实际递减规律。因此，递减曲线式(1-29) 符合水驱油田后期递减规律，求解容易，可避免较大误差，结果可用于预测开发指标。

关于产量递减规律的详细讨论，还可参考李传亮的《油藏工程原理（第三版)》。

第二节　水驱油藏采收率的测算

采收率是指累积采油量占原始地质储量的百分数。它是衡量油田开发效果和开发水平的重要综合指标，也是改善注水开发效果的综合指标。因为影响最终采收率的因素很多，它取决于油藏驱动类型，储油层岩性、物性及含油饱和度，储层非均质性及其分布，流体的物理化学性质，油层压力等自然条件；又与人为因素，如层系组合、注水方式、井网密度、管理措施、采油工艺技术等有关。这样复杂的问题，不可能用一种方法准确地预测出最终采收率，而必须用不同的方法，通过计算分析、综合考虑、对比、选择适合于不同油田的方法，用以确定其恰当的最终采收率值。随着油田的开发，对油藏认识越深入，计算的采收率也越准确。目前计算油田采收率总体趋向于利用油田实际资料，进行综合分析。

一、经验公式法

经验公式法是根据油藏实际生产资料进行统计，并加以适当的数学处理获得某一相关经验公式，来估算油藏采收率的一种方法。这种方法包含了各种地质因素和开发过程中各种人为因素的影响，运用得好往往可以得到比较满意的结果，而且方法比较简单，所以应用十分普遍。在使用经验公式时，需了解经验公式所依据的油田地质和开发特性、参数的确定方法、应用范围、量纲单位，选择有代表性的参数值进行计算。

1. 经验公式1

经验公式1是1956年在美国 API 刊物上发表的、对65个水驱砂岩油藏的实际资料利用复相关分析方法进行研究之后用最小二乘法回归出的一个经验公式：

$$E_R = 0.11403 + 0.2719 \lg K + 0.25569 S_{wr} - 0.01355 \lg \mu_{oi} - 1.538 \phi - 0.00115 h \quad (1-33)$$

式中 E_R——采收率；

K——地层平均绝对渗透率，$10^{-3} \mu m^2$；

S_{wr}——束缚水饱和度；

μ_{oi}——原始地层压力下的原油黏度，$mPa \cdot s$；

ϕ——油层有效孔隙度；

h——油层有效厚度，m。

2. 经验公式2

美国石油学会采收率委员会收集了美国、加拿大、中东等产油国的312个油藏的资料，对其中72个水驱砂岩油田的地质和实际开发资料进行了复相关的统计分析，于1967年公布了相关经验公式，称为经验公式2。该公式主要适用于油层物性好、原油性质好的油藏，但对于油稠、低渗油藏的计算会引起较大的误差。

$$E_R = 0.54898 \times \left[\frac{\phi(1-S_{wr})}{B_{oi}} \right]^{0.0422} \times \left(\frac{K}{\mu_R} \right)^{0.077} \times S_{wr}^{-0.1903} \times \left(\frac{p_i}{p_a} \right)^{-0.2159} \quad (1-34)$$

式中 B_{oi}——原始条件下原油的体积系数；

K——地层平均绝对渗透率，$10^{-3} \mu m^2$；

μ_R——原始条件下的油水黏度比；

p_i——原始地层压力，MPa；

p_a——油田开发结束时的废弃压力，MPa。

3. 经验公式3

我国现行的行业标准中水驱砂岩油藏采收率的经验公式是式（1-35）和式（1-36）：

$$E_R = 0.274 - 0.1116 \lg \mu_R + 0.09746 \lg K - 0.0001802 h_s - 0.06741 V_K + 0.0001675 T_R$$
$$(1-35)$$

式（1-35）应用的参数变化范围见表1-1。

表1-1 公式（1-35）中各项参数的分布范围

参数	油水黏度比	平均绝对渗透率 $10^{-3} \mu m^2$	油层平均有效厚度 m	井控面积 $hm^2/$口	渗透率变异系数	油层温度 ℃
变化范围	1.9~162.5	69~3000	5.2~35	2.3~24	0.26~0.92	30~99.5
平均值	36.7	883	16.7	9.4	0.677	63

4. 经验公式4

$$E_R = 0.05842 + 0.08461 \lg \frac{K}{\mu_o} + 0.3464\phi + 0.003871f \tag{1-36}$$

式中 μ_o——地层原油黏度，mPa·s；

f——井网密度，口/km²。

式（1-36）应用的参数变化范围见表1-2。

表1-2 式（1-36）中各参数的分布范围

参数	地层原油黏度 mPa·s	平均绝对渗透率 $10^{-3}\mu m^2$	有效孔隙度	井网密度 口/km²
变化范围	0.5~154	4.8~8900	0.15~0.33	3.1~28.3
平均值	18.4	1269	0.25	9.6

5. 水驱砾岩油藏采收率经验公式

行业标准中的水驱砾岩油藏采收率经验公式如下：

$$E_R = 0.9356 - 0.1089\lg\mu_o - 0.0059p_i + 0.0637\left(\frac{\overline{K_e}}{\mu_o}\right)^{0.3409} + 0.001696f + 0.003288L - $$
$$0.9087V_K - 0.01833n_{ow} \tag{1-37}$$

对于有明显过渡带的油藏：

$$E_{RT} = E_R(1 - 0.225N_{ow}/N) \tag{1-38}$$

式中 $\overline{K_e}$——油层平均有效渗透率，$10^{-3}\mu m^2$；

L——油层连通率，%

V_K——渗透率变异系数；

n_{ow}——注采井数比；

N_{ow}——油水过渡带地质储量，$10^4 t$；

N——地质储量，$10^4 t$。

式（1-37）、式（1-38）应用的参数变化范围见表1-3。

表1-3 式（1-37）、式（1-38）中各项参数的分布范围

参数	地层原油黏度 mPa·s	原始地层压力 MPa	平均有效渗透率 $10^{-3}\mu m^2$	井网密度 口/km²	地层连通率 %	渗透率变异系数	注采井数比	过渡带地质储量/地质储量
变化范围	2.0~215.0	4.45~31.0	30~540	3.75~30.42	42.0~100.0	0.8~1.0	1.89~6.00	0.000~0.408
平均值	21.6	13.3	142	12.4	73.1	0.9	2.94	0.021

二、理论公式法

1. 水驱油藏驱油效率—波及系数法

水驱油藏采收率由下式表达：

$$E_R = E_D E_A E_Z \qquad (1-39)$$

上式中各参数计算方法如下：

1）E_D 与 f_w 关系计算

根据分流量方程：

$$f_w = \cfrac{1}{1 + \cfrac{\mu_w}{\mu_o} \cdot \cfrac{K_{ro}}{K_{rw}}} \qquad (1-40)$$

式中　μ_o——地层原油黏度，mPa·s；

　　　μ_w——地层水黏度，mPa·s；

　　　K_{ro}——油相相对渗透率；

　　　K_{rw}——水相相对渗透率。

根据威尔吉方程：

$$\overline{S}_w = S_w + \frac{1 - f_w}{f'_w} \qquad (1-41)$$

式中　$\overline{S}_w$——平均含水饱和度。

油藏驱油效率 E_D 用下式表示：

$$E_D = \frac{\overline{S}_w - S_{wi}}{1 - S_{wi}} \qquad (1-42)$$

式中　S_{wi}——原始含水饱和度。

E_D 也可由水驱油实验取得。

2）E_A 与 f_w 关系计算

根据以下经验公式计算：

$$E_A = \frac{1}{[a_1 \ln(M + a_2) + a_3] f_w + a_4 \ln(M + a_5) + a_6 + 1} \qquad (1-43)$$

式中　a_1、a_2、a_3、a_4、a_5、a_6——常量系数；

　　　M——水油流度比。

表 1-4 提供了式(1-43) 中的系数值。

表 1-4　式（1-43）中的系数值

系数	井网型式		
	五点	直线	交错
a_1	-0.2062	-0.3014	-0.2077
a_2	-0.0712	-0.1568	-0.1059
a_3	-0.511	-0.9402	-0.3256
a_4	0.3048	0.3714	0.2608
a_5	0.123	-0.0865	0.2444
a_6	0.4394	0.8805	0.3158

M 按下式计算：

$$M = \frac{K_{rw}S_{or}/\mu_w}{K_{ro}S_{wi}/\mu_o}$$ (1-44)

式中 S_{or}——原始含油饱和度。

3）E_Z 与 f_w 关系计算

对于 $0 \leqslant M \leqslant 10$ 和 $0.3 \leqslant V_K \leqslant 0.8$，由下列公式通过迭代法计算 E_Z：

$$Y = b_1 E_Z^{b_2}(1-E_Z)^{b_3}$$ (1-45)

式中 b_1、b_2、b_3——常量系数。

式（1-45）中 Y 由下式计算：

$$Y = \frac{(F_{ow}+0.4) \times (18.948-2.499V_K)}{(M+1.137-0.8094V_K)10^{f(V_K)}}$$ (1-46)

式（1-46）中 $f(V_K)$ 由下式计算：

$$f(V_K) = -0.6891 + 0.8735V_K + 1.6453V_K^2$$

式中，F_{ow} 为油水比，$b_1 = 3.334088568$；$b_2 = 0.7737$；$b_3 = -1.225859406$。

将以上 E_D、E_A、E_Z 和 f_w 关系的计算结果代入式（1-39），得到 E_R 与 f_w 关系，取 $f_w = 0.98$ 时的 E_R 为最终采收率。

2. 分流量曲线法

根据油水相对渗透率曲线，用下式计算采收率：

$$E_R = 1 - \frac{B_{oi}(1-\bar{S}_w)}{B_o(1-S_{wr})}$$ (1-47)

式中 $\bar{S}_w$——在预定的极限含水率（$f_w = 98\%$）下，水淹区的平均含水饱和度；

S_{wr}——束缚水饱和度；

B_{oi}、B_o——原始压力和任一压力条件下的原油体积系数。

式（1-47）中的 S_{wr} 可由岩心分析或测井解释结果得到，而 $\bar{S}_w$ 可根据含水率曲线求出。考虑到地层的垂向非均质性，应乘以经验校正系数。于是最终采收率为：

$$E_R = C\left[1 - \frac{B_{oi}(1-\bar{S}_w)}{B_o(1-S_{wr})}\right]$$ (1-48)

C 值可由下式求得：

$$C = \frac{1-V_K^2}{M}$$ (1-49)

三、油田动态资料分析法

在这种方法中以水驱规律曲线法为例来预测油藏的最终采收率。这种方法主要是利用注采动态数据（累积采油量、累积采水量、采出程度、含水率等），通过直线回归得出经验公式，给定某一最终含水率，从而计算出最终采收率。

第三节　注采井网

对于注水开发油田,若干口注采井在油藏上的排列或分布方式称为注水开发井网或注采井网。注采井网的选择要以有利于提高驱油效率为目的,常见的注采井网有以下几种。

一、排状内部切割注采井网

对于大型油田,可以通过直线注水井排把整个含油面积切割成若干个小的区域,每一个区域称作一个切割区。图1-27 就是一种排状内部切割注采井网,它通过两个注水井排把油藏切割成了3 个开发单元。

对于含油面积较大、构造完整、渗透性和油层连通性都较好的油田,采用排状注水容易形成均匀驱替的水线,以提高驱替效率,但排状注水的缺点是内部采油井排不容易受效。

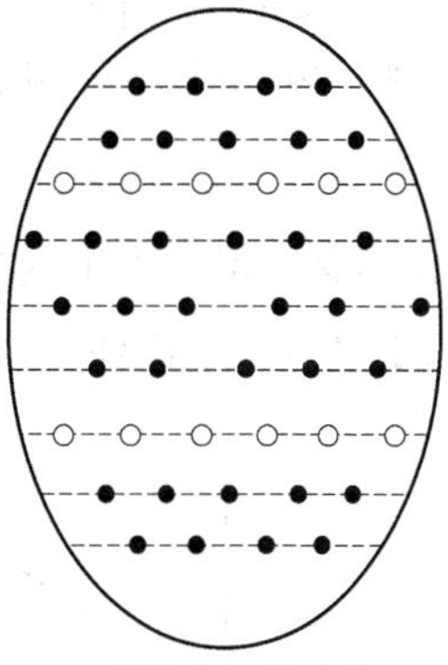

二、环状内部切割注采井网

对于大型油田,也可以通过环状注水井排把整个含油面积切割成若干个小的环形区域,对每个切割区可以进行单独设计和单独开发。图1-28 就是一种环状内部切割注采井网,它通过一个环状注水井排,把油藏切割成了两个开发单元。

对于一些复杂油藏(尤其是穹窿背斜油藏),可以采用环状注水井排,把油气藏的复杂部分暂时封闭起来,先开发油气藏的简单部分,待条件成熟之后再开发油气藏的复杂部分。例如气顶油藏,为了防止气窜,就可以首先布置一个环状注水井排,通过注水保持地层压力,而暂时把气顶与油藏含油部分隔开,这样就可以方便地开采油藏含油部分的原油 (图1-29)。

●采油井 ○注水井

图1-27　排状内部切割注采井网

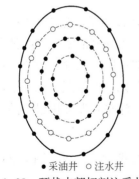

●采油井 ○注水井

图1-28　环状内部切割注采井网

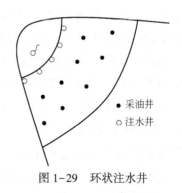

●采油井
○注水井

图1-29　环状注水井

三、边缘注采井网

如果一个油藏的注水井排打在油藏的含油边界之上,这样的井网称作边缘注采井网

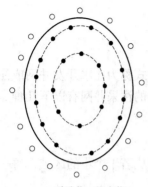

●采油井 ○注水井

图1-30　边缘注采井网

（图1-30）。边缘注采井网一般适用于含油面积中等或较小的油藏。

根据注水井排位置的不同，可将边缘注采井网分成缘外注水、缘上注水和缘内注水三种井网形式。若把注水井排打在外含油边界之外，则为缘外注水（图1-31）。如果边水与油藏的连通性较差，注到地下的水很难驱替到油藏中去，而是散失到油藏之外的水域之中，则注水效果很难发挥。此时，应把注水井位置内移，打到油水过渡带，即内、外含油边界之间的区域内，这种注水方式称为缘上注水（图1-32）。

有些油藏的过渡带因与边水长时间接触形成了氧化稠油带，致使注水效果变差；而另外一些油藏的过渡带很长，注到过渡带上的水很难让内部的采油井收到效果，此时，注水井的位置还必须进一步内移，打到内含油边界以内的地方，这种注水方式称作缘内注水（图1-33）。缘内注水井网往往损失一部分地质储量。

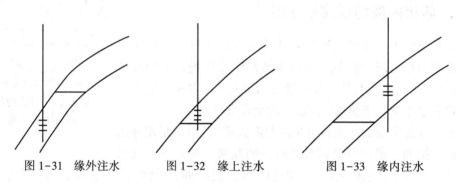

图1-31　缘外注水　　　图1-32　缘上注水　　　图1-33　缘内注水

四、面积注采井网

面积注采井网适用于含油面积不规则或渗透性不好或油层连通性较差的中小型油田，可有效提高这类油田油井产能和注水驱替效果。面积注采井网的实质是把油藏划分成更小的开发单元。面积注水开发油田的油藏工程研究，一般都以注水井为中心。通常把一口注水井与周围油井组成的井网单元称为注采井网的注采单元；把按照注采井数比划分的井网单元称作注采比单元或渗流单元。显然，注采比单元是注水开发油田最小的开发单元。

1. 排状正对式注采井网

若注水井排和采油井排间隔排列，则形成排状正对式注采井网（图1-34），其排距可以大于、等于或小于井距，但一般情况下都大于井距。

注采井网的注采井数比 m 定义为：

$$\frac{n_\mathrm{w}}{n_\mathrm{o}}=\frac{1}{m} \tag{1-50}$$

式中　n_w——注水井井数，口；

n_0——采油井井数，口。

显然，排状正对式注采井网的注采井数比 $m=1$。

排状正对式注采井网的注采单元如图 1-35 所示，注采比单元（或渗流单元）如图 1-36 所示。油田每一个注采单元或注采比单元的生产情况基本上都一样，因此，只要了解了一个注采单元或注采比单元的生产情况，就能够了解到油田的全貌。从注采比单元可以看出，排状正对式注采井网一口注水井的注入量与一口采油井的采液量（包括采油量）相当。

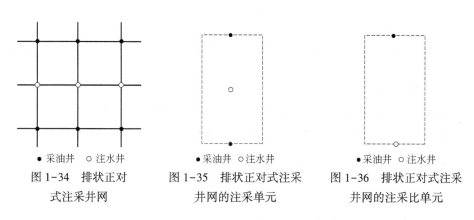

　●采油井　○注水井　　　　●采油井　○注水井　　　　●采油井　○注水井
图 1-34　排状正对　　　　图 1-35　排状正对式注采　　　图 1-36　排状正对式注采
　式注采井网　　　　　　　　井网的注采单元　　　　　　　井网的注采比单元

2. 排状交错式注采井网

若把图 1-34 中的注水井和采油井交错排列，则形成排状交错式注采井网（图 1-37），其排距可以大于、等于或小于井距。排状交错式注采井网的注采井数比 $m=1$。

排状交错式注采井网的注采单元如图 1-38 所示，注采比单元如图 1-39 所示。从注采比单元可以看出，排状交错式注采井网一口注水井的注入量与一口采油井的采液量相当。

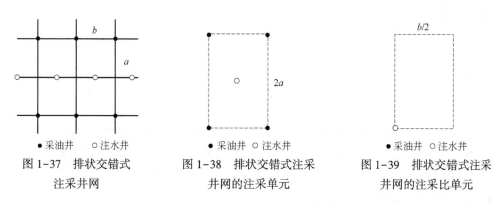

　●采油井　○注水井　　　　●采油井　○注水井　　　　●采油井　○注水井
图 1-37　排状交错式　　　　图 1-38　排状交错式注采　　　图 1-39　排状交错式注采
　注采井网　　　　　　　　　井网的注采单元　　　　　　　井网的注采比单元

3. 五点注采井网

若在正方形井网的每一个井网单元中再钻一口注水井，则形成了所谓的五点井网（图 1-40），实际上，五点井网就是排距为井距一半的排状交错式注采井网。五点井网的

注采井数比 $m=1$，五点井网的注采单元如图 1-41 所示，注采比单元如图 1-42 所示。从注采比单元可以看出，五点井网一口注水井的注入量与一口采油井的采液量相当。

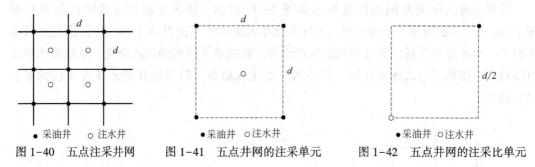

图 1-40　五点注采井网　　　图 1-41　五点井网的注采单元　　　图 1-42　五点井网的注采比单元

4.反九点注采井网

反九点注采井网的形式如图 1-43 所示，该井网一口注水井的周围有 8 口采油井。反九点注采井网仍属于正方形井网。反九点井网的注采井数比 $m=3$，注水开发井网的井数（i）与注采井数比（m）之间的关系满足下式：

$$m=\frac{1}{2}(i-3) \tag{1-51}$$

反九点井网的注采单元如图 1-44 所示，注采比单元如图 1-45 示。反九点井网的油井存在边井和角井之分，角井离注水井的距离稍大于边井，为了提高注入水的波及系数，可以适当提高角井的产量。从注采比单元可以看出，反九点井网一口注水井的注入量与三口采油井的采液量相当，因此，反九点井网适用于吸水能力强的地层。

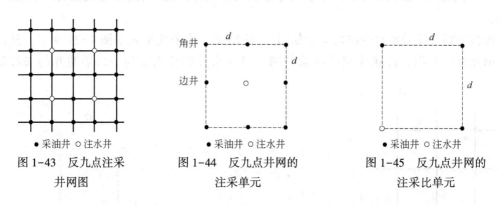

图 1-43　反九点注采　　　　图 1-44　反九点井网的　　　　图 1-45　反九点井网的
　　　　井网图　　　　　　　　　　　注采单元　　　　　　　　　　　注采比单元

若把反九点井网的角井改成注水井，反九点井网即变成了五点井网，因此，一些油田的开发初期往往采用反九点井网，而到了开发的后期，为了提高油田的产量水平，往往把反九点井网调整为五点井网。

5.反七点（正四点）注采井网

反七点注采井网属三角形井网，形式如图 1-46 所示，该井网一口注水井的周围有 6 口采油井。反七点井网的注采井数比 $m=2$，反七点井网的注采单元如图 1-47 所示，注采比单元如图 1-48 所示。从注采比单元可以看出，反七点井网一口注水井的注入量与两口采油井的采液量相当，因此，反七点井网适用于吸水能力相对较强的地层。

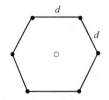

<table>
<tr><td>●采油井　○注水井</td><td>●采油井　○注水井</td><td>●采油井　○注水井</td></tr>
<tr><td>图1-46　反七点注采井网</td><td>图1-47　反七点井网的
注采单元</td><td>图1-48　反七点井网的
注采比单元</td></tr>
</table>

6. 反四点（正七点）注采井网

反四点注采井网属于三角形井网，形式如图1-49所示，该井网一口注水井的周围有3口采油井。

反四点井网的注采井数比 $m=0.5$，反四点井网的注采单元如图1-50所示，注采比单元如图1-51所示。从注采比单元可以看出，反四点井网两口注水井的注入量与一口采油井的采液量相当，因此，反四点井网适用于吸水能力相对较弱或强注强采的地层。

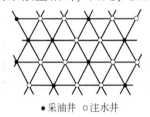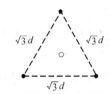

<table>
<tr><td>●采油井　○注水井</td><td>●采油井　○注水井</td><td>●采油井　○注水井</td></tr>
<tr><td>图1-49　反四点注采井网</td><td>图1-50　反四点井网的
注采单元</td><td>图1-51　反四点井网的
注采比单元</td></tr>
</table>

7. 点状注采井网

一些油田的平面非均质性很强，在渗透率相对较低的区域，油井产能也较低。为了提高低产能区的油井产能，可以实行点状注水，形成的井网称为二点和三点注采井网（图1-52、图1-53）。

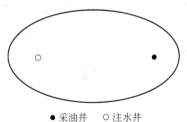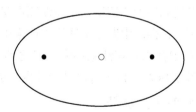

<table>
<tr><td>●采油井　○注水井</td><td>●采油井　○注水井</td></tr>
<tr><td>图1-52　二点注采井网</td><td>图1-53　三点注采井网</td></tr>
</table>

除了前面介绍的以外，还有水平井注采井网及直井、水平井混合注采井网等形式。

五、注采井网选择

确定合理的注采井网一直是油田开发中一个重要的问题。合理的注采井网要满足以下条件：

（1）要有较高的水驱控制程度；

（2）要适应差油层的渗流特点，达到一定的采油速度；

（3）要保证有一定的单井控制储量；

（4）要有较高的经济效益。

第四节　注水时机和注水方式

一、注水时机

1. 注水时机的分类

根据注水相对于开发的具体时间，将注水分为早期注水、晚期注水、中期注水，以及后来提出的有效开发低渗透油藏的超前注水。

（1）早期注水：在地层压力降到饱和压力之前就及时进行注水，保持地层压力处于饱和压力之上。其优点是地层能量充足，油井产量高，不产气，调整余地大；缺点是初期投资大，风险大，投资回收期较长。早期注水适用于地饱压差小、黏度大、要求高速开发的油藏。

（2）晚期注水：油田开发初期依靠天然能量开采，在没有能量补给的情况下，地层压力逐渐降到饱和压力以下，原油中的溶解气析出，油藏驱动方式转为溶解气驱，在溶解气驱之后注水。注水后，地层压力回升，但一般只是在低水平上保持稳定。其优点为初期投资小，天然能量利用比较充分；缺点是在地层原油脱气后黏度增大，难以流动，降低水驱开发效果。晚期注水适用于天然能量较好、溶解气油比高、面积小、水驱受到限制的油藏。

（3）中期注水：投产初期依靠天然能量开采，当地层压力下降到低于饱和压力后，在气油比上升至最大值之前注水。此时油层中将由油、气两相流动变为油、气、水三相流动。其优点是既能利用天然能量，又能保证水驱开发效果，投资回收也较早；缺点是气油比最大值的界限不好把握。中期注水适用于地饱压差大、油层物性好、溶解气油比高的油藏。

（4）超前注水：在油藏还未开发之前就进行注水，持续注几个月到十几个月不等的时间，将地层压力升高之后再进行开发。超前注水是开发低渗透油藏的有效方法。

2. 注水时机的选择

在选择注水时机时需要考虑以下因素：

（1）油田天然能量的大小。不同油田由于各自的自然地质条件不同，其天然能量的类型和大小也不一样。总的原则是在满足油田开发要求的前提下，尽量利用油田的天然能量，尽可能减少人工能量的补充。

（2）油田的大小和对油田产量的要求。不同油田由于自然条件和所处位置不同，对油田开发的方针和对产量也是不同的。小油田，由于储量少，产量不高，一般要求高速开采，不一定追求稳产期，因此也就没有必要强调早期注水；大油田，对国家原油产量的增长起着很大的作用，对国民经济及其他部门的布局和发展有着很大的影响，因此要求大油田投入开发后，产油量逐步稳定上升，在油田达到最高产量后，还要尽可能地保持较长时间的稳产，不允许油田产量出现较大的波动。

（3）油田的开采特点和开采方式。自喷开采的油田，就要求注水时间相对早一些，压力保持水平相对高一些。对原油黏度高、油层非均质性严重、自喷很困难、只能采用机械方式采油的油田，其地层压力就没有必要保持在原始地层压力附近，不一定采用早期注水开发。对原始油层压力与静水柱压力之比高于 1.3 的油田，即使自喷开采，保持压力的界限也可以比原始压力低，因此注水时间也可以推迟。

二、注水方式

1. 注水方式的分类

注水方式是指注水井在油藏中所处的位置及注水井与生产井的排列关系。注水方式可以分为边缘注水、切割注水、面积注水三种。

1）边缘注水

边缘注水的条件是：油田面积不大，构造比较完整；边部和内部连同性能好，油层流动系数（有效渗透率×有效厚度/原油黏度）较高；特别是钻注水井的边缘地区要有较高的吸水能力，能保证压力的有效传递，使油田内部能收到良好的注水效果。边缘注水根据油水过渡带的油层情况又可分为缘外注水、缘上注水和缘内注水三种。

（1）缘外注水，又称边外注水。这种注水方式要求含水区内渗透率较高，注水井一般与等高线平行，分布在外油水边界以外（图1-54）。

（2）缘上注水。当油田在油水外缘以外的区域渗透性差时，不宜缘外注水，而将注水井部署在油水外缘上或在油藏以内距油水外缘不远的地方，即缘上注水（图1-55）。

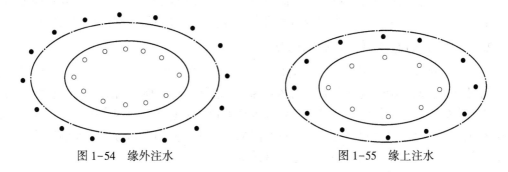

图1-54　缘外注水　　　　　　　　　　　图1-55　缘上注水

（3）缘内注水。如果油层渗透率在油水过渡带很差，在过渡带不适宜注水，而应将注水井部署在含油内缘以内，以保持油井充分见效和减少注水的外逸量（图1-56）。若是较大的油田，则应该采用外缘注水加切割注水（图1-57）。

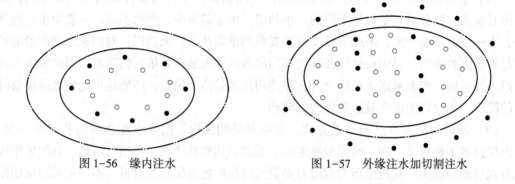

图 1-56　缘内注水　　　　　　图 1-57　外缘注水加切割注水

2）切割注水

对于面积大、储量丰富、油层性质稳定的油田，一般采用切割注水方式。这种注水方式利用注水井排将油藏分成较小的单元切割区。可以根据油藏不同类型形态、物性、开发要求因地制宜地采用横切、纵切或环状切割等不同形式（图 1-58）。

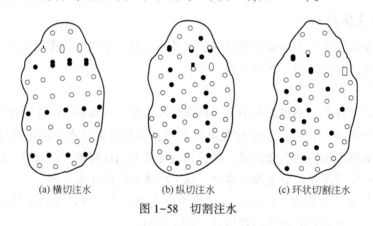

　　(a) 横切注水　　　　　　(b) 纵切注水　　　　　　(c) 环状切割注水

图 1-58　切割注水

3）面积注水

面积注水（图 1-59）实质上是把油层分割成许多更小的单元，即一口注水井控制其中之一，并同时影响邻近的几口油井，而每口油井又同时受邻近的几口注水井不同方向上的注水影响。显然这种注水方式有较高的采油速度，生产井容易受到注水井的影响。

2. 注水方式的选择原则及影响因素

实际生产过程中，由于受到油藏类型、油水过渡带大小、地层原油黏度、地层水黏度、储层类型、储层物性（尤其是岩石渗透率）、地层非均质性、油水过渡带和断层的展布、注入水的水质与配伍性、敏感性等各种各样的地质因素及其他因素的影响，使得人们对注水方式的选择，要做到慎之又慎。在实际的应用中，必须考虑方方面面的影响，每一种注水方式只有在一定的地质条件下才是有效的。

在选择注水方式时首先应遵循以下原则：

（1）与油田注水方式相适应，能获得较高的水驱控制程度；

（2）波及体积大和驱替效果好，不仅连通层数和厚度要大，而且多项连通的井层要多；

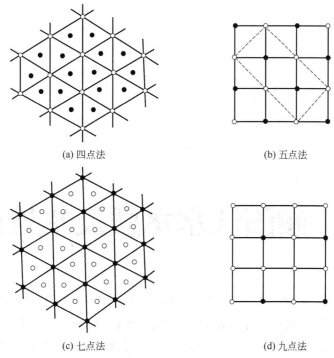

(a) 四点法　　　　　　　　　(b) 五点法

(c) 七点法　　　　　　　　　(d) 九点法

图 1-59　面积注水

（3）要满足油田实际开发过程中的采油速度要求；

（4）要有合理的压力体系，能够较好地保持原始地层压力和井底流压。

在选择注水方式时，需要考虑诸多因素，主要包括：

（1）油层分布情况；

（2）油田构造大小及裂缝的发育情况；

（3）油层及注入水、地层液体的特点；

（4）油田注入水的能力及油层的开发情况。

注水开发作为油田开采的重要补充地层能力方式，一直扮演着重要的角色，只有清楚地了解油田实际情况，选择合适的注水方式，才能使油井稳产，甚至高产。

参考文献

［1］　李传亮.油藏工程原理［M］.3 版.北京：石油工业出版社，2019.

［2］　廉庆存.油藏工程［M］.北京：石油工业出版社，2006.

［3］　俞启泰.水驱油田产量递减规律［J］.石油勘探与开发，1993，4：72-80.

［4］　俞启泰.水驱特征曲线研究（五）［J］.新疆石油地质，1998，3：49-52，76.

［5］　魏军会，张楠，李金线，等.油田注水方式的研究［J］.中国石油和化工标准与质量，2014，1：88，84.

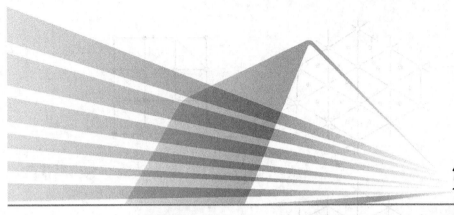

第二章
油田注水水质及水处理技术

油田注水是提高驱油效率、保持油层产量、稳定油井生产能力的重要措施。随着油田注水开采的日益发展，建立完善的水质标准和配套的快速测试方法、使用经济有效的化学处理剂改善水质、提高水处理工艺技术尤为重要。另外，在油田水处理过程中，正确选择及应用水处理技术和工艺也是稳定注水、保护油层的一项重要工作。

随着油田开发规模扩大和开发时间的延长，油田产出污水量不断增加。从油田水资源现状和环境保护的需求考虑，经济有效而又合理地处理和利用污水资源，也是油田发展过程中必须解决的问题。我国各油田早期普遍采用了注水开发模式，并建立了较为完善的污水处理工艺理论与技术标准体系。近年来，在除去污水中含油方面就越来越多地采用高效气浮除油工艺、旋流除油设备；污水过滤设备以多种新型过滤分离技术组合，朝着精细化、智能化方向发展。视频2-1为全国首个页岩气产出水处理工程。

视频2-1　全国首个页岩气产出水处理工程

第一节　油田注水水质指标

注水开发是提高油田最终采收率和开发效益的最主要方式，注水开发的技术与管理水平直接影响油田开发的最终效益。而油田注水实践证明，作为注水源头的注水水质是实现油田高效开发的关键。注水水质不但对水驱油藏的开发效果有着重要的影响，而且影响着水处理和注水系统的运行效率及使用寿命，这些都将最终体现在注水开发效益上。油田开发要获取更高的采收率和更大的经济效益，要抓好注水工作，而水质是重中之重。

外来水注入油层，油层原始的平衡被打破，不可避免出现因油层伤害而堵塞的问题。注水水质就是指注水过程中，为了避免或减轻系统腐蚀和油层堵塞，满足开发方案配注要求而提出的注入水质量指标要求。

水质指标（water quality specifications）设计必须根据油层配伍性要求，从注入水油层防堵、注水系统防腐和防垢的机理出发，根据大量的试验评价结果，提出配伍性注水水质方案。

一、指标制定依据

1. 注水水质基本要求

油田注水开发首先关心的两个问题是：（1）避免堵塞地层、管道和地面设备；（2）防止井底和地面设备的腐蚀。

因此，注水水质必须根据注入层物性进行优选确定。通常要求：在运行条件下注入水不应结垢；注入水对水处理设备、注水设备和输水管线腐蚀性要小；注入水不应携带超标悬浮物、有机淤泥和油；注入水注入油层后不使黏土发生膨胀和移动，与油层流体配伍性良好。

油田含油污水与其他供给水（如浅层地下水、地面净化污水和地面江河湖泊水等）混注时，必须确保混合之后的水满足混注水要求。考虑到油藏孔隙结构和喉道直径，必须严格限制水中固体颗粒的粒径。

2. 注水水质指标设计

注水水质指标具有较强的针对性，不同的油藏有不同的要求，它必须是在对具体的水源、具体的油藏全面分析以后，提出的不伤害油层、经济上可行、易于操作的注水水质规范。石油工业行业水质标准不具有普遍适应性，只是总体的、全局概念上的约束与规范。

1）水质指标体系的构成

完善的水质指标体系必须能有效控制注水系统的腐蚀问题和注水井的堵塞问题，因而水质指标体系可大致分为三类，即腐蚀类控制指标、堵塞类控制指标及检验腐蚀和堵塞控制效果的综合评价指标。引起系统腐蚀和油层堵塞的因素很多，有些因素既可引起腐蚀，又可能带来堵塞问题，只要将主要的诱发因素加以控制，其他问题就会迎刃而解。表 2-1 概括了水质指标体系构成及分类。

表 2-1　水质指标体系构成及分类

类别	指标项目	内容要点
堵塞因素	悬浮固相	粒径、含量
	含油量	粒径、含量
	相溶性	与油层岩石相溶、与油层流体相溶
腐蚀因素	溶解气	H_2S、O_2、CO_2
	细菌	SRB、TGB
	pH 值	6~8
综合指标	铁	Fe^{3+}
	膜滤系数	根据油层渗透率确定
	腐蚀速率	小于 0.076mm/a

2）注水水质行业标准

由于各油田或区块油藏孔隙结构和喉道直径不同，相应的渗透率也不相同，因此注水水质标准也不相同，目前全国主要油田都制定了本油田的注水水质标准，尽管各油田标准差异较大，但都要符合注水水质基本要求。现将石油天然气行业标准《碎屑岩油藏注水水质指标及分析方法》（SY/T 5329—2012）推荐水质主要控制指标列于表 2-2。由于净化水主要用于回注油层，所以污水处理工艺必须设法使净化水达到有关注水水质标准。

表 2-2 推荐水质主要控制指标

注入层平均空气渗透率 K_a，μm^2		≤0.01	0.01<K_a≤0.05	0.05<K_a≤0.5	0.5<K_a≤1.5	K_a>1.5
控制指标	悬浮固体含量，mg/L	≤1.0	≤2.0	≤5.0	≤10.0	≤30.0
	悬浮物颗粒直径中值，μm	≤1.0	≤1.5	≤3.0	≤4.0	≤5.0
	含油量，mg/L	≤5.0	≤6.0	≤15.0	≤30.0	≤50.0
	平均腐蚀速率，mm/a	≤0.076				
	SRB，个/mL	≤10	≤10	≤25	≤25	≤25
	IB，个/mL	$n\times10^2$	$n\times10^2$	$n\times10^3$	$n\times10^4$	$n\times10^4$
	TGB，个/mL	$n\times10^2$	$n\times10^2$	$n\times10^3$	$n\times10^4$	$n\times10^4$

注：（1）1<n<10；（2）清水水质指标中去掉含油量。

水质的主要控制指标已达到注水要求，可以不考虑辅助性指标；如果达不到要求，为查其原因可以进一步检测辅助性指标。注水水质辅助性检测项目包括溶解氧、硫化氢、侵蚀性二氧化碳、铁、pH 值等（表 2-3）。

表 2-3 辅助性检测项目及指标

辅助性检测项目	控制指标	
	清水	污水或油层采出水
溶解氧含量，mg/L	≤0.05	≤0.10
硫化氢含量，mg/L	0	≤2.0
侵蚀性二氧化碳含量，mg/L	$-1.0 \leq \rho_{co_2} \leq 1.0$	

注：（1）侵蚀性二氧化碳含量等于零时此水稳定；大于零时此水可溶解碳酸钙并对注水设施有腐蚀作用；小于零时有碳酸钙沉淀出现。

（2）水中含亚铁时，由于铁细菌作用可将二价铁转化为三价铁而生成氢氧化铁沉淀。当水中含硫化物（S^{2-}）时，可生成 FeS 沉淀，使水中悬浮物增加。

执行上述标准应遵循以下基本原则：

（1）控制指标优先原则。水质主要控制指标首先应达到要求。在主要控制指标已达到注水要求的前提下，若注水又较顺利，可以不考虑辅助性指标，否则应查其原因，并进一步检测辅助性指标。

（2）标准分级原则。三类油层指标各自分级，先严后松，逐级放宽。

（3）具体油田标准原则。各油田应借鉴而不是照搬行业标准，应根据油层的具体特性和生产实际情况，科学制定切合实际的水质标准，各油田的水质标准是不完全一致的。

必须指出：行业标准推荐的水质控制指标，具有全局意义的约束，对于改善油田注水开发现状具有重要意义。但是，如果在编制注水方案时，仅参照行业标准，机械地根据油藏条件套用其相应水质标准的做法是不可取的。大量现场实践表明，注水水质标准具有较强的针对性，不同的油藏有不同的要求。合理的水质指标方案应根据油藏孔隙结构、渗透性分级、流体性质和水源特征，通过大量的实验评价来综合设计。

二、影响水质的主要因素

1. 油田水主要杂质的组分和性质

在注水过程中，首先应从防止堵塞和腐蚀的角度来分析水中的杂质组分。表 2-4 列出了油田水主要的杂质组分和性质指标。

表 2-4 油田水主要杂质组分和性质指标

杂质组分		性质指标
阳离子	阴离子	
钙（Ca^{2+}）、镁（Mg^{2+}）、铁（Fe^{2+}、Fe^{3+}）、钡（Ba^{2+}）	氯离子（Cl^-）、碳酸根（CO_3^{2-}）、碳酸氢根（HCO_3^-）、硫酸根（SO_4^{2-}）	pH 值、悬浮固体含量、相对密度、细菌总数、硫化物（H_2S）、溶解氧、浊度、温度

下面分别讨论这些组分的性质对注水的影响。

1）阳离子组分

（1）Ca^{2+}。钙离子是油田水的主要成分之一，有时它的浓度比较低，但有时它的含量可高达 30000mg/L。钙离子能很快地与碳酸根或硫酸根结合，并沉淀生成附着的垢或悬浮固体，因而通常是造成堵塞的主要原因之一。

（2）Mg^{2+}。通常镁离子浓度比钙离子低得多，但镁离子与碳酸根结合也会引起结垢和堵塞问题。不同的是通常碳酸镁引起的结垢和堵塞不如碳酸钙那样严重，此外，硫酸镁是可溶解的而硫酸钙则不溶解。

（3）Fe^{2+}、Fe^{3+}。地层水中天然铁的含量很低，因此在水系统中铁的存在并达到一定含量通常标志存在着金属腐蚀。在水中的铁可能以高铁（Fe^{3+}）或低铁（Fe^{2+}）的离子形式存在，也可能作为沉淀出来的铁化合物悬浮在水中，故通常可用铁的含量来检验或监视腐蚀情况。应当注意，沉淀出来的铁化合物还会引起地层的堵塞。

（4）Ba^{2+}。钡离子在油田水中之所以重要，主要是由于它能和硫酸根结合生成硫酸钡（$BaSO_4$），而硫酸钡是极其难溶解的，甚至少量硫酸钡的存在也能引起严重的堵塞。与此类似，油田水中的锶离子（Sr^{2+}），也会导致严重结垢和堵塞。

2）阴离子组分

（1）Cl^-。在采出盐水中氯离子是主要的阴离子，在通常的淡水中也是主要组分。氯离子的主要来源是氯化钠等盐类，因此有时水中氯离子浓度被用来作为水中含盐量的度量。此外，由于氯离子是一个稳定成分，因此它的含量也是鉴定水质的较容易的方法之一。氯离子可能造成的影响，主要是随着水中含盐量的增加，水的腐蚀性也增加。因此，在其他条件相同的情况下，水中氯离子浓度增加就更容易引起腐蚀，尤其是点蚀。

（2）CO_3^{2-}、HCO_3^-。由于这类离子能生成不溶解的水垢，因此它们在油田水中也是重要的阴离子。在水的碱度测定中，以碳酸根浓度表示的碱度称为酚酞碱度，而以碳酸氢根浓度表示的碱度则称为甲基橙碱度。

（3）SO_4^{2-}。由于硫酸根能与钙，尤其是与钡和锶等生成不溶解的水垢，因此硫酸根的含量在油田水中也是值得注意的一个问题。

3）性质指标

（1）pH 值。油田水的 pH 值是判断腐蚀与结垢趋势的重要因素之一。因为某些水垢的溶解度与水的 pH 值有密切的关系，一般，水的 pH 值越高，结垢的趋势就越大，若 pH 值较低，则结垢趋势减小。但结垢与腐蚀往往是一对矛盾，因此结垢趋势减小的同时，水的腐蚀性往往会增加。大多数油田水的 pH 值在 4~8 之间，但当 H_2S 和 CO_2 溶于水中后，能使水的 pH 值降低，因为 H_2S 和 CO_2 都是酸性气体。

（2）悬浮固体含量。在已知体积的油田水中，用薄膜过滤器过滤出来的固体数量是估计水的结垢堵塞趋势的一个重要依据。常用的是滤膜孔径为 0.45μm 的过滤器。

（3）相对密度。相对密度为实际水的密度与纯水密度之比。由于油田水中含有溶解的杂质（离子、气体等），因此它总是比纯水更致密，一般油田水相对密度均大于 1.0。它也是水中溶解固体总量的直接标志，即比较几种水，就能估计出溶解于这些水中的固体的相对量。

（4）细菌总数。由于油田水中细菌的存在，既可能引起腐蚀，又可能引起堵塞，因此需要测定和监视细菌生长的情况，除测定油田水中危害较大的硫酸盐还原菌（SRB）的数目外，还需测定细菌点数（TGB）等。

（5）硫化物。油田水中的硫化物（主要是 H_2S）可能是自然存在于水中的，也可能是由水中存在的硫酸盐还原菌（SRB）产生的。H_2S 的存在将促进腐蚀。如果在正常情况下的"甜水"，即无 H_2S 的水，在运行过程中开始显出有 H_2S 的痕迹，则表明可能有硫酸盐还原菌在系统中的某些地方（如管道或罐壁上）产生了腐蚀。此外，硫化物也可能对堵塞产生一定的影响，这是因为硫化亚铁（FeS）既是一种腐蚀产物，也是一种潜在的地层堵塞物。

（6）溶解氧。溶解氧对油田水的腐蚀和堵塞都有明显的影响，它不仅直接影响水对金属的腐蚀，而且如果水中存在溶解的铁，氧气进入系统就会使不溶的铁的氧化物沉淀，从而造成堵塞。

（7）浊度。浊度是水的混浊程度的一个量度，浊度高意味着水中含有较多的悬浮固体，水的浊度高也标志着地层堵塞的可能性大，因而浊度也是应当控制的一个重要水质指标，而且可通过水中浊度的测定监视过滤器的性能。

（8）温度。水温将影响水的结垢趋势、pH 值及各有关气体在水中的溶解度。当然，水温对腐蚀也会有一定的影响，一般情况下，水温增高，腐蚀将加剧。

2. 水处理中的结垢

某些化合物在水中的溶解度是有限的，一旦超过这个限度，这些化合物就会成为固体而沉淀。因此，在下列情况下就可能引起结垢：

（1）水中含有形成溶解度很小的化合物的离子；

（2）物理条件发生变化，或者水的组成改变，使得溶解度降低到现有浓度以下。

固体沉淀或悬浮于水中，或附在设备表面和管壁上。储油层可能由于水中析出悬浮颗粒而发生堵塞，也可能在储油层表面结成固体的垢，这两种情况都是有害的。堵塞的类型不同，清除堵塞的困难程度也不一样。

结垢往往会降低供水、注水管道和油管的流量，还会引起泵的磨损或堵塞。抽油杆结垢时，还会增加抽油杆的负荷。对于各种类型加热炉的辐射管，结垢会造成过热，从而降低加热炉的使用寿命。结垢的地方往往腐蚀更加严重。总之，生产中的许多问题都是由水垢引起的，因而有效地控制结垢，对任何一个高效注水设施来讲都是首要课题。

水垢种类很多，但通常油田水中只含其中少数几种。现将这些水垢及影响其溶解度的主要因素列于表2-5。

表2-5 常见水垢及其成因

名称	化学式	结垢的主要原因
碳酸钙（碳酸盐）	$CaCO_3$	二氧化碳的分压、温度、含盐量
硫酸钙	$CaSO_4 \cdot 2H_2O$（石膏）	温度、含盐量
	$CaSO_4$（无水石膏）	压力
硫酸钡 硫酸锶	$BaSO_4$	温度、含盐量
	$SrSO_4$	
碳酸亚铁 硫化亚铁 氢氧化亚铁 氢氧化铁 氧化铁	$FeCO_3$ FeS $Fe(OH)_2$ $Fe(OH)_3$ Fe_2O_3	腐蚀、溶解气体、pH值

1）碳酸钙

碳酸钙垢是由钙离子与碳酸根或碳酸氢根结合而生成的，反应式如下：

$$Ca^{2+}+CO_3^{2-} \longrightarrow CaCO_3 \downarrow \tag{2-1}$$

$$Ca^{2+}+2HCO_3^- \longrightarrow CaCO_3 \downarrow +CO_2 \uparrow +H_2O \tag{2-2}$$

（1）二氧化碳的影响。

有二氧化碳存在时，碳酸钙在水中的溶解度增大，二氧化碳溶解在水中时，生成碳酸，其解离反应式如下：

$$CO_2+H_2O \longleftrightarrow H_2CO_3 \tag{2-3}$$

$$H_2CO_3 \longleftrightarrow H^+ + HCO_3^- \tag{2-4}$$

$$HCO_3^- \longleftrightarrow H^+ + CO_3^{2-} \tag{2-5}$$

只有少量碳酸氢根按反应式（2-5）解离成 H^+ 和 CO_3^{2-}。在一般条件下，碳酸氢根在数量上大大超过碳酸根。因而可以认为，作为表示碳酸钙沉淀的反应式，式(2-2)比式(2-1)更确切。

溶液中二氧化碳浓度增加，抑制了碳酸钙沉淀的产生。能溶在水中的二氧化碳量与水面上气体中的二氧化碳的分压成正比。水面上二氧化碳的分压减小时，溶解在水中的二氧化碳也随之减小。这是碳酸钙垢沉积的主要原因之一。在系统中任何有压降的地方，气相中二氧化碳的分压都会减小，二氧化碳从溶液中逸出，水的 pH 值升高。这就使反应式(2-2)向右移动，导致碳酸钙沉淀。

（2）pH 值的影响。

水中的二氧化碳量影响水的 pH 值和碳酸钙的溶解度。然而，这对水的酸性和碱性并没有实际影响。pH 值较低，碳酸钙沉淀就少；反之，pH 值较高就会产生更多的沉淀。

（3）温度的影响。

与大多数物质的性质相反，当温度增高时，碳酸钙的溶解度降低，即水温较高时就会产生更多的碳酸钙垢。因此，一种在地面上不结垢的水，如果井底温度足够高，那么这种水在注水井中也会生成垢。这也就是在加热设备的火管处常常发生碳酸钙结垢的原因。

（4）水中所溶盐类的影响。

水中含盐量增加时，碳酸钙溶解度也增加。例如，将 200000mg/L NaCl 加入蒸馏水中，碳酸钙的溶解度从 100mg/L 增加到 250mg/L。实际上，水中溶解固体的总量越高（最高约为 200000mg/L，不包括钙离子和碳酸根），碳酸钙在水中溶解度就越大，而结垢趋势也就越小。

总体来说，生成碳酸钙垢的趋势如下：随温度升高而增加，随 CO_2 分压减小而增加，随 pH 值增加而增加，随溶解的总盐量减少而增加。

2）硫酸钙

硫酸钙从水中沉淀的反应式如下：

$$Ca^{2+}+SO_4^{2-} \longrightarrow CaSO_4 \downarrow \tag{2-6}$$

（1）硫酸钙的类型。

油田上最常见的硫酸钙沉积物是石膏。在 38℃ 及以下时，主要是 $CaSO_4 \cdot 2H_2O$，超过这个温度就可能出现无水石膏（$CaSO_4$）。

（2）温度的影响。

约在 38℃ 以下时，石膏的溶解度随温度的升高而增加；约在 38℃ 以上时，石膏的溶解度则随温度的增高而减小。这和碳酸钙的温度—溶解度特性完全不同。首先，在常用温度范围内石膏的溶解度比碳酸钙的溶解度大得多；其次，温度增加，可能使石膏的溶解度增加，也可能使其减小，这取决于选用的温度范围。这点与碳酸钙是完全不同的，温度升高时，碳酸钙的溶解度总是减小的。

由于在大约 38℃ 以上，无水石膏的溶解度变得比石膏更小，因而可以合理地认为在较深和较热的井中，硫酸钙主要以无水石膏的形式存在。实际上，垢从石膏变为无水石膏的温度，是压力和含盐量的函数。

（3）水中溶解盐类的影响。

当水中有 NaCl 或除钙离子和硫酸根以外的其他溶解的盐类存在，浓度在 150000mg/L 以下时，会使石膏或无水石膏的溶解度增大，这和对碳酸钙的作用一样。盐的含量进一步增加，硫酸钙的溶解度又减小。把 150000mg/L 的盐加到蒸馏水中，就会使石膏的溶解度增加到原来的三倍。

（4）压力的影响。

压力降低会引起硫酸钙沉积。压力降低硫酸钙溶解度变小的原因与碳酸钙完全不同。

溶液中有无二氧化碳对硫酸钙影响很小。

增大压力对硫酸钙溶解度的影响是物理作用，它使硫酸钙分子体积减小。然而要使分子体积发生重大改变，就需要大大增加压力。例如，无水石膏在100℃和1atm下，在蒸馏水中的溶解度约为0.075%（质量分数），压力增至100atm时，溶解度约增至0.09%。

如果说注水工作中压力降的影响也许并不十分重要的话，那么，对正常生产的水源井和采油井却是一个关键问题，井筒周围压力下降会引起地层和油管中结垢。

3）硫酸钡

到目前为止，就前面所讨论过的垢来说，硫酸钡是最难溶的垢。其反应式如下：

$$Ba^{2+} + SO_4^{2-} \longrightarrow BaSO_4 \downarrow \tag{2-7}$$

表2-6中列出了前面提到的三种垢在25℃蒸馏水中的溶解度。

表2-6 溶解度比较

垢	石膏	碳酸钙	硫酸钡
溶解度，mg/L	2080.0	53.0	2.3

由于硫酸钡极难溶解，只要水中有Ba^{2+}和SO_4^{2-}这两种离子就会结垢。

（1）温度的影响。

硫酸钡的溶解度随温度升高而增大。在蒸馏水中其溶解度如下：25℃时为2.3mg/L，95℃时增加到3.9mg/L。

由于硫酸钡的溶解度随温度升高而增大，所以如果注水井在地面条件没有结垢的话，通常在井底也不存在结垢问题。

（2）溶解的盐类的影响。

硫酸钡在水中的溶解度和碳酸钙、硫酸钙一样，由于溶解有硫酸钡以外的盐类而升高。在25℃温度时，把100000mg/L NaCl加到蒸馏水中，就会使硫酸钡的溶解度由2.3mg/L增高到30.0mg/L。使NaCl保持在100000mg/L，而把温度升高到95℃，就会使硫酸钡的溶解提高到约65mg/L。

4）铁化合物

（1）水中铁的来源。

水中的铁离子可以是天然存在的，也可以是腐蚀产生的。地层水中天然铁含量通常仅几毫克/升，很少达到100mg/L。高含铁量往往是腐蚀的结果。沉淀的铁化合物相当容易堵塞地层，同时，也能根据它的含量来判断腐蚀的严重程度。

（2）溶解气体。

腐蚀通常是由CO_2、H_2S或溶解于水中的氧所引起的。大多数含铁的垢都是腐蚀的产物。但是，即使腐蚀较轻，这些溶解气体与地层中天然的铁反应也可能生成铁化合物。

二氧化碳与铁反应生成碳酸铁垢。实际上会不会生成垢取决于系统中的pH值。pH值在7以上时最易生垢。

硫化氢与铁反应生成腐蚀产物——硫化铁，其溶解度极小，通常形成薄薄一层附着紧密的垢。所谓"黑水"就是悬浮的硫化铁。

（3）氧气的作用。

氢氧化亚铁、氢氧化铁和氧化铁，都是铁与空气接触而产生的常见的垢。在有空气存在的条件下由于生活在水中的某些细菌的作用，也能生成铁化合物。这些细菌从水中吸收Fe^{2+}，排出氢氧化铁。

总之，铁化合物的性质比前面讨论过的各种化合物都要复杂得多，这主要是因为铁通常以两种氧化状态存在于水中：Fe^{2+}（低铁）和Fe^{3+}（高铁）。这两种离子与相同的阴离子结合形成溶解度相差很大的化合物。很难定量地预测各种铁化物的特性。更重要的是防止铁化合物的生成。

3. 水处理中的系统腐蚀

1）腐蚀原理

金属材料与电解质溶液接触时，在界面上将发生有自由电子参与的广义氧化和还原反应，导致接触面处的金属变为离子、络离子而溶解，或者生成氢氧化物、氧化物等稳定化合物，从而破坏了金属材料的特性，这个过程称为电化学腐蚀，是以金属为阳极的腐蚀原电池过程。

腐蚀原电池实质上是一个短路原电池，即电子回路短接，电流不对外做功（如发光等），而自消耗于腐蚀电池内阴极的还原反应中。不论是何种类型的腐蚀电池，它必须包括阳极、阴极、电解质溶液和电路这四个不可分割的组成部分，缺一不可。这四个部分就构成了腐蚀原电池的基本过程，即：

（1）阳极过程：金属溶解，以离子形式进入溶液，并把等量电子留在金属上；

（2）电子转移过程：电子通过电路从阳极转移到阴极；

（3）阴极过程：溶液中氧化剂接受从阳极流过来的电子后本身被还原。

由此可见，一个遭受腐蚀的金属表面上至少要同时进行两个电极反应，其中一个是金属阳极溶解的氧化反应，另一个是氧化剂的还原反应。

如果将铁片放入盐酸溶液中，会发现有气体逸出，铁溶解并形成氯化亚铁，化学反应方程式为：

$$Fe + 2HCl \longrightarrow FeCl_2 + H_2 \uparrow \tag{2-8}$$

离子方程式为：

$$Fe + 2H^+ \longrightarrow Fe^{2+} + H_2 \uparrow \tag{2-9}$$

即铁被氧化成二价铁离子，而氢离子被还原成氢气。

氧化（阳极）反应：

$$Fe \longrightarrow Fe^{2+} + 2e^- \tag{2-10}$$

还原（阴极）反应：

$$2H^+ + 2e^- \longrightarrow H_2 \tag{2-11}$$

上述两个反应在金属表面同时发生，且速度相同，保持着电荷守恒。凡能分成两个或更多氧化、还原分反应的腐蚀过程，都可以叫作电化学反应。

如果有氧气存在，也可能发生其他两种反应：

$$O_2 + 4H^+ + 4e^- \longrightarrow 2H_2O \tag{2-12}$$

$$O_2+2H_2O+4e^- \longrightarrow 4OH^- \tag{2-13}$$

总之，阴极反应是消耗电子的还原反应。

2）水组成对腐蚀的影响

影响注入水腐蚀的因素众多，其中主要有 Cl^-、溶解气、导电性、pH 值、温度、压力、水流流速及微生物等。

（1）Cl^- 腐蚀。

一般来讲，Cl^- 对缝隙腐蚀具有催化作用。腐蚀开始时，铁在阳极失去电子。随着反应的不断进行，铁不断失去电子，缝隙内 Fe^{2+} 大量聚积，缝隙外的氧不易进入，迁移性强的 Cl^- 即进入缝隙内与 Fe^{2+} 形成高浓度、高导电的 $FeCl_2$，$FeCl_2$ 水解产生 H^+，使缝隙内的 pH 值下降到 3~4，从而加剧腐蚀。

（2）溶解气的影响。

氧、二氧化碳或硫化氢溶解于水中后，其腐蚀性大大增强。事实上，溶解气是大部分腐蚀问题的主要原因。如能把它们排除掉，并使水的 pH 值保持为中性或稍高，那么，在大部分水系统中，将很少出现腐蚀问题。

① 溶解氧。

溶解氧是之前提到的三种溶解气中最有害的一种，在浓度非常低的情况下（低于 1mg/L），它也能引起严重腐蚀。而且，如果在水中还溶解有其他两种气体中的一种或两种（如 H_2S、CO_2），氧气将使它们的腐蚀性急剧增高。

在采出水中本来不含有氧，但水采出地面后，就常常与氧接触而含氧。湖泊或河流的水，是被氧气饱和的。浅井中的水可能含有一定数量的氧气。只要有可能的话，就应严格将其除掉。

在大多数情况下，氧能急剧加速腐蚀，原因有两个：第一，由于氧气很容易与阴极上的氢离子结合，因而腐蚀反应的速度就主要由氧气扩散到阴极的速度来决定。没有氧气时，阴极的反应速度会变得很慢；当有氧气时，氧能耗掉阴极表面的电子而使反应速度加快。第二，如果 pH 值大于 4，亚铁离子（Fe^{2+}）将会很快被氧化成铁离子（Fe^{3+}）。这是由于氢氧化铁不溶解，从溶液中沉淀出来。为了使反应保持平衡状态，则需要往水溶液中补充更多的 Fe^{2+}，腐蚀速度就会加快。氧腐蚀常常表现为点蚀。

② 溶解二氧化碳。

二氧化碳溶解于水生成碳酸，使水的 pH 值降低而腐蚀性增大。二氧化碳的腐蚀性不像氧那样强，但通常造成点蚀。

和所有的气体一样，二氧化碳在水中的溶解度是水上大气中二氧化碳分压的函数。分压越大，溶解度越大。因此，腐蚀速度随二氧化碳分压的增大而加快。

在含有碳酸氢根碱度的水系统中，能引起腐蚀的二氧化碳量是 pH 值的函数。二氧化碳—碳酸氢根—碳酸根的平衡式如下：

$$CO_2+H_2O \longleftrightarrow H_2CO_3 \tag{2-14}$$

$$H_2CO_3 \longleftrightarrow H^+ + HCO_3^- \tag{2-15}$$

$$HCO_3^- \longleftrightarrow H^+ + CO_3^{2-} \tag{2-16}$$

当 pH 值降低时（氢离子数量增加），碳酸氢根转变成碳酸，生成较多的 CO_2 而使腐蚀加剧；反之，当 pH 值升高时，水趋向于结垢而腐蚀则减轻。减小系统的压力会使 CO_2 从溶液中逸出，可以使 pH 值升高。

如上所述，只要有一点氧气，就能使 CO_2 的腐蚀性增大。

③ 溶解硫化氢。

硫化氢极易溶解于水，溶解以后成为弱酸，通常造成点蚀。H_2S 和 CO_2 结合起来比单一的 H_2S 腐蚀性更大。在油田环境中，经常出现这类情况。

关于 H_2S 的另一个问题是，阴极上的某些氢离子会进入钢内而不成为气体从阴极表面逸出。这会导致低强度钢的氢腐蚀、高强度钢的氢脆。

（3）导电性的影响。

水的腐蚀性随其导电性的升高而增大。蒸馏水导电能力小，腐蚀性就小；盐水导电性很大，腐蚀性也很大。因此水的含盐量越大，腐蚀性越大。

（4）pH 值的影响。

水的腐蚀性通常随 pH 值的降低（酸性增高）而升高。在较高的 pH 值下，钢的表面上可能形成保护性垢（氢氧化铁或碳酸盐垢）防止或减轻进一步腐蚀。

（5）温度的影响。

腐蚀速度通常随温度升高而加快，因为温度升高一切反应的速度都将加快。在与大气相通的系统内，温度开始升高时，腐蚀速度将随温度的升高而加快，但是，如果温度进一步升高，由于溶解气从溶液中逸出，腐蚀速度可能下降。如果系统是密闭的，由于溶解气不能及时溢出，腐蚀速度将随温度升高而不断加快。当水内含有碳酸氢盐时，温度升高将加速垢的形成，结垢会使腐蚀反应放慢；但是，这也可能导致碳酸氢盐分解而产生更多的二氧化碳。

（6）压力的影响。

压力对化学反应也有影响。对水系统，压力的主要作用是影响溶解气的溶解度，压力升高则有更多的气体进入溶液。

（7）水流流速的影响。

静止或低速水流引起的腐蚀一般较小，通常多半是点蚀；腐蚀速度通常随水流流速的加快而变大，但也有例外情形。高速度和有悬浮固体或气泡的水能导致冲蚀腐蚀。所有保护膜会不断地被除掉或冲蚀掉，留下极易受到腐蚀的裸露金属表面。

在系统内，可能包括水流流速不同的两个邻接区域。如果没有氧气存在，对于低速区域来说，高速区域就成为阳极而发生腐蚀。如果有氧气存在，低速区域接受的氧气较少，起阳极作用，遭受腐蚀。在含氧的系统内水流流速加快时，最初可能会使腐蚀速度变大（供给较多的氧），然后，当水流流速进一步增大时，由于金属表面生成 $Fe(OH)_3$，实际会使反应放慢，水流流速再进一步增大时，金属表面的保护膜就会被冲掉。

高速能形成空穴，形成瞬间存在的气泡（由于压力降低），然后立即消失（由于压力升高）。气泡消失时，会从金属表面上剥下一些微小碎片来，在泵内经常发生这种情况。

（8）微生物的影响。

① 硫酸盐还原菌。

在油田注水系统中，硫酸盐还原菌（脱硫弧菌）所引起的腐蚀可能比其他任何细菌都更严重。它们能把水中硫酸根的硫还原成负二价硫离子，进而生成硫化氢。硫化氢能引起腐蚀，在腐蚀反应中，产生的硫化铁是极易造成堵塞的物质。

硫酸盐还原菌成群或成菌落式地附在管壁上，它们附着的地方会出现坑穴。这类细菌极易在管壁上成为菌落，而不易在流动的液流中找到。一旦发现水里有硫酸盐还原菌，就意味着在管壁和罐壁上已经牢固地附着很多这类细菌。

硫酸盐还原菌是厌氧菌。但是，如果有垢或淤泥能使细菌藏在下面，那么，它们在含氧系统中也完全能繁殖。细菌若被垢或碎片盖住，就很难将它们杀死。

② 铁细菌。

铁细菌在生长过程中，能在其周围形成氢氧化铁保护层。铁来自水溶液中的铁离子。铁细菌的例子有加氏铁柄杆菌、嗜氧球菌和芽状细菌。铁细菌虽然在含微量氧气条件下能长得很好，但是，它们被划为好氧菌。

铁细菌虽然不直接参加腐蚀反应，但是，能造成腐蚀和堵塞。通过氢氧化铁保层下的硫酸盐还原菌的活动，或者形成的氧浓差电池也能引起腐蚀。

铁细菌沉淀出大量的氢氧化铁，会造成严重的堵塞问题。

③ 腐生菌。

腐生菌作为单独的一种微生物进行描述是困难的，通常在设备和管道上有着黏稠的一层，也称为黏液形成菌，它是好氧异养菌的一种，常见的有气杆菌、黄杆菌、巨大芽孢杆菌、荧光假单孢菌、枯草芽孢杆菌等，它们是一个混合菌体。

许多油田水都有能满足腐生菌生长的物理条件和营养物质。因此腐生菌的存在极其普遍，它们产生的黏液与铁细菌、藻类、原生动物等一起附着在管线和设备上，造成生物垢，堵塞注水井和过滤器，同时也产生氧浓差电池而引起腐蚀。由于黏液形成菌包括的种类很多，其腐蚀和危害也基本相似，所以不再进行单一菌的研究。

通过细菌总数的测定，即由总菌量（总数包括全部好氧异养菌，主要是黏液形成菌，但不包括铁细菌）能够方便地表示形成黏液或产生堵塞的程度。所以在油田水处理中，往往要对注入水进行细菌的监测。这是决定水处理方案的重要数据之一。在未处理的水中，如果细菌总数小于 10000 个/mL，一般不需要处理；如果细菌总数大于10000 个/mL，则应该引起注意，因为其在油田注水中将会引起注水量减少、井口压力增加或者滤池堵塞。

④ 其他生物。

a. 藻类。

藻类生长需要阳光，藻类繁殖在开式淡水系统中（水坑和开口储罐）可能带来问题。在盐水里，藻类繁殖不会造成大问题。藻类生在水表面，能被抽到系统里而造成堵塞。池或坑若全被藻类覆盖，在水里就会造成硫酸盐还原菌生长的缺氧条件。

b. 硫细菌。

硫细菌主要包括能氧化元素硫、硫代硫酸盐、亚硫酸盐和若干连多硫酸盐产生强酸的微生物。这种菌绝大多数是严格自养菌，从二氧化碳中获得碳，个别菌兼性自养。除脱氮硫杆菌厌氧生长外，其他都是严格好氧菌。其最适温度为 28~30℃，有的菌株喜欢酸性条件，有的在微碱性下也能生活。因此它们在土壤、淡水、海水、酸矿水、污水、矿泉、海洋污泥、含硫沉积物中都能找到。

c.真菌。

真菌是属于无叶绿素的植物，因此不需要阳光。真菌从形状结构来看都比细菌更复杂，也是一种异养菌。

真菌的种类很多，主要形成丝状菌丝体的真菌称为霉菌。霉菌是一种有很长分枝状、像头发的菌丝，在生长中形成肉眼可见的所谓菌体。水中常见的藻状菌纲，如水霉菌、绵霉菌、毛霉菌，其外形似棉纱的白色丝状，用手去摸感到非常黏，它们可挂于任何附着物上形成软泥，堵塞管道；属半知菌纲的，如镰乃霉、地霉等也是形成软泥的原因之一。

真菌和藻类一样，在注水系统中是形成生物黏泥的一部分。同时在冷却水系统，某些真菌可以分解木质纤维素，使得木质结构的冷却塔遭受破坏。

三、油田水分析方法及水质指标设计

1. 油田水分析方法

现行企业标准《油田水分析方法》（SY/T 5523—2016）规定了油田水（产出水、注入水、修井液和增产液）中溶解和分散状组分含量的测定，表述了其分析方法。但该标准并不适用于油田水中细菌分析、生物测试（对海洋生物的毒性测试）和天然放射性物质测定及膜滤器测试法。

细菌种群和浓度的生物学测试标准在美国腐蚀工程师国际协会标准 NACE TM 0194—2014《油田系统中细菌声场的现场检测》中有相关表述。膜滤器测试在美国腐蚀工程师估计协会标准 NACE TM 0173—2015《用膜滤器确定注水水质的测试方法》或 SY/T 5329—2012《碎屑岩油藏注水水质指标及分析方法》中有相关表述。有兴趣的读者可自行查阅相关资料。

2. 水质指标设计

水质指标设计就是量化水质控制参数。它应根据油田具体情况，通过注入水对油层的伤害机理分析，从有效控制系统堵塞和腐蚀的观点出发，在对水源和油层充分认识的基础上，提出合理的水质指标方案，为水质达标处理和注水系统设计奠定基础，基本步骤如下。

1）静态资料录取

静态资料是了解、认识和研究对象的基本信息，包括以下数据：

（1）水源水数据。严格来讲应对水源水进行水质全分析，通常包括水的总矿化度、阴离子含量、阳离子含量、硬度、碱度、pH 值、水型、溶解气（CO_2、O_2、H_2S）含量、细菌（SRB、TGB 及铁细菌）含量、含油量、悬浮固相总量与粒径分布、温度和相对密度。

（2）油层岩石特征参数，主要包括敏感性矿物的含量和产状数据、岩石孔隙结构特征与孔喉分布数据及油层的孔渗特征，并重点考察岩心的阳离子交换量和水敏指数。

（3）油层流体数据，主要包括油层水、原油和天然气的基本数据，是进行流体配伍性评价的基础参数。

（4）温度及压力分布数据。油层压力和温度分布数据是进行实验评价和分析必需的基础数据。一般的实验及其相关模型分析都应该以此数据为准。

2）注水系统调查分析

对现有注水系统，在确定水质标准的适应性时，必须进行全面的调查分析，包括：

（1）注水系统水质调查。明确现有注水系统采用的水质标准及其确定依据、水质处理流程和药剂配方及是否按要求执行、目前水质是否达标、现有注水系统沿程水质指标的变化、各样点水质随时间的变化、水质监测是否正常、出现问题的原因等。

（2）注水井吸水能力调查。分析注水井吸水能力变化情况、注水井试井资料、注水井解堵增注情况及目前注水方式（注水压力是否大于油层破裂压力）。

根据调查结果，确定现有水质标准及其水处理措施是否合理，注水能否正常进行，如水质合理并能满足配注要求则合格；反之，应该初步判定水质标准是否适合，如果不适合就应该进行调整和修正。如果现有水质标准适合于油层则应弄清造成注水困难的原因，是水质入井前达标进入井筒后恶化，还是水质处理本身的问题使处理后的水不达标，都应该通过分析确定真实原因。

3）控制指标的量化及其评价实验

如何量化水质控制指标一直是人们比较关心的问题，目前的方法主要是通过室内实验进行评价。原则上讲，要求在模拟实际油藏的条件下进行以下实验：

（1）敏感性评价实验。敏感性评价实验包括常规五敏实验（速敏、水敏、盐敏、酸敏、碱敏）和应力敏感实验。常规五敏实验的具体做法参见行业标准。

（2）悬浮固相指标评价实验。该实验是确定适合于具体油层注水水质指标中固相含量和粒径的主要依据。应根据油层孔喉大小配制系列不同粒径和含量的悬浮液体，最好采用正交实验原理获得悬浮物含量、粒径与油层伤害的规律。

（3）乳化油指标评价实验。该实验用于确定适合于具体油层注水水质指标中乳化油含量。应根据油层孔喉大小配制系列不同粒径和含量的乳化油液体，采用正交实验原理获得乳化油含量、粒径与油层伤害的规律。

（4）腐蚀控制指标评价实验。腐蚀控制评价已标准化，主要采用静态挂片和动态挂片实验评价方法，结合油田水具体性质和腐蚀性气体的含量，评价 H_2S、CO_2 和 O_2 对系统腐蚀的危害性。

（5）细菌控制指标评价实验。细菌的控制应使细菌杀灭或不致繁殖为最终目标，主要根据注入水中监测到的细菌类型和数量，通过培养繁殖后进行腐蚀、堵塞评价实验。

（6）注入水及其与油层水的配伍性评价。评价的方法有两种，一是室内动静态实验评价，二是溶度积模型预测。重点考查沉淀与结垢问题。

（7）其他评价实验，主要指确定化学处理剂配方（药剂类型、含量及其相容性）的相关试验。

在上述分析和试验的基础上对注水水质指标进行概念设计，并尽可能向行业标准靠近，概念设计可提供 2~3 个方案。再结合油层伤害程度的定量关系、吸水能力随时间的变化规律等预测注水井的吸水能力，讨论不同方案的配注指标实现程度和水质处理的可行性。最后结合开发方案、注水工艺技术现状、水处理费用等优选出一套水质指标的试注方案。

4）配伍性水质指标的合理性检验

通过配伍性水质指标设计可以获得适合于油层的注水水质理想指标，具体效果如何还必须通过实验和现场试验对配伍性水质指标的合理性进行检验。

室内实验一般是采用流动实验法，对水质控制指标（即悬浮颗粒和乳化油）进行复合因素评价，以检验配伍性水质指标在各主要因素同时存在的情况下，水质对油层的伤害程度有多大，以及时调整这些主要控制指标。

现场试验一般是采用试注方法，通过注水系统腐蚀检查和注水井吸水能力检测，检验水质指标的可行性，若不可行就要修改水质指标。

第二节　油田水处理技术

一、水源选择

油田注水要求的水源不仅量大，而且希望水源的水量和水质较为稳定。这样，在水源充足的地方，有个水源选择问题；水源缺乏的地方，需要寻找水源并进行选择。陆地水源包括地面的江、湖、泉水和地层水；海上水源包括海水和通过海底浅井抽取的海水。水源选择时水处理工艺要简便，还要满足油田注水设计的最大注水量。水源水量的估计以设计水量为依据，如果采出的污水大部分回注的话，最终所需要的水量，大致为注水油层孔隙体积的 150%~170%。

目前作为注水用的水源有两大类：一是淡水源，二是盐水源。

1. 地面水源（淡水）

河、湖、泉水已广泛用于注水。随着国家建设的发展，工农业对这种水源的使用也越来越广，还可能遇到自然干旱，对注水用水可能供不应求，所以使用这种水源一般要得到有关部门的批准。

另外，这种地面水源，特别是小溪、泉的水量常是随着季节变化的，并且常常高含氧、携带很多悬浮物和各种微生物。不同季节水质成分变化很大，从而给水质处理带来许多麻烦。

以胜利油田为例，注水所用的黄河水就属这种水源，其特点是：有大量的泥沙和杂质，其含量在 200mg/L 以上，并随季节变化；矿化度不高，一般在 500~600mg/L；属于硫酸水型；含铁在 0.5mg/L 左右。因此，黄河水要经过沉淀、过滤、杀菌和脱氧处理才能使用。

2. 来自河床等冲积层水源（淡水）

这种水是通过在河床打一些浅井到冲积层的顶部获得的，可以使水质得到一定的改善。其特点是水量稳定，水质变化不大，通常无腐蚀性；由于自然过滤，混浊度不受季节影响；水中含氧稳定便于处理，但由于硫酸还原菌深埋地下，这种水仍可能受到它的污染。因此，可以把井钻深一些，以便排除或减少这种细菌的影响。

3. 地层水水源（淡水或盐水）

地层水水源是根据地质资料通过钻专门的水井而找到的来自地下的水源。找到高压、高产量的淡水层最好，盐水层也行，若找不到单一水层，多层水层也可以，但应注意，不同水层的水彼此不要产生化学反应而结垢。盐水也有它的好处，可以防止注水所引起的黏土膨胀。

还有一类地层水就是常用的油田污水，需处理后再回注。

4. 海水水源（盐水）

近海和海上油田注水，一般用海水。因为它既多又方便，但它高含氧和盐、腐蚀性强且悬浮的固体颗粒随季节变化较大，为改善这一点，通常钻一些浅井到海底，使其过滤从而减少水的机械杂质。

二、水处理工艺流程

水处理工艺流程是用于某种污水处理的工艺方法的组合。通常根据污水的水质和水量、回收的经济价值、排放标准及其他社会条件、经济条件，经过分析和比较，同时，还需要进行试验研究，决定所采用的处理流程。水处理一般原则是：改革工艺，减少污染，回收利用，综合防治，技术先进，经济合理等。在流程选择时应注重整体最优，而不只是追求某一环节的最优。

1. 注入水处理工艺流程

1）沉淀

来自地面水源的水总含有一定数量的机械杂质，因此在处理上首先是沉淀。沉淀是让水在沉淀池（罐）内有一定的停留时间，使其中所悬浮的固体颗粒借助自身的重力而沉淀下来。沉淀池如图2-1所示。

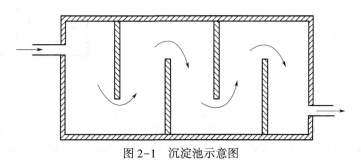

图2-1　沉淀池示意图

通常对沉淀池、沉淀罐的要求是要有足够的沉降时间，以便使悬浮固体凝聚并沉淀下来。一般在池或罐内装有迂回挡板，利于颗粒凝聚与沉淀。

为了加速水中的悬浮物和非溶性化合物的沉淀，一般在沉淀过程中加入聚凝剂。常用的聚凝剂为硫酸铝，它和碱性盐如碳酸氢钙作用形成絮状沉淀物，其化学反应式如下：

$$Al_2(SO_4)_3+3Ca(HCO_3)_2 \longrightarrow 2Al(OH)_3+3CaSO_4+6CO_2\uparrow \qquad (2-17)$$

聚凝剂能聚凝很细的颗粒而逐渐变大，絮状沉淀物带着浮悬物一起下沉，使得沉降速度加快。当水的 pH＝5～8 时，硫酸铝 $[Al_2(SO_4)_3]$ 的聚凝效果好；当 pH＝8～9 时，硫酸亚铁 $[FeSO_4 \cdot 7H_2O]$ 对形成非溶性的氢氧化铁的聚凝效果好。其他化学聚凝剂还有硫酸铁 $[Fe_2(SO_4)_3]$、三氯化铁（$FeCl_3$）和偏铝酸钠（$NaAlO_2$）等，有时需要加碱（如石灰）来提高水的 pH 值，以便加速聚凝过程。由于石灰和二氧化碳、碳酸氢钙等起化学反应生成碳酸钙（$CaCO_3$），而碳酸钙可经过聚凝沉淀和过滤除去。

2）过滤

来自沉淀池的水往往还含有少量最细的悬浮物和细菌，为了除去这类物质必须进行过滤处理。即使来自无须沉淀的地下水，一般也需要过滤。

过滤设备常用滤池或过滤器，内装石英砂、大理石屑、无烟煤屑及硅藻土等。水从上向下经砂层、砾石支撑层，然后从池底出水管流入澄清池，得以澄清。

滤池的工作强度用过滤速度来表示，过滤速度就是在单位时间内，从单位面积滤池通过的水量，一般用 m^2/h 来表示。按滤速来分，滤池可分为慢速滤池，滤速为 0.1～0.3m^2/h；快速滤池，滤速可达 15m^2/h。滤池中的水面与大气接触，利用滤池与底部水管出口，或水管相连的清水池水位标高差，来进行过滤的叫重力式滤池；滤池完全密封，水在一定压力下通过滤池叫压力池灌。油田常用压力式滤罐如图 2-2 所示。

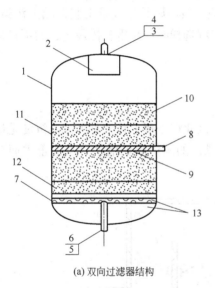 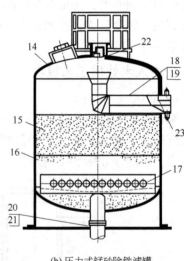

(a) 双向过滤器结构　　　　　　　　　　　(b) 压力式锰砂除铁滤罐

图 2-2　油田常用压力式滤罐

1—罐体；2—防砂器；3—上井水管；4—反冲洗排水管；5—出水管；6—反冲洗进水管；7—配水管；8—出水管；9—集水筛管；10—石英砂滤料层；11—磁石矿砂层；12—磁石矿砂层；13—卵石垫料层；14—罐体；15—滤料层；16—垫料层；17—集配水管；18—进水管；19—反冲洗进水管；20—出水管；21—反冲洗进水管；22—自动排气阀；23—排气管

为了除去滤料层过滤的污物，要定时进行反冲洗，在反冲洗时滤料层要完全浮起来，而支撑介质（垫料层）则不动，一般反冲速度在 30～70m^2/h。

还需指出，过滤池的来水悬浮物含量应小于 50mg/L，否则应先进行沉淀。过滤后的水中杂质含量应小于 2mg/L 才算合格。

3）杀菌

地面水中多数含有藻类、粪土、铁菌或硫酸还原菌，在注水时必须将这些物质除掉以防堵塞地层和腐蚀管柱。因此，要进行杀菌。考虑到细菌适应性强，一种杀菌剂使用一段时间后细菌会产生抗药性，一般选用两种以上杀菌剂交替使用。

常用的杀菌剂有氯或其他化合物，如次氯酸、次氯酸盐及氯酸钙，甲醛既有杀菌又有防腐作用。氯气杀菌时，原理如下：

$$Cl_2 + H_2O \longrightarrow HCl + HOCl$$
$$\vdots$$
$$\longrightarrow HCl + [O] \tag{2-18}$$

其中，$[O]$ 是强氧化剂，可以杀菌。

为了使氯能有效杀菌，氯与水接触时间应大于 30min，氯气用量一般为 $1\sim2$mg/L，对过滤后的水或地下水一般用 $0.5\sim1$mg/L。除了杀菌以外，根据注水要求还可加入其他化学处理剂，为了防腐可加防腐剂，为了增加洗油能力可加表面活性剂，为了除去乳化油可加破乳剂。

4）脱氧

地面水和海水由于和空气接触，总是溶有一定量的氧，有的水源水中还含有二氧化碳和硫化氢气体，在一定条件下，这些气体对金属和混凝土有腐蚀性，应设法除去。下面就脱氧问题作简单介绍。至于除去二氧化碳和硫化氢气体在原理上和脱氧有相似之处。

化学除氧剂有 Na_2SO_3 和 N_2H_4 等，最常用的是亚硫酸钠（Na_2SO_3），它价格低廉处理方便，反应式如下：

$$2Na_2SO_3 + O_2 \longrightarrow 2Na_2SO_4 \tag{2-19}$$

每除去 1mg/L 的氧需加 7.88mg/L 无结晶水的亚硫酸钠，投加时可适当有余量。水温低含氧少时，上述反应慢，可加催化剂 $CoSO_4$ 促进反应。

利用天然气对水进行逆流冲刷，来除去水中的氧，也是一项有效指施，其原理是：脱氧前水表面空气压力为 100kPa，空气中的氧约占 4/5，故氧在空气中的分压约为 20kPa，当天然气逆流冲刷时，它冲淡了空气中的氧，从而使得水表面氧的分压降低，水中的氧便从水中分离出来，被天然气带走，随后又冲淡又带走，最后把水中的氧除掉。把 $1m^3$ 水中的氧气从 10mg/L 降到 1mg/L，大约用 $0.5m^2$ 的天然气，脱氧后的天然气可以回收更新并可作为燃料。

真空脱氧，其原理是用抽空设备（蒸汽喷射器）把脱氧塔抽成真空，从而把塔内水中的氧气分离出来并被抽掉，如图 2-3（a）所示。通过喷嘴的高速空气在喷射器内造成低压，使塔内水中的氧分离出来被蒸汽带走。为了使水中的氧气易于脱出，塔内装有许多小瓷环。真空脱氧的流程如图 2-3(b) 所示。

5）曝晒

当水源含有大量的过饱和碳酸盐（如碳酸氢钙、碳酸氢镁和碳酸氢亚铁等）时，因为它们的化学性质都不稳定，注入地层后由于温度升高便可能产生碳酸盐沉淀而堵塞地层。因此需预先进行曝晒处理，这样可以使碳酸盐沉淀下来。

2. 产出水处理工艺流程

伴随原油采出的油田污水，其成分非常复杂，有原始地层水的各种离子、地层岩石、黏

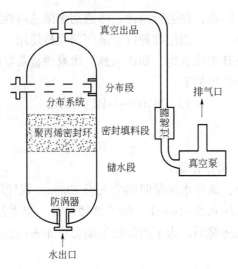

(a) 真空脱氧示意图

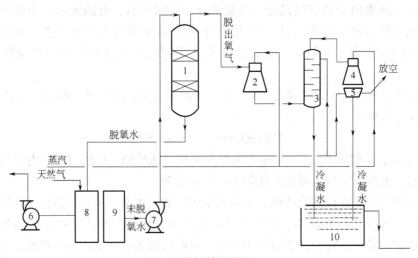

(b) 真空脱氧流程图

图 2-3　真空脱氧

1—脱氧塔；2——级喷射器；3—中间冷却；4—二级喷射器；5—消声器；6—外输泵；
7—脱氧泵；8—脱氧后储水池；9—原水储水池；10—水封槽

土矿物颗粒及原油和沥青质等有机不溶物，还有大量的人工有害物质，如钻井液、修井液、压裂液、酸化液、调剖堵水、微生物、原油破乳剂、降黏剂、阻垢剂、杀菌剂等。这些可溶的和不可溶的、有机的和无机的、液体的和固体的、沉淀的和悬浮的物质与水构成了最为复杂的集合体——油田污水。其处理十分困难，成为当今污水处理研究的一个热门课题。

综观国内外油田污水处理技术发展状况，水处理方法按处理原理分物理法、化学法及物理化学处理法。其发展的趋势和方向主要是研制处理效率高、处理精度高、投资效益好的技术设备与化学药剂。

由于各油田或区块原水物理化学性质及油珠粒径分布不同，注水水质标准也不同，因此必须合理地对处理工艺进行选择，其原则及方法为：

（1）对原水应进行物理化学性质分析、油珠粒径分布测试、小型试验及模拟试验；

（2）污水处理工艺在满足注水水质标准的前提下应力求简单、管理方便、运行可靠；

（3）对所采用的工艺必须进行经济技术比较，合理选定。

目前，由于油水水质差异较大，国内油田产出水处理工艺流程种类较多，现针对不同原水水质特点、净化处理要求，按照主要处理工艺过程，大致划分为三种：（1）重力式除油、沉降、过滤流程；（2）压力式聚结沉降分离、过滤流程；（3）浮选式除油净化、过滤流程；另有开式生化流程用于排放处理。

1）产出水基本处理流程

（1）重力式流程。

自然（或斜板）除油—混凝沉降—压力（或重力）过滤流程如图 2-4 所示，20 世纪七八十年代在国内各陆上油田较普遍采用。从脱水转油站送来的原水经自然收油初步沉降后，投加混凝剂进行混凝沉降，再经过缓冲、提升、压力过滤，滤后水再加杀菌剂，得到合格的净化水，外输用于回注。滤罐反冲洗排水用回收水泵均匀地加入原水中再进行处理。回收的油送回原油集输系统或者用作燃料。

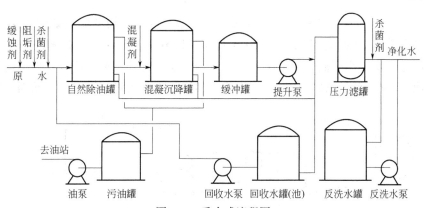

图 2-4 重力式流程图

重力式流程处理效果良好，对原水含油量、水量变化波动适应性强，自然除油回收油品好，投加净化剂混凝沉降后净化效果好。但当处理规模较大时，压力滤罐数量较多、操作量大，处理工艺自动化程度稍低。当对净化水质要求较低，且处理规模较大时，可采用重力式单阀油罐提高处理能力。

（2）压力式流程。

旋流（或立式除油罐）除油—聚结分离—压力沉降—压力过滤流程如图 2-5 所示，该流程是 20 世纪 80 年代后期和 90 年代初才发展起来的，它加强了流程前段除油和后段过滤净化，脱水站送来的原水，若压力较高，可进旋流除油器；若压力适中，可进接收罐除油。为了提高沉降净化效果，在压力沉降之前增加一级聚结（也称粗粒化），使油珠粒径变大，易于沉降分离，或采用旋流除油后直接进入压力沉降。根据对净化水质的要求可设置一级过滤和二级过滤装置。

压力式流程处理净化效率较高，效果好，污水在处理流程内停留时间较短，但适应水质、水量波动的能力稍低于重力式流程。旋流防油装置可高效去除原水所含小油珠，聚结

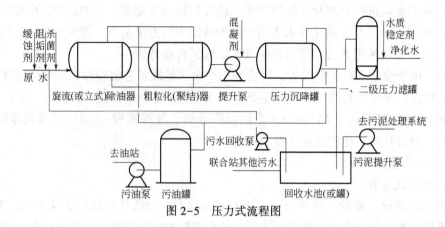

图 2-5　压力式流程图

分离可使原水中微细油珠聚结变大，缩短分离时间，提高处理效率。该流程系统机械化、自动化水平稍高于重力式流程，现场预制工作量大大降低，且可充分利用原水来水水压，减少系统二次提升。

（3）浮选式流程。

接收（溶气浮选）除油—射流浮选或诱导浮选—过滤、精滤流程如图 2-6 所示，该流程主要是在借鉴 20 世纪 80 年代末 90 年代初从国外引进漏水处理技术的基础上，结合国内各油田生产实际需要而发展起来的。该流程首端大都采用溶气浮选，再用诱导浮选或射流浮选取代混凝沉降设施，后端根据净化水回注要求，可设一级过滤和精细过滤装置。

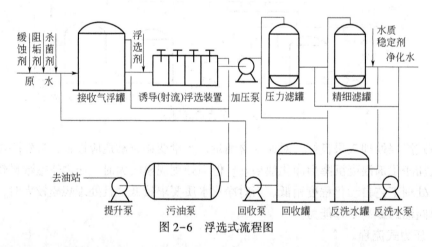

图 2-6　浮选式流程图

浮选式流程处理效率高，设备组装化、自动化程度高，现场预制工作量小，因此，广泛应用于海上采油平台，在陆上油田，尤其是稠油污水处理中也被较多应用。但该流程动力消耗大，维护工作量稍大。

（4）开式生化流程。

隔油—浮选—生化降解—沉降—吸附过滤流程如图 2-7 所示，该流程是针对部分油田污水采出量较大、回用量不够大、必须处理达标外排而设计的。原水经过平流隔油池除油沉降，再经过溶气浮选池净化，然后进入曝气池、一级生物降解池、二级生物降解池和沉降池，最后经提升泵砂滤或吸附过滤达标外排。

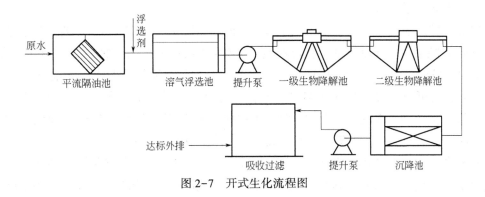

图 2-7　开式生化流程图

一般情况，通过上述开式生化流程净化，排放水质可以达到排放标准要求。对于少部分油田污水水温过高，若直接外排，将引起生态平衡的破坏。因此，尚需排放前进行淋水降温处理；对于少部分矿化度高的油田污水，有必要进行除盐软化，适当降低含盐量，以免引起水体盐碱化。

2）除油

（1）自然除油。

自然除油属于物理法除油范畴，是一种重力分离技术。重力分离法处理含油污水利用油和水的密度差使油上浮，达到油水分离的目的。这种理论忽略了进出配水口水流的不均匀性、油珠颗粒上浮中的絮凝等影响因素，认为油珠颗粒是在理想的状态下进行重力分离的，即假定过水断面上各点的水流速度相等，且油珠颗粒上浮时的水平分速度等于水流速度，油珠颗粒以等速上浮，油珠颗粒上浮到水面即被去除。

自然除油设施一般兼有调储功能，其油水分离效率不够高，通常工艺结构采用下向流设置。如图 2-8 所示，立式容器上部设收油构件，中上部设配水构件，中下部设集水构件，底部设排污构件。

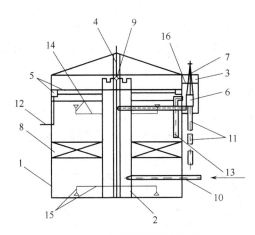

图 2-8　自然除油罐结构图

1—罐体；2—中心筒；3—水箱；4—中心柱；5—油槽；6—调节堰；7—调节杆；8—斜板；9—通气孔；
10—进水管；11—出水管；12—出油管；13—集水总干管；14—配水管；15—集水干管；16—挡板

（2）斜板（管）除油。

斜板（管）除油是目前最常用的高效除油方法之一，它同样属于物理法除油范畴。斜板（管）除油的基本原理是"栈层沉淀"，又称"浅池理论"，通俗来讲，若将水深为 H 的除油设备分隔为 n 个水深为 H/n 的分离池，而当分离池的长度为原除油分离区长度的 $1/n$ 时，便可处理与原来的分离区同样的水量，并达到完全相同的效果。为了让浮升到斜板（管）上部的油珠便于流动和排除，把这些浅的分离池倾斜一定角度（通常为 45°～60°），超过污油流动的休止角。这就形成了所谓的斜板（管）除油罐。

斜板除油装置基本上可以分为立式和平流式两种，如立式斜板除油罐和平流式斜除（隔）油罐（池）。在油田上常用的是立式斜板除油罐和平流式斜板隔油池，结构分别如图 2-9、图 2-10 所示。

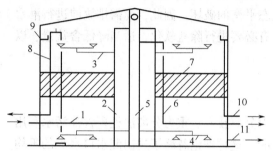 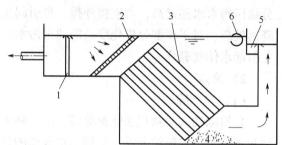

图 2-9　立式斜板除油罐结构图

1—进水管；2—中心反应管；3—配水管；4—集水管；
5—中心柱管；6—出水管；7—波纹斜板组；8—溢流管；9—集油槽；10—出油管；11—排污管

图 2-10　平流式斜板隔油池构造图

1—配水堰；2—布水棚；3—斜板；4—集泥区；
5—出水槽；6—集油管

（3）粗粒化（聚结）除油。

所谓粗粒化，就是使含油污水通过一个装有填充物（也叫粗粒化材料）的装置，在污水流经填充物时，使油珠由小变大的过程。经过粗粒化后的污水，其含油量及油的性质并不变化，只是更容易用重力分离法将油除去。粗粒化的处理对象主要是水中的分散油，粗粒化除油是粗粒化及相应的沉降过程的总称。

单一的粗粒化除油装置一般为立式结构，下部配水，中部装填粗粒化材料，上部出水。组合式粗粒化除油装置一般为卧式，装置首端为配水部分，中部为粗粒化部分，中后部为斜板（管）分离部分，后部为集水部分。粗粒化除油装置工艺结构如图 2-11 所示。

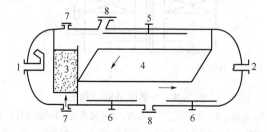

图 2-11　粗粒化除油装置工艺原理图

1—进水口；2—出水口；3—粗粒化段；4—蜂窝斜管；5—排油口；6—排污口；7—维修人孔；8—拆装斜管人孔

聚结分离器采用卧式压力聚结方式与斜板（管）除油装置结合除油。原水进入装置首端，通过多喇叭口均匀布水，水流横向流经三组斜交错聚结板，使油珠聚结，悬浮物颗粒增大，然后再横向上移，自斜板组上部均布，经斜板分离，油珠上浮集聚，固体悬浮物下沉集聚排除，净化水由斜板下方横向流入集水腔。高效聚结分离器工艺原理如图2-12所示。

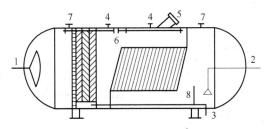

图2-12　高效聚结分离器工艺原理图

1—进水口；2—出水口；3—排污口；4—污油口；5—进料口；6—蒸汽回水口；7—安全阀；8—出水挡板

（4）气浮除油（除悬浮物）。

气浮除油就是在含油污水中通入空气（或天然气）设法使水中产生微细气泡，有时还需加入浮选剂或混凝剂，使污水中颗粒为$0.25 \sim 25 \mu m$的乳化油和分散油或水中悬浮颗粒黏附在气泡上，随气体一起上浮到水面并加以回收，从而达到含油污水除油除悬浮物的目的。

气浮除油（除悬浮物）装置，按照气体被引入的方式分为两大类，一种是溶解气浮选装置；另一种是分散气浮选装置，分别如图2-13至图2-15所示。

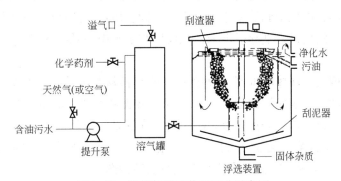

图2-13　溶解气浮选装置工艺示意图

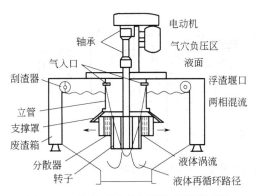

图2-14　旋转型分散气浮装置横截面图

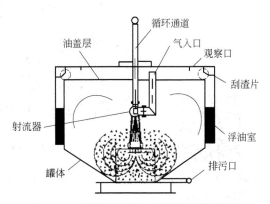

图2-15　喷射型分散气浮选装置横截面图

生产实践证明，旋转型分散气浮选装置比喷射型分散气浮选装置能耗稍高，气耗也稍大。

（5）旋流除油。

水力旋流器利用油水密度差、在液流调整旋转时受到不等离心力的作用而实现油水分离，其基本工艺结构如图 2-16 所示。

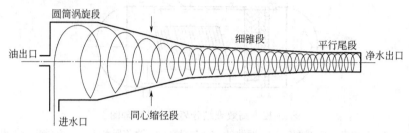

图 2-16　水力旋流器工作原理示意图

含油污水切向或螺旋向进入圆筒涡旋段，并沿旋流管轴向螺旋态流动。在同心缩径段，圆锥截面的收缩，使流体增速，并促使已形成的螺旋流态向前流动，由于油、水的密度差，水沿着管壁旋流，而油珠移向中心。流体进入细锥段，截面不断缩小，流速继续增大，小油珠继续移到中心汇成油芯。流体进入平行尾段，由于流体恒速流动，对上段产生一定的回压，使低压油芯向溢流口排出。

高速旋转的物体能产生离心力。含悬浮物（或分散油）的水在高速旋转时，由于颗粒和水的质量不同，因此受到的离心力大小也不同，质量大的被甩到外围，质量小的则留在内围，通过不同的出口分别导引出来，从而回收了水中的悬浮颗粒（或分散油），并净化了水质。

水的相对密度大、液体温度高、分散相（油）液滴尺寸大、对分离效果有利；油的相对密度大、黏度高、表面活性剂含量高，对分离效果不利。增加压差，可提高处理量，便于调节，在操作范围内对分离效果影响不大。在保证溢液比大于1%情况下。增加溢流量对分离效果没有影响。旋流器的入口流速过高液滴易分裂，过低则离心力不足。图 2-17（彩图 2-1）为多管污水除油水力旋流器结构图。

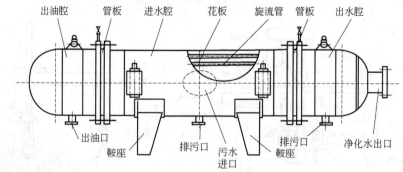

彩图 2-1　多管污水
除油水力旋流器

图 2-17　多管污水除油水力旋流器结构图

3）混凝沉降

混凝含凝聚和絮凝过程。一般认为水中胶体失去稳定性，即脱稳的过程称为凝聚；而脱稳胶体中粒子及微小悬浮物聚集的过程称为絮凝。在实际生产应用中很难将凝聚和絮凝两者截然分开，只是在概念上可以这样理解。

油田含油污水处理中的混凝现象比较复杂，室内试验研究证实，不同的凝聚剂、絮凝剂组合，不同的水质条件，混凝作用机理也有所不同。一般说来，混凝剂对水中胶体颗粒的混凝作用有三种：电性中和、吸附桥架和卷扫作用。这三种作用以哪种为主，取决于混凝剂的种类和投加量、水中胶体粒子的性质和含量、水的 pH 值等因素。

经重力除油或其他除油设备初步净化后的污水加入混凝剂，通过进水管道混合后分别进入两种型式的中心反应筒。反应后形成矾花的污水经布水管进入混凝沉降罐沉降分离部分，对下向流沉降罐，采用上配水式，污水经多点配水喇叭口均匀分配至配水断面，污水在自上而下流动过程中，污油携带大部分悬浮物上浮至油层，经出油管流出。部分相对密度比较大的悬浮物下沉至罐底。因此，混凝沉降包括上浮除去油和悬浮物及下沉除去悬浮物，一般认为若污水中油是主要污染指标，固体悬浮物为次要污染指标，多采用下向流模式，这种罐也称混凝除油罐；若污水中主要污染指标是固体悬浮物，而油是次要污染指标，常采用上向流（也称逆向流）模式，通常称混凝沉降罐，其意义是以除固体悬浮物为主。

下向流混凝沉降罐与混凝除油罐的工艺构造基本一致。图 2-18 为上向流混凝沉降罐工艺结构示意图，图 2-19 为压力式混凝逆流沉降罐工艺结构示意图。

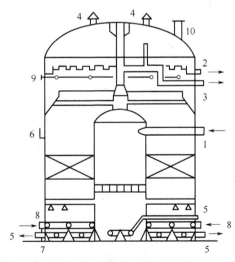

图 2-18　上向流混凝沉降罐工艺结构图
1—进水口；2—收油口；3—出水口；4—呼吸口；5—排污口；6—进料口；
7—人孔；8—冲洗口；9—蒸汽回水口；10—密封口

4）过滤

过滤是指水体流经有一定厚度（一般为 700mm 左右）且多孔的粒状物质的过滤床，这些粒状物过滤床通常由石英砂、无烟煤、磁铁矿、石榴石、铝矾土等组成，并由垫层支

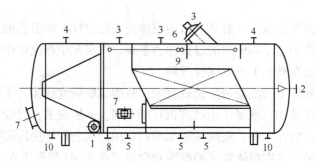

图 2-19　压力式混凝逆流沉降罐工艺结构图
1—进水口；2—出水口；3—收油口；4—安全口；5—排污口；6—进料口；
7—人孔；8—冲洗水口；9—蒸汽回水口；10—放空口

撑，杂质被截留在这些介质的孔隙里和介质上，从而使水得到进一步净化。过滤床不但能去除水中的悬浮物和胶体物质，而且还可以去除细菌、藻类、病毒、油类、铁和锰的氧化物、放射性颗粒、在预处理中加入的化学药品、重金属及很多其他物质。

采用过滤方式去除水中杂质，所包括的机理是很多的。国内外很多学者都做过这方面的研究，但由于出发角度不同，解释程度也就各有所异。从过滤性质来说，一般可以分为物理作用和化学作用。过滤机理可分为吸附、絮凝、沉淀和截留等几个方面。

凡满足下列要求的固体颗粒，都可以作为滤料：（1）有足够的机械强度；（2）具有足够的化学稳定性；（3）能就地取材、货源充足，价格合理；（4）具有一定的颗粒级配和适当的孔隙度；（5）外形接近于球状，表面比较粗糙而有棱角。

垫层也称为承托层，一般只是配合管式大阻力配水系统使用的，但在油田污水处理中小阻力配水系统中也广泛采用。其作用有两个：（1）防止过滤时滤料从配水系统中流失；（2）冲洗过程中保证均匀布水。

在油田污水处理系统中，压力滤罐被广泛采用，压力滤罐和重力式滤池不同。重力式滤池水面和大气相通，是依靠滤层上的水深，以重力方式进行过滤的。压力滤罐是密闭式圆柱形钢制容器，内部装滤料及进水和排水系统，罐外设置各种必要的管道和阀门等。它是在压力下工作的。进水直接用泵打入，滤后水压力较高，可送到用水装置或水塔中。在油田污水处理中，滤后水一般进入净化水罐，再用泵提升至离污水站距离较远的注水站。如果污水站与注水站合建，则滤后水可直接进入注水站储水罐中，这样可减少一次提升次数，可节省电力和降低造价。

压力滤罐结构如图 2-20 所示。

压力滤罐的内部，石英砂滤料粒径一般采用 0.5～1.2mm，滤层厚度一般为 0.7～0.8m，滤速为 8～12m/h 甚至更大。压力储罐的进、出水管上都装有压力表，两表的

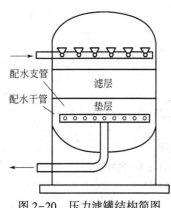

图 2-20　压力滤罐结构简图

压力差值即过滤时的水头损失，终期允许水头损失值一般可达 5～6m，有时可达 10m。为提高冲洗效果和节省冲洗水量，可考虑用压缩空气助冲。压力滤罐的上部应安装放气阀，

底部应安装放空阀。压力滤罐分为立式和卧式两种，直径一般都不超过 3m。卧式滤罐由于过滤断面不均匀，远没有立式滤罐应用广泛。在油田，压力滤罐上部布水一般采用多点喇叭口上向布水，下部配水一般采用大阻力配水方式。压力滤罐耗费钢材多，投资大，滤料进出不方便；但压力滤罐可在工厂预制，现场安装方便、占地少，生产中运转管理方便，工业中采用较广。

5）深度净化

对于采取注水方式开发的低渗透、特低渗透油藏而言，为了满足注水水质要求，必须在常规污水处理工艺的基础上，对水质进行深度处理净化。水处理中常用的深度处理净化工艺有二级深度过滤、吸附、精细过滤、微过滤、超滤、电渗析、反渗透等；油田污水处理深度净化多采用二级深度过滤、吸附、精细过滤、微过滤、超滤等。这里只对吸附、精细过滤和微过滤作简要介绍。

（1）吸附。

吸附是用含有多孔的固体物质，使水中污染物被吸附在固体孔隙内而去除的方法，如除去水中余氯、胶体微粒、有机构、微生物等。常用的吸附剂有活性炭和大孔吸附树脂等。

活性炭是用木质、煤质、果壳（核）等含碳物质通过化学法活化或物理法活化制成的。它有非常多的微孔和巨大的比表面积，因而具有很强的物理吸附能力，能有效吸附水中的有机污染物。此外，在活化过程中活性炭表面的非结晶部位上形成一些含氧官能团，如羧基（—COOH）、羟基（—OH），这些基团使活性炭具有化学吸附和催化、氧化、还原的性能，能有效地去除水中的一些金属离子。

市售的活性炭有粉末活性炭、不定形颗粒活性炭、圆柱形活性炭、球形活性炭四种，工业常用的有木质不定形颗粒活性炭、果壳（核）、不定形颗粒活性炭或煤质颗粒活性炭。

（2）精细过滤。

精细过滤采用成型材料（如烧结滤芯、纤维缠绕滤芯等）来实现净化目的。精细过滤器可去除水中直径为 $1\sim5\mu m$ 的颗粒，通常设置于污水处理站压力过滤器之后，对整个污水处理系统净化水质起把关作用。

烧结滤芯是由粉末材料通过烧结形成的微孔滤元，其滤芯材料有陶瓷、玻璃砂、塑料（聚乙烯或聚氯乙烯）等多种。

纤维缠绕滤芯由纺织纤维粗砂精密缠绕在多孔管骨架上而制成，控制滤芯的缠绕密度就能制成不同精度的滤芯。滤芯的孔径外层大，越往中心越小，滤芯的这种深层网孔结构使它具有较高的过滤效果。纤维缠绕滤芯的用途非常广泛，在水处理中适用于自来水、食品饮料工业用水、冷却循环水、蒸汽冷凝水和油田注入水等的过滤。常用的纤维缠绕滤芯有两种，一种是聚丙烯纤维——聚丙烯骨架滤芯，最高使用温度为 60℃；另一种是脱脂棉纤维——不锈钢骨架滤芯，最高使用温度为 120℃。

（3）微过滤。

微过滤是一种精密过滤技术，其孔径范围一般为 $0.1\sim10\mu m$，介于常规过滤和超滤之间。微过滤所用的微孔滤膜的孔结构属于筛型，所截留的微粒直径为 $0.1\sim10\mu m$，如病毒、细菌、腺体等，操作压力一般小于 0.3MPa。

微过滤所用的滤膜由天然或合成高分子材料所形成。它具有形态较整齐的多孔结构，孔径分布均匀。过滤时近似过筛的机理，使所有大直径的粒子全部拦截在滤膜表面上。压力的波动不会影响它的过滤效果。由于过滤只限于表面，因此便于观察、分析和研究截留物。膜过滤的介质薄、颗粒容纳量小，因此在使用时宜设置预过滤装置。

在油田水处理深度净化过程中所采用的过滤器有管式过滤器和折叠式过滤器等。

管式过滤器滤芯制作方便，可以多滤芯组装，过滤面积较小，适用于中等量的过滤。由不同滤膜制成的滤芯适合不同的用途，如纤维素酯类滤膜一般用于水质净化过滤，聚四氟乙烯滤膜制成的滤芯可用于酸、碱、溶剂和各种气体的去除微粒和细菌。

折叠式过滤器的滤芯结构如图 2-21（彩图 2-2）所示。折叠式过滤器体积小，过滤面积大，适用于大容量的过滤，它是工业用水处理中可以用于处理工序中的设备，如石油工业、电子工业、制药工业、食品工业等的水质深度净化过滤。

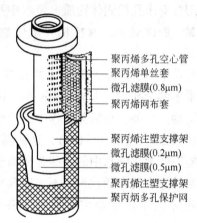

聚丙烯多孔空心管
聚丙烯单丝套
微孔滤膜(0.8μm)
聚丙烯网布套

聚丙烯注塑支撑架
微孔滤膜(0.2μm)
微孔滤膜(0.5μm)
聚丙烯注塑支撑架
聚丙炳多孔保护网

彩图 2-2　折叠式过滤器的滤芯　　　　　图 2-21　折叠式过滤器的滤芯结构图

6）污水回收

污水处理站的污水回收设施主要承接站外作业废水、油站洗盐水、联合站自流排水和污水站内净化、过滤、污泥处理设施排水等。

污水回收工艺流程是整个含油污水处理工艺流程组成部分。图 2-22 为常用的工艺流程之一。污水处理站内站外各种污水自流或借助余压进入回收水池（罐）。废水在回收水池中停留一定时间，较大的泥砂颗粒沉入池底，然后用回收水泵将池中的污水抽送到污水处理流程首端，再进行除油沉降分离处理，从而达到回收的目的。池内的污油一般和污水一起被泵抽走，而池底的沉积物定时输送到污泥处理系统。

7）密闭隔氧

氧是含油污水处理系统中重要的腐蚀因素之一，特别是总矿化度大于 5000mg/L 且含有 H_2S 气体时，随着污水中含氧量的增加，腐蚀速度递增幅度更为惊人，水中有微量的溶解氧也会造成严重的腐蚀。

由于溶解氧的危害很大，国外规定注入高矿化度水时其含量为 0.02~0.05mg/L，我国 2012 年制订的《碎屑岩油藏注水水质指标及分析方法》（SY/T 5329—2012）也规定总矿化

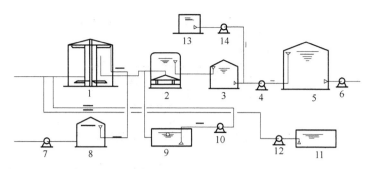

图 2-22　污水回收流程图

1—除油罐；2—单阀过滤罐；3—缓冲水罐；4—输水泵；5—注水罐；6—高压注水泵；7—输油泵；8—污油罐；
9—污水回收池；10—回收水泵；11—混凝剂溶药池；12—加药泵；13—杀菌剂溶药罐；14—加杀菌剂泵

度大于 5000mg/L 的注入水溶解氧含量最好是小于等于 0.05mg/L，不能超过 0.10mg/L。由于原水中溶解氧含量一般都可达标，因此污水站都采取密闭措施达到控制溶解氧的目的。

密闭隔氧的方式主要有天然气密闭隔氧、浮床式密闭隔氧、薄膜囊式密闭隔氧、氮气密闭隔氧、柴油密闭隔氧等，目前在技术上较成熟并且应用较多的是天然气密闭隔氧、浮床式密闭隔氧、薄膜囊式密闭隔氧。

（1）天然气密闭隔氧。

天然气密闭隔氧是指污水处理站各种重力式常压钢罐罐顶密封，再通入一定压力的天然气并设排气口，随着液位的上下波动天然气进入或排出，从而防止空气进入系统。天然气密闭技术主要是合理选择、设计、计算调压方式，采取必要的安全措施。

天然气密闭隔氧不是简单地在容器内液面以上空间通入天然气，而要求在处理过程中天然气隔层压力在一定范围内变化，不致出现因负压过大时钢罐压扁、正压过大时钢罐压裂运行事故。这就要求有一套完善的天然气调压系统。目前调压系统有两类：一类是气源充足时用调压阀调压；另一类是用低压气柜调压。

（2）浮床式密闭隔氧。

浮床式密闭隔氧装置是针对敞开式储水罐控制溶解氧上升的问题而发明的实用新型专利，专利号为 ZL972316760。

基本型浮床式水罐密闭隔氧装置采用两层具有长期防水性能的防水布制成条状密闭口袋，在口袋内充填低密度浮板，并在水罐内液面上形成一个连续覆盖整个水面的圆形浮床。浮床边缘预留适量过盈量，并采用柔性材料搭接密封，使水面与空气全部隔绝。浮床随罐内水面的升降而同步波动，保证水中的溶解氧含量不再上升，从而达到在水罐中隔氧的目的。

水罐浮床式密闭隔氧装置的局部截面如图 2-23 所示。

（3）薄膜囊式密闭隔氧。

薄膜囊式密闭隔氧技术也是近年来研制成功的一种密闭隔氧新技术，其基本原理就是在水罐内安装一个具有隔氧作用的高分子密闭隔氧膜，使水和大气隔开，阻止氧的溶入，从而达到密闭隔氧的目的。隔氧膜自罐壁中下部周边生根紧固，圆柱体直径略小于罐直径，膜顶近似罐顶结构，在圆柱体和罐壁之间充入适量清水，进行水封。膜顶设浮动引

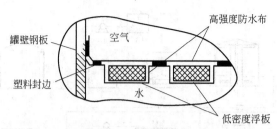

图 2-23　水罐浮床式密闭隔氧装置的局部截面

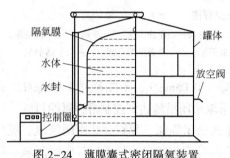

图 2-24　薄膜囊式密闭隔氧装置

线，自膜顶引出送入控制柜。为防止停产检修时损坏隔膜，在罐壁周边生根高度下适当位置设置隔膜支撑网格。网格采用角钢和圆钢焊制，并进行防腐处理。薄膜囊式密闭隔氧装置示意图如图 2-24 所示。

薄膜囊式密闭隔氧装置的主要特点是：没有能源消耗；无损耗件和耗能介质；无易燃易爆材质和介质，运行安全平稳；设备简易，无需专人管理，可实现自动化操作；隔氧性能好，

运行费用低；对隔氧膜要求严格，即隔氧膜必须具有良好的防水性，抗酸、碱、盐腐蚀，良好的韧性，较高的机械强度和均匀的加工厚度，耐油溶胀、耐温、抗老化，经济实用。

三、油田水处理剂

1. 阻垢剂

阻垢剂是一些化学药品的通称，把这些化学药品加入通常能结垢的水中就可以防止结垢。目前在油田水处理中常用的阻垢剂有无机聚磷酸盐、含磷有机缓蚀阻垢剂、低分子量聚合物和天然阻垢剂等，下面仅介绍后三种阻垢剂。

1）含磷有机缓蚀阻垢剂

含磷有机缓蚀阻垢剂和无机聚磷酸盐相比较，它们的化学稳定性好，不易水解和降解。另外，它们缓蚀阻垢的效果也比无机聚磷酸盐好，因此使用的剂量也比无机聚磷酸盐低。当它们和低分子量的聚电解质（如聚丙烯酸、聚磷酸盐等）复合使用时，会产生药剂的协同效应，从而使药剂的缓蚀阻垢效果有所提高。

水系统中经常使用的含磷有机缓蚀阻垢剂，一般有两大类，一类是有机磷酸酯，另一类是有机磷酸盐。

有机磷酸酯作为缓蚀阻垢剂的作用机理，目前还不十分清楚。有人认为有机磷酸酯对于铁金属是一种阳极腐蚀抑制剂，对铁金属的表面能产生一种化学吸附，它们所带的烷基覆盖在金属表面组成了一种化学吸附膜，从而阻止了水中的溶解氧向金属表面的扩散，保护了金属，起到了缓蚀作用。还有人认为主要是它们破坏钙垢晶体正常生长引起了晶格畸变所致。

除此之外，有机多元膦酸是一类 20 世纪 60 年代后期陆续被开发、70 年代前后被确

立的水处理药剂。它们的出现曾使水处理技术向前迈进了一大步，使得水处理工艺也有较大程度的发展。

在水处理方面和无机聚磷酸盐相比，有机多元膦酸具有良好的化学稳定性，不易水解和降解，能耐较高温度，药剂用量小，并兼具缓蚀和阻垢效果等待点。

从缓蚀机理来考虑，含磷有机缓蚀阻垢剂是一类阴极型缓蚀剂，但从阻垢机理来考虑，它们又是一类非化学当量阻垢剂，具有明显的溶限效应（threshold effect），当它们和其他水处理药剂复合使用时，又表现出理想的协同效应。

它们对许多金属离子（如 Ca^{2+}、Mg^{2+}、Cu^{2+}、Zn^{2+} 等）具有优异的螯合能力，甚至对这些金属的无机盐（如 $CuSO_4$、$CaCO_3$ 和 $MgSiO_3$ 等）也有较好的活化作用，因此至今在国内外仍被大量应用于水处理。

2）低分子量聚合物

这类低分子量的聚羧酸，分子量常小于 10^4，也有高达 10^7 的，但无论分子量高的或低的聚羧酸，在现场使用时通常都只要几毫克/升就能使结垢情况得到较好的控制。当它们和其他的缓蚀剂（如 EDTMP 或 HEDP 等）复合使用时，缓蚀或阻垢效果都会因协同效应得到提高。同时它们能使热交换器壁的垢层从硬垢或极硬垢转变成软垢或极软垢，从而易于在水流的冲刷下离开热交换器表面，甚至它们能使热交换器表面上原有的垢层，在一定的周期内发生剥落。

这种阻垢剂阻垢性能良好，由于它们是具有溶限效应的药剂，用药剂量低，同时对哺乳动物和水生物毒性很低，加上它们本身是生物降解的，几乎没有排放的公害污染问题。由于它们具有以上优点，因此，我国各大化肥厂和石油化工厂几乎没有例外地都应用它们作为有效的阻垢手段。

目前这类阻垢剂，如聚丙烯酸、聚丙烯酰胺、水解聚马来酸酐，在我国都已能大量生产和供应。

3）天然阻垢剂

天然阻垢剂是加工后的天然产物，是较早被开发的一类阻垢剂。尽管在缓蚀或消垢效果方面可能不如目前国外大量应用的聚丙烯酸和有机磷酸盐等，但它们也有其特点，如来源方便、价格低廉、没有公害污染等，所以在一定的场合下还有一些工厂用天然阻垢剂作为水处理的阻垢缓蚀剂。

这类阻垢剂包括淀粉、丹宁、木质素等。

（1）淀粉。

常用于水处理的淀粉有马铃薯和玉米淀粉等。从结构上分析，淀粉由葡萄糖结构组成，一般含有 200~10000 个葡萄糖单位，分子量可到百万。淀粉能水解为一系列中间产物，但最后都能得到葡萄糖。有人认为它们能起到阻垢作用的机理是它和钙离子的相互作用而干扰了碳酸钙晶格的正常生长，从而使碳酸钙垢以微粒状分散在水质中。

（2）丹宁。

丹宁是存在于多种植物及果实中（可以从懈树、五倍子等植物中提取加工）的天然产物。丹宁的结构比较复杂，一般以分子式 $C_{17}H_{32}O_{46}$ 来表示，分子量在 1700 左右。它也是人们很早就开发用于水处理的缓蚀阻垢剂，它对碳酸钙的作用有较好的稳定性能，因此不仅用于冷却水处理，还用于蒸汽发生器的水处理。

丹宁为浅白色或淡棕色的无定形粉末，210~215℃分解，在100g水中的溶解度为300g，对乙醇、丙酮等也能溶解，但不溶或微溶于苯、甲苯类非极性溶剂。

丹宁是一种多元酚，它的分子结构中含有大量羟基和羧基，因此它具有和多种金属离子螯合的作用，如与Fe^{2+}、Ca^{2+}、Mg^{2+}等离子发生螯合，生成这些离子的螯合物，从而减少了硫酸钙在热交换器的沉积，起到较好的分散作用。同时它还具有其他的理想性质，例如丹宁在钢材表面能与铁离子或氧化铁反应生成一种表面化合物——保护膜，该保护膜是由丹宁分子和三价铁离子构成的网状结构，并且还含有γ-Fe_2O_3结构，因此能抑制铁离子的腐蚀。

此外丹宁对硫酸盐还原菌还有杀菌作用，从而减少钢材的阴极极化作用进而保护钢材。丹宁在一定意义上来讲，同时兼有阻垢、缓蚀、杀菌的作用，因此直到目前，国内外仍有推荐使用丹宁、糖质酸（如葡萄糖酸钠）及锌盐的混合抑制剂，用于密闭冷却水循环系统。

使用丹宁作为水处理药剂，推荐的pH值范围是6~8，使用的浓度为50mg/L左右。

（3）木质素。

木质素也是存在于植物纤维中的一种芳香族高分子化合物，其组成和性质都较复杂。有人推测它含有羟基、甲氧基、醛基及羧基等，这些基团都能和钙离子、镁离子和铁离子进行络合而生成较稳定的络合物，从而减少水中的钙离子、镁离子。仅这一点就能降低$CaCO_3$在器壁的沉积，使原来要沉积在器壁上的$CaCO_3$垢层分散在水中。这种对碳酸钙沉积的分散作用，尤以采用木质素磺酸钠为较好，它是造纸工业的副产物，它的溶解度更大，分散效果也较木质素好，还有结合三废利用的优点，因此目前也还有些工厂用木质素磺酸钠为循环冷却水系统的阻垢剂。

2. 缓蚀剂

缓蚀剂种类繁多，作用机理多样，制备方式复杂，国内外尚无对缓蚀剂统一的分类标准。通常可以从化学组成、电化学机理、作用机理等方面对缓蚀剂进行分类。

1）按照化学组成分类

（1）有机类缓蚀剂，可以凭借物理或化学吸附在金属表面上形成一层不渗透的保护膜，从而阻止腐蚀介质对金属的腐蚀，达到减缓腐蚀速率的目的。有机类缓蚀剂通常由N、S、P等元素组成，如胺类、肉桂醛类、氮杂环季胺类、松香类，咪唑啉及其衍生物等。

（2）无机类缓蚀剂，通过化学反应在金属表面形成一层保护性氧化层，通过氧化层隔绝腐蚀介质，减缓腐蚀速率。常见的无机类缓蚀剂有硅酸盐、铬酸盐、亚硝酸盐、钼酸盐、聚磷酸盐、硼酸盐等。

2）按照电化学机理分类

（1）阴极型缓蚀剂，又称安全缓蚀剂，通过对金属反应中的阴极反应进行有效抑制，使腐蚀电位向负方向发生移动。即使它的用量不足、缓释效果变差也不会使得金属腐蚀速率加剧。常见的阴极型缓蚀剂主要包括聚磷酸盐、酸式碳酸钙、砷离子类，硫酸锌类等。

（2）阳极型缓蚀剂，和阴极型缓蚀剂的作用机理相似，通过抑制金属反应中的阳极反应，使腐蚀电位向正方向发生移动。与阴极反应不同的是，如果它的用量不足，则会出现大阴极小阳极的现象，此现象会进一步提高金属腐蚀速率。常用的阳极缓蚀剂有硝酸盐、磷酸盐、铬酸盐、硅酸盐等。

（3）混合型缓蚀剂，顾名思义是指既可以对阴极反应又可以对阳极反应进行有效抑制的缓蚀剂，对阴阳两极同时的抑制作用导致电位不发生向任何一方的倾向。咪唑、吡啶，硫脲及其衍生物等是主要的混合型缓蚀剂。

3）按照缓蚀剂的作用机理分类

（1）吸附膜型缓蚀剂多为有机型缓蚀剂，化学组成中含有 N、S 等极性原子，以此类原子为中心形成的化学键能够在金属表面吸附，从而阻止腐蚀物质对金属的侵蚀，达到减缓腐蚀速率的目的。根据吸附机理又可将吸附膜型缓蚀剂细分为物理吸附和化学吸附两类。

（2）钝化膜型缓蚀剂，又称为氧化膜型缓蚀剂，通过在金属表面直接或间接地形成一层致密的金属氧化膜，从而隔绝腐蚀介质和金属以保护金属。氧化膜型缓蚀剂的作用范围有限，仅能对能够产生钝化的金属起保护作用。

（3）沉淀膜型缓蚀剂，主要是通过介质中的相关离子与缓蚀剂产生化学反应，在金属表面形成沉淀膜，通过该膜隔绝腐蚀介质，对腐蚀产生抑制作用。与钝化型缓蚀剂相比，虽然沉淀膜的厚度比钝化膜更厚，但是其吸附力与致密性远不如氧化型缓蚀剂，致使其缓释效果不佳。

3. 微生物化学药剂

防止细菌的化学药剂种类繁多，用途广泛，从功能上分有杀菌剂、抑菌剂、灭生剂、抑生剂等。面对细菌决定使用杀菌剂还是抑菌剂，细菌的抗药性、药剂的水溶性、杀菌时间和加药方法都是需要考虑的因素。下面重点介绍油田常用的氧化型杀菌剂和非氧化型杀菌剂。

1）油田常用的氧化型杀菌剂

通过氧化机理杀菌的化学药剂称为氧化型杀菌剂。这类杀菌剂在水中能分解出新生态氧 [O]，通过强烈的氧化作用，破坏细胞的原生质结构或氧化细胞结构中的一些活性基团而起到杀菌作用。一般用较强的氧化剂，利用它们所产生的次氯酸、原子态氧等，使微生物体内一些与代谢有密切关系的酶发生氧化作用而杀灭微生物，如氯、次氯酸盐、二氧化氯、臭氧、过氧化氢等，用得较广泛的是氯气、漂粉精和二氧化氯。

（1）氯气。

在氧化型杀菌剂中，氯气是我国各油田早期注水常用的杀菌剂。这种杀菌剂通常具有来源丰富、价格便宜、使用方便、作用快、杀菌致死时间短、可清除管壁附着的菌落、防止垢下腐蚀、污染较小等优点。但药效维持时间短；在碱性和高 pH 值时，用量大，且易与水中的氨生成毒性很大的氯氨，造成严重的环境污染，目前已很少采用。

（2）次氯酸钠。

次氯酸钠成熔融状态，是一种不稳定的化合物，其有效氯含量一般需在使用时测定。

次氯酸钠可用次氯酸钠电解发生装置在现场制取直接使用。次氯酸钠投加方式可根据处理水量及水处理工艺等情况选定。

（3）二氧化氯。

二氧化氯是性能介于氯和臭氧之间的氧化剂、消毒剂。它的杀菌能力较氯气强，剩余量更稳定，并能有效地控制水的色度、嗅味。此外，二氧化氯与水中有机物不产生或产生少量的氯化有机物。因此，二氧化氯杀菌消毒在欧洲、美国的水厂中的应用逐年提高，有取代氯气杀菌消毒的趋势。

二氧化氯是一种广谱型的消毒剂，它对水中的病原微生物，包括病毒、芽孢、配水管网中的异养菌、硫酸盐还原菌及真菌等均有很高的杀灭作用。

二氧化氯对水处理系统中的沉淀、澄清、过滤设备及配水管网中的藻类异养菌、铁细菌、硫酸盐及还原菌等，都有较好的去除杀灭效果，投加二氧化氯将有利于水处理设施的运行和维护。

（4）臭氧。

臭氧具有不稳定性和很强的氧化能力。臭氧是由一个氧分子携带一个氧原子［O］组成的，是一种暂存的状态。臭氧与人们常用的几种消毒物质还原电位的比较如下：

① 臭氧易分解，不稳定参比状态下臭氧的半衰期为 22~25min，1h 的衰退率为 61%，在 1% 的臭氧水溶液中半衰期为 16min，且温度越高，湿度越大，半衰期越短。

② 臭氧灭菌的过程属于生物化学反应，臭氧灭菌有以下三种形式：

a. 氧化分解细菌内部氧化葡萄糖、氧化酶。

b. 直接与细菌、病毒发生作用，破坏其细胞壁 DNA 和 RNA，分解蛋白质、脂质类和多糖等大分子聚合物，使细菌的物质代谢和繁殖过程遭到破坏。

c. 渗透细胞膜组织，侵入细胞膜内作用于外膜脂蛋白和内部的脂多糖，使细胞发生通透性畸变，导致细胞溶解死亡，并且使死亡菌体内的遗传基因、寄生菌种、寄生病毒粒子、噬菌体、支原体及热原（细菌病毒代谢产物、内毒素）等溶解变性灭亡。臭氧灭菌属于溶菌灭菌，是灭菌方式中最彻底的形式。既然臭氧能杀死病毒、细菌，那么会不会也把健康的细胞杀死呢？不会，因为健康细胞具有很强的平衡酶系统，因而臭氧对健康细胞无害。

③ 臭氧灭菌具有广谱性、高效性、环保性、操作方便、使用经济和性能稳定、寿命长等特点。

除此之外，还可以加入氯铵、溴及高铁酸钾等杀菌。

2）油田常用的国产非氧化型杀菌剂

非氧化型杀菌剂种类繁多，下面只举例介绍十二烷基二甲基苄基氯化铵、D-560 油田专用杀菌剂、NL-4 杀菌剂、SQ 杀菌剂。

（1）十二烷基二甲基苄基氯化铵。

别名：洁尔灭，1227。

物化性质：淡黄色蜡状物。微溶于乙醇，易溶于水，水溶液呈弱碱性。嗅芳香，味极苦，振摇时产生大量泡沫。长期暴露于空气中易吸潮。静止储存时，有鱼眼状结晶析出。其性质稳定，耐光、耐压、耐热，无挥发性。可用于杀死水系统控制积累污垢和垢下滋生硫酸盐还原菌。通常用量为 100mg/L（含量 44%）以上。

制法：取十二烷基二甲铵 213 份，在 100~110℃ 温度下投加氯化苄 126.5 份，在

120℃下加热 2h 可得到淡黄色黏稠液体，然后冷却成固体。

毒性：毒性小，无积累性毒性，对皮肤和黏膜的刺激性很小，有轻微脱脂作用。在水处理范围内对人体无害。

（2）D-560 油田专用杀菌剂。

主要成分：聚烯烃基卡巴嘧啶。

物化性质：聚烯烃基卡巴嘧啶是一种高分子聚合物，是无色无味的透明液体，是目前国际上最安全的杀菌剂。其 pH 值范围为 6.5～7.5，含量不小于 10%，具有高效、广谱、水溶性好、使用方便等优点。抑菌时间较长（大于 96h），对菌胶团有解体作用。杀生率不受水中有机物及氨的影响。一般使用浓度为 10～30mg/L。对水系统异养菌、铁细菌、硫酸盐还原菌均有很强的杀灭及抑制作用。特别适用于油田污水处理及回注系统中抑制或杀灭细菌。

制法：由聚烯烃基卡巴嘧啶、稳定剂、活性剂复合而成。

毒性：小白鼠经口半数致死量 LD50≥5000mg/kg，属实际无毒，对皮肤和黏膜无刺激性。

（3）NL-4 杀菌剂。

主要成分：2,2′-二羟基-5,5′-二氯苯甲烷。

物化性质：红棕色至深棕色液体。相对密度为 1.11～1.16，pH 值范围 13～14。2,2′-二羟基-5,5′-二氯苯甲烷含量不小于 29%。对水系统异养菌、铁细菌、硫酸盐还原菌均有很强的杀灭及抑制作用。

制法：以对氯酚和甲醛为原料，在浓硫酸的催化下，进行缩合反应而制得。

毒性：小白鼠经口 LD50 为 1250mg/kg。

（4）SQ 杀菌剂。

主要成分：1227 和二硫氰基甲烷。

物化性质：橙黄色液体。相对密度为 0.97，pH 值为 5，凝固点为-14℃以下。具有高效、广谱、水溶性好、使用方便等优点。抑菌时间较长（大于 24h），对菌胶团有解体作用。一般使用浓度为 80～100mg/L。

第三节　油田注水过程中的油层伤害机理及油层保护

一、注入水对油层的伤害机理

油气井生产或注入井能力显著下降现象的原因及其作用的物理、化学、生物变化过程称为油层伤害机理。通常所说的油层伤害，其实质就是储层孔隙结构变化引起的渗透率下降。外来固相侵入、水敏性伤害、酸敏性伤害、碱敏性伤害、微粒运移、结垢、细菌堵塞和盈利面等伤害等都改变渗流空间，引起相对渗透率下降的因素包括水锁、贾敏、润湿反转和乳化堵塞。注水过程中，由于注入水进入油层，必然与油层的敏感性矿物和油藏流体接触，引发各种伤害。

1. 注水过程开发的地层伤害

1）水侵、水锥引起的地层伤害

注水开发过程中，水驱油藏通常存在三种油水界面：最低（原始）油水界面，在此深度以下无油产出；生产油水界面，在此深度以下开采没有工业价值；最高油水界面，在此深度以下产含水油，此深度随生产而上升。由此可见在水驱油气藏中预防水侵的重要性。水侵主要是因为水指进导致水侵油层现象复杂。因为水在高渗透层中运动较快，这些层的油气一般首先采完。这种水指进现象对开采速度是敏感的，伤害主要机理是降低油的相对渗透率。

水锥常发生在没有遮挡层且具有裂缝或固井质量不佳的油气井中，由于水在生产层中跨越层里面做垂直向上运动而形成。在垂直裂缝发育的碳酸盐岩油气藏中，可以形成严重的水锥。高速采油也可以加重水锥的形成。

2）水敏、水堵引起的地层伤害

因水指进和水锥现象而导致在微观上发生水堵、乳化液堵等地层伤害现象，然而水堵不同于水锥和指进，水堵后水油比先增后降，水油形成乳状液，它的黏度增加，流动阻力变大，并且容易堵塞孔道，造成严重地层伤害。已经了解到，油气层岩石油湿后可以造成严重的水堵或乳化液堵塞；砂岩油井更容易遭受油湿、乳化液堵及水堵引起的伤害；一切含阳离子表面活性剂滤液、防腐剂、杀菌剂、破乳剂、含沥青油基液都会造成严重的水堵和乳化液伤害。

3）水垢引起的地层伤害

水垢可沉积在射孔眼、地层孔隙和裂缝中，引起地层伤害，造成油气产量损失。

水垢沉积受以下几种因素的控制：离子浓度、pH 值或水的碱度、总含盐量、溶解度、温度、压力、接触时间和搅动程度等。

4）其他杂质引起的地层伤害

油田地下水回注油层时常因水有黏土、烃类、机械杂质等杂质堵塞注水井地层。若注入水中含有细菌，细菌分解产物也能引起注水地层堵塞。另外，在注水过程中，由于注入水与储层不配伍，经常会出现地层黏土膨胀、分散、运移和出砂问题，导致地层伤害。

2. 注水过程中油层堵塞机理

注水引起油层堵塞的原因主要是注入水与油层岩石及流体不配伍或配伍性不好，主要体现在以下几个方面。

（1）注入水与油层水不配伍：主要指注水过程中，注入水压力及温度变化或注入水与油层水直接接触后，由于富含成垢离子而生成沉淀物，如 $CaCO_3$、$CaSO_4$、$BaSO_4$、$SrSO_4$。

（2）注入水与油层岩石矿物不配伍：由于注入水矿化度或 pH 值与油层水不同，容易造成水敏（盐敏）伤害，引起油层中敏感性黏土矿物（如蒙脱石、伊蒙混层）膨胀（收缩）、分散（剥脱）与运移而堵塞油层，从而导致油层渗透率下降。

（3）注入水中悬浮物造成的油层堵塞：注入水中所含悬浮物主要包括悬浮固相颗粒、油及其乳化物、系统腐蚀产物、细菌及其衍生物，其中悬浮固相颗粒和乳化油影响最大。

注水系统中的腐蚀性介质主要来源于注入水中的溶解气（如溶解氧、H_2S 和 CO_2）及细菌对金属的腐蚀产物，通过对系统腐蚀的控制和杀菌处理，由腐蚀产物和细菌引起的堵塞可以得到很好的控制。

（4）注入条件变化：

① 流速的影响。低注入速度有利于细菌的生长和垢的形成；高注入速度将加剧腐蚀反应；高渗流速度加剧微粒的脱落和运移，引起速敏伤害。

② 温度变化的影响。在注水过程中，随着油层温度逐渐下降，流体黏度上升，渗流阻力增加，岩石水润湿性减小，油润湿性上升，吸水能力下降；温度变化导致沉淀生成，温度上升有利于吸热沉淀生成，温度下降有利于放热沉淀生成；温度变化导致油层孔喉变温应力敏感，且降低温度将导致蜡的析出。

③ 压力变化的影响。压力变化会导致应力敏感（特别是双重介质油藏）和油层结构伤害及沉淀的析出。

3. 注水过程中系统的腐蚀机理

注水的腐蚀危害是众所周知的，影响腐蚀的因素很多，包括各种溶解气体如 O_2、H_2S、CO_2，另外还有温度、pH 值、氯离子（Cl^-）和矿化度等，参见本章第一节。

二、注水过程中的油层保护

在油气田开发过程中，钻井、完井、采油、增采及修井等作业中都会打破地层原有的平衡，从而造成地层伤害。地层伤害不仅伤害油气资源，而且对石油天然气工业来说是一个非常复杂的问题。大量的生产实践证明地层伤害将导致油井产量及产能下降，井下作业生产成本提高，影响油气田最终采收率等。

1. 注水作业中的油层保护

1）防止注水过程中地层伤害的方法

（1）保持合理的注水和采油速度。控制注水，保持注采平衡，不仅可以防止或减缓指进、水锥的形成、水堵的形成和相对渗透率的变坏，而且还能够防止盐类沉淀和出砂及颗粒运移，从而达到保护油层的目的。

（2）严格注水水质的预处理。由于注入水的温度、矿化度与地层不配伍或机杂、细菌等物质侵入油层，会造成油层污染，从而导致产量下降。因此，要严格对注入水的水质进行预先处理，保证入井水质与地层配伍。

（3）正确选用预处理的表面活性剂。在水质预处理过程中存在正确选择配伍剂的问题，而注水过程中也会出现正确选用预处理剂的问题。只有正确选用表面活性剂，才能防止润湿反转和油湿；只有正确选用相溶液体，才能防止乳状液形成和相对渗透率降低；只有正确选用抑制剂，才能防止沉淀和结垢。

（4）采用黏土控制技术。黏土膨胀、分散、运移等都将引起注水吸水能力大幅度下降。防止注水过程中的黏土膨胀是一项重要的注水过程油层保护的内容。黏土膨胀剂的选择是其技术的核心要点。由于黏土矿物成分和储层岩石的差异，没有一种固定的现成防膨剂通用于各种油层，筛选膨胀剂是最重要的技术工作。

（5）采用矿化度梯度注水技术。注入水与地层水矿化度相差太大是引起严重的黏土膨胀、分散、运移的外因，注入水矿化度低，注入地层后，打破了黏土矿物与地层水的相对平衡，黏土矿物受到注入水矿化度的突变冲击导致黏土水化膨胀。国内外大量研究表明：如果将矿化度突变冲击程度减弱，可减缓岩石渗透率的伤害。由于各级矿化度间距不大，受到的环境冲击很小，即使有少量的黏土矿物水化膨胀、分散、运移，也会被该级矿化度的注入水推至远离井壁的地方，并逐渐向前推移。由于分散微粒相对量小，对远离井壁区渗透率影响不大。将注入水矿化度从地层矿化度逐渐降至水源水矿化度的注水方法称为矿化度梯度注水。

2）处理注水过程中地层伤害的方法

（1）及时调整注采方案。锥进、指进一旦形成并不断扩大，在某些意义上说是不可能恢复到原有条件的。但是，可在锥进、指进形成不久及时调整注采方案，比如采取降低注水强度、停注、调剖高渗层等方法，或者等到高渗层水淹后打掉高渗层，另外，也可以对油井进行降低采油速度、改采、堵水作业，使水锥、指进速度降低或暂缓，从而延长采油时间。

（2）表面活性剂浸泡。回注表面活性剂到地面并用回流帮助浸泡，从而使反转的油湿反转，复原为水湿；或使乳化液破乳，不再是油包水状，油、水分散，解除乳状液的堵塞，使降低的相对渗透率又回升。

（3）化学除垢。水垢的清除有机械方法，如重炮射孔法可以解决射孔孔眼水垢，但是应用较多的还是化学方法：

① 碱性水垢：用淡水溶解氯化钠水垢，盐水溶解石膏水垢；

② 酸溶性水垢：盐酸或醋酸及甲酸、氨基磺酸可用来清除碳酸钙及铁盐水垢。

此外对于化学不活泼的水垢（如磺酸铁、硫酸锶不溶于水也不溶于酸），只好使用炸药、扩眼、补孔等机械方法清除水垢。不过，最好还是打破注水系统中这类垢质沉积的化学环境，防止此类水垢的沉积。

2. 结垢的预防

1）避免混合不可混的水

当考虑使用混合水时，必须极其小心。当两种水或两种以上水混合注入时，必须要确定其可混性。可以用计算溶解度和实验方法来确定。

2）改变水的组成

（1）水的稀释。

这种方法和上面讨论的问题正好相反。一种通常会结垢的注入水可以用另外一种水稀释，以形成一种在水处理系统条件下稳定的水。

（2）控制 pH 值。

降低 pH 值会增加铁化合物和碳酸盐垢的溶解度，然而，这会使水的腐蚀性变大而出现腐蚀问题。pH 值对硫酸盐垢溶解度的影响很小。

控制 pH 值并不是广泛用来控制垢的方法。通常只有在稍微改变 pH 值即可防止结垢时才有实用意义。而且必须精确控制 pH 值，而这在一般油田生产中往往是困难的。

（3）除去结垢组分。

① 清除溶解在水中的气体。采用化学和（或）机械方法可把水中的溶解气如 H_2S、

CO_2 和 O_2 从水中除掉，这样就可以避免生成不溶的铁化合物（硫化物、氧化物）。但是，仅仅从水中除去 CO_2，实际上会使结垢更为严重。然而，把 pH 值降得足够低，使所有的碳酸根和碳酸氢根转变成 CO_2，这样除去 CO_2 就可防止碳酸钙垢的生成。

② 水的软化方法。离子交换法、沉淀软化法或蒸馏法等可除去结垢的 Ca^{2+}、Mg^{2+}、SO_4^{2-} 和 HCO_3^- 离子，可单独或联合使用。采用这些方法软化油田水过程繁杂，耗资过大，而使用其他方法控制结垢，通常要便宜得多，所以这些方法在注入水处理方面很少应用。

3）阻垢剂

阻垢剂是一些化学药品的通称，把这些化学药品加入通常能结垢的水中就可以防止结垢。目前在油田水处理中常用的阻垢剂有无机聚磷酸盐、含磷有机缓蚀阻垢剂、低分子量聚合物和天然阻垢剂等。

3. 腐蚀的控制

1）控制腐蚀的途径

控制或预防注水或水处理系统的腐蚀问题有很多方法，可以分为下面五种：

（1）改变物质组成。可用抗腐蚀合金钢或非铁金属代替碳钢，也可用塑料。抗腐蚀金属的价格比碳钢高。与金属相比，使用塑料时的压力和温度通常受到严重的限制。

（2）改变电解质组分。可通过改变 pH 值，用化学法或物理方法去掉溶解气，或与别的水混合起来改变水的组分。其他方法也可以用，但上述方法是油田上用得最普遍的方法。

（3）使金属与电解质隔开。涂层和衬里普遍地用于管材和罐。

（4）化学阻蚀剂。化学阻蚀剂可以看作是一种涂层，因为注水系统中用的大部分阻蚀剂都是形成有机薄膜的物质。

（5）阴极保护。可用牺牲阳极的方法，在有能源可利用的情况下还可用外加电流的方法，以提供防腐的电流。

在某一特定情况下，选用一种方法还是合用几种方法要根据投资有效使用率来确定，目的在于以最少的费用准确地控制在整个设计寿命期内腐蚀问题。

一般应当考虑以下问题：材料的原始费用；设计寿命期内需要附加的材料费用；安装费用和维修费用。

2）阻蚀剂的使用

用于水处理系统的阻蚀剂可以通过各种办法进行选择，比较普遍的办法有粗略推测、地区经验、化学药品商的意见、实验室试验、现场试验，通常将这些方法联合使用。

参考文献

[1]　王洪勋，张琪. 采油工艺原理［M］. 2 版. 北京：石油工业出版社，1990.

[2]　万仁溥，罗英俊. 采油技术手册［M］. 北京：石油工业出版社，1992.

[3]　夏位荣，张占峰，程时清. 油气田开发地质学［M］. 北京：石油工业出版社，1999.

[4]　布雷德利. B. W. 两种油田水处理系统［M］. 北京：石油工业出版社，1992.

［5］　陆柱，郑士忠，等.油田水处理技术 ［M］.北京：石油工业出版社，1990.

［6］　李化民，等.油田含油污水处理 ［M］.北京：石油工业出版社.1992.

［7］　闵琪，等.低渗透油气田研究与实践 ［M］.北京：石油工业出版社.1998.

［8］　Muecke T W. Particle Deposition in Granular Filter Media－1 ［J］. Filtration and Separation, 1965, 2 (5)：369-72.

［9］　Gruesbec K C, Collins R E. Entrainment and Desposition of Fine Particles in Porous Media ［J］. Journal of Petroleum Science and Engineering, 1982, 847-56.

［10］　Baghdikian S Y, Sharma M M. Flow of Clay Suspension Through Porous Media ［J］. SPE 16257, 1987.

［11］　Ahsene B, Xinghui L, Civan F. Predictive Model andVerification for Sand Particulate Migration in Gravel Packs ［J］. SPE 28534.

［12］　Bigno Y, Oyeneyin M B, Peden J M. Investigation of Pore－Blocking Mechanism in Gravel Packs in the Management and Control of Fine Migration ［J］. SPE 27342.

［13］　Hamouda A A. Water Injection Quality in Ekofisk－UV Sterilization and Monitoring Techniques ［J］. SPE 21048.

［14］　Nevans J W, Pande P K, Clark M B. Impreeved Reservoir Management With Water Quality Enhancement at Robertson Unit ［J］. SPE 27668.

［15］　Rose R E, Austin C E, Pike J R. Waterflooding Stimulation for Fractured Limestone of Austin Chalk ［J］. SPE 23779.

［16］　Graff O F, Nielsen N. New Water Injection Technology ［J］. SPE 23090.

［17］　Clifford P J, Mellor D W, Jones T J. Water Quality Requirements For Fractured Injected Wells ［J］. SPE 21439.

［18］　蒋建勋.注水开发油田水质优化方法研究 ［J］.西南石油学院学报，2003，25 (3)：26-29.

［19］　王永清，李海涛，蒋建勋.油田注入水水质调控决策方法研究 ［J］.石油学报，2003，24 (3)：68-73.

［20］　刘德绪.油田污水处理工程 ［M］.北京：石油工业出版社，2001.

［21］　(英) 查理斯，C. 帕托.油田水处理工艺 ［M］.大庆油田科学研究设计院，译.北京：石油工业出版社，1979.

［22］　陆柱，等.油田水处理技术 ［M］.北京：石油工业出版社，1990.

［23］　屈撑囤，马云，谢娟.油气田环境保护概论 ［M］.北京：石油工业出版社，2009.

［24］　沈琛.油田污水处理工艺技术新进展 ［M］.北京：中国石化出版社，2008.

［25］　张世君，周根先，等.油田水处理与检测技术 ［M］.郑州：黄河水利出版社，2003.

［26］　于忠臣，王松，阚连宝，等.油田污水处理和杀菌新技术 ［M］.哈尔滨：哈尔滨地图出版社，2010.

［27］　路勇，马彦龙，李侠，等.注水开发油藏的储层保护技术 ［J］.内蒙古石油化工，2008 (7)：36-40.

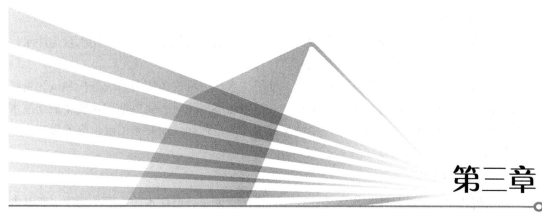

第三章

注水工艺技术

第一节　注入系统

油田注水系统（视频 3-1）可分为供水系统、注水地面系统、井筒流动系统、油藏流动系统。注入系统是注水地面系统和井筒流动系统的总称，它由注水站、配水间、注水井（井口、井下配水管柱）及相连管网组成。水源水经处理后达到油田注水水质标准后，被送到注水站，经配水间、井口、井筒、配水嘴注入地层。

典型的注入系统主要由以下几部分组成。

视频 3-1　油田注水系统

一、注水站

注水站是注水地面系统的，其主要作用是将来水升压，以满足注水井对注入压力的要求。

1. 注水站设施

注水站的主要设施有储水罐、高压泵组及流量计（彩图 3-1）和分水器等。

储水罐的作用有三个：（1）储备作用，即为注水泵储备一定水量，防止因停水而造成缺水停泵现象；（2）缓冲作用，即避免因供水管网压力不稳定而影响注水泵正常工作及其他系统的供水量及水质；（3）分离作用，它可使水中较大的固体颗粒物质、砂石等沉降于灌底，含油污水中较大颗粒的油滴可浮于水面，便于集中回收处理。

彩图 3-1　流量计

高压泵组常见为多级离心泵或柱塞泵，主要用于给注入水增压，流量计主要用于计量水量，而分水器主要用于将高压水向各配水间分配。

2. 注水站规模

注水站的规模主要以该站管辖范围的注水量及用水量为依据，注水站用水量为注水站注水总量、日洗井水量和附加用水量之和。

注水站压力是由油层注水压力决定的。油层注水压力可根据压力系统分析和试注资料获得。确定注水站设计压力时要注意两点：一是多油层混注时，以各油层均能完成配注水量的最高压力为依据；二是应考虑注水站与注水井因地形起伏而带来的液位高差影响，并应用注水井节点分析方法逐级推算。

3. 站内工艺流程

站内流程要求能满足注入水水质、计量、操作管理及分层注水等方面的要求。其基本流程为：来水进站→计量→水质处理→储水罐→泵出。拖动注水泵的大中型异步电动机需设润滑系统和冷却系统。此外，当清水和含油污水混注时，在水罐出口处设投放阻垢剂、杀菌剂等装置，即应有加药系统（溶药池和加药泵）。注水站可以对单井配注，也可对配水间配水量。

二、配水间

配水间主要用来调节、控制和计量一口注水井的注水量，其主要设施为分水器、正常注水和旁通备用管汇、压力表和流量计。配水间一般分为单井配水间和多井配水间。

三、注水井

注水井是注入水从地面进入油层的通道，井口装置与自喷井相似，不同点是它无清蜡阀门，不装油嘴，可承高压。井口有注水用采油树（图3-1、彩图3-2），陆上油田注水采油树多用CYB-250型，其主要作用是悬挂井内管柱、密封油套环空、控制注水和洗井方式(如正注、反注、合注、正洗、反洗）和进行井下作业。除井口装置外，注水井内还根据注水要求（分注、合注、洗井）下有相应的注水管柱。注水井可以是生产井转成的或专门为此目的而钻的井。通常将低产井或特高含水油井、边缘井转换成注水井。

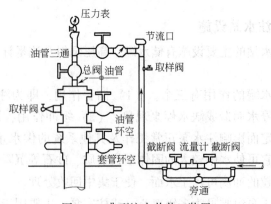

彩图3-2　典型注水井井口装置　　　图3-1　典型注水井井口装置

注水井的井下管柱结构、井下工具遵循简单原则。大多数情况下（笼统注水），注水井仅需配置一套管柱和一个封隔器，封隔器下到射孔段顶界 50m 处，对有特定防腐要求的注水井，其管材应有特殊要求，且必要时，油套环空采用充满防腐封隔液的方法加以保护。这种液体可以是油也可以是水，一般用防腐剂或杀菌剂进行处理或另加除氧剂等。分层注水的井下管柱可按需设计。简单的注水井井下系统如图 3-2 所示。

多个注水井构成注水井组，注水井组的注入由配水间来完成。在配水间可添加增压泵，在井口或配水间可另加过滤装置。一般情况下，在配水间或增压站可对每口注水井进行计量。

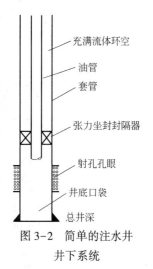

充满流体环空
油管
套管
张力坐封封隔器
射孔孔眼
井底口袋
总井深

图 3-2 简单的注水井井下系统

四、注水管网

对于一个油田或一个区块，注水管道一般都连网成片，由几座或十几座注水站同时供水，涉及的因素多，问题相对复杂，此处不讲，第八章将详细介绍。

第二节 注水工艺流程及主要注水设备

注水工艺指为了将注入水按设计要求注入地层而采用的各种工具、流程、方式方法的总称。

注水工艺按注入通道可分为油管注水（正注）、套管注水（反注）、油套管同时注水（合注）。

按是否分层注入可分为笼统注水、分层注水（彩图 3-3）。

按注入方式分为稳定注水、周期注水。

按站场布局分为高压集中供水，低压集中供水、高压分散注水，分散橇装注水。

彩图 3-3 笼统注水和分层注水管柱示意图

分层注水工艺见本书第五章及相关文献，本节重点介绍注水工艺流程及主要注水设备。

一、注水工艺流程

1. 大型离心泵注水站流程

离心泵运行平稳、大修周期长、占地小、操作方便、流量可调，在大流量地区应优先选用。其流程示意如图 3-3 所示，在使用一种水质的条件下，可选用 2 座储水罐。

2. 小型离心泵注水站流程

其流程示意如图 3-4 所示，由于流量小，采用多级潜油离心泵。该流程选用水平放置多级潜油离心泵作为注水泵，适用于高压小流量工况注水，也可为注入水增压。在用于低渗透层注水时，泵进口应安装精细过滤器，其过滤精度按注入层的水质要求标准确定。

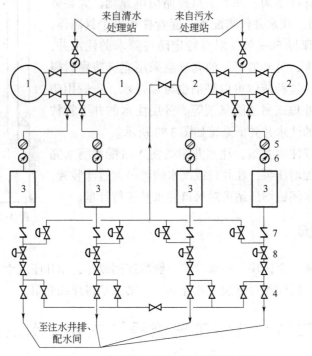

图 3-3　大型离心泵注水站流程示意图

1—清水储罐；2—污水储罐；3—高压离心泵；4—截断阀；5—过滤器；6—流量计；7—止回阀；8—节流阀

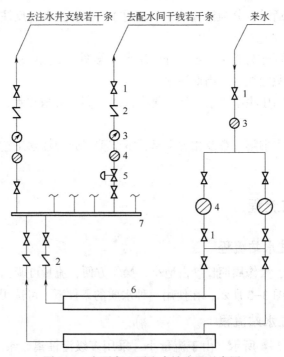

图 3-4　小型离心泵注水站流程示意图

1—截断阀；2—止回阀；3—流量计；4—过滤器；5—流量调节阀；6—多级离心泵；7—分水器

该流程可直接向注水单井注水，也可向配水间供水。多数潜油离心泵的优点是可用于高压小流量、流量可调；缺点是效率低、注水用电单耗高。

3. 柱塞泵注水、配水、增压站流程

其流程示意如图 3-5 所示。该流程可采用低压来水，也可采用高压来水，可直接向注水井注水，也可向多井配水间供水，适用于中、小注水量的油田注水及高压注水。

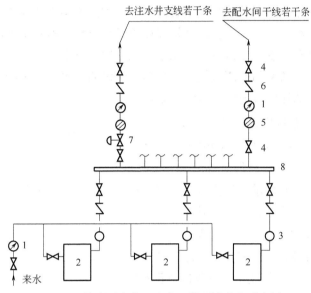

图 3-5　柱塞泵注水、配水、增压站流程示意图

1—流量计；2—柱塞泵；3—空气缓冲器；4—截断阀；5—过滤器；6—止回阀；7—流量调节阀；8—分水器

4. 一井一泵流程

该流程的特点是每口注水井有一台三柱塞泵，也可称为单泵单井流程，其流程示意如图 3-6 所示，适用于注水量较小、注水压力差别大的油田。该流程操作方便，灵活可靠，不需阀门控制节流，损耗小，系统效率最高，注水用电单耗最小；缺点是设备多、占地大、基建投资多。

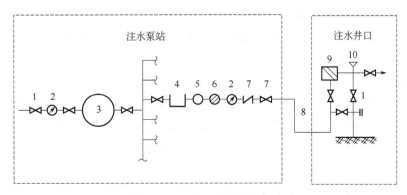

图 3-6　一井一泵流程示意图

1—截断阀；2—流量计；3—水罐；4—柱塞泵；5—空气缓冲器；6—过滤器；

7—止回阀；8—注水管线；9—井口过滤器；10—试井丝堵

二、主要注水设备

不管采用哪种注水工艺流程，要将水注到地下，都必须依靠地面注水泵机组（彩图3-4）。

我国油田类型多种多样，配套的注水系统也不尽相同，如前所述，目前使用的注水泵机组主要有两种：一种是大功率的高压多级离心泵；另一种是小排量、高扬程的多柱塞往复式柱塞泵。离心泵和注水泵不同的工作原理和特点，决定了各自比较理想的适用范围。

彩图3-4　注
水泵

大功率的高压多级离心泵是大油田的注水主力泵型，主要用于注水量较大的注水系统中，其特点是：

（1）排量大：单泵排量最大可达 $430m^3/h$；

（2）压力适中：注水压力可达 25MPa；

（3）泵效较高：大排量泵的泵效可达 78% 以上。

多柱塞往复式柱塞泵目前在国内油田已经普遍使用推广，主要用于注水量较小、注水压力要求较高的注水系统中，其特点是：

（1）泵效高：单泵泵效可达 85% 以上；

（2）压力高：注水压力可达 43MPa；

（3）排量稳定：泵运行流量不受管路背压影响；

（4）压力适用范围广：注塞泵的工作原理决定其排出压力能够随着背压变化而变化。

1. 常用注水泵的工作原理和性能对比

1）离心泵

离心泵的工作原理是通过旋转叶轮逐级增加液体能量，当叶轮被泵轴带动旋转时，对位于叶片间的流体做功，流体受离心力的作用，由叶轮中心被抛向外围，从各叶片间抛出的高速液体在泵壳的收集作用下，动能转化为静压能，获得了能量以提高压强，多级离心泵就能多次提高液体的静压能。

离心泵的工作压力与转速和叶轮直径成正比，泵的流量与转速和叶轮宽度成正比。

离心泵的特性曲线如图3-7所示。

2）柱塞泵

柱塞泵的工作原理是活塞在外力推动下做往复运动，由此改变工作腔内的容积和压强，在工作腔内形成负压，则储槽内液体经吸入阀进入工作腔内。当柱塞往复运动打开和关闭吸入、压出阀门时，工作腔内液体受到挤压，压力增大，由排出阀排出达到输送液体的目的。

柱塞泵排量与转速、柱塞直径和行程有关，压力与所排介质管路特性有关，而与运行流量无关。

柱塞泵的特性曲线如图3-8所示。

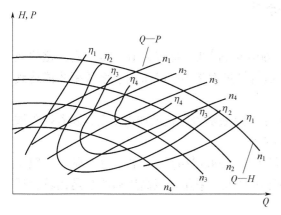

图 3-7 离心泵的特性曲线图

Q—流量；H—压力；P—功率；n—转速；η—泵效

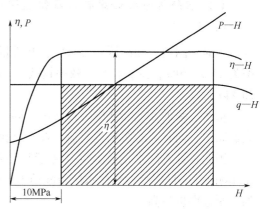

图 3-8 柱塞泵的特性曲线图

q—流量；H—压力；P—功率；η—泵效

3) 离心泵与柱塞泵性能指标对比

近年来，离心泵和柱塞泵在技术上取得了很大的进步，实现了从小排量向大排量、低扬程向高扬程、低泵效向高泵效的演变，并实现了产品系列化。目前，国产注水泵性能指标及优缺点对比见表 3-1 和表 3-2。

表 3-1 国产离心泵与柱塞泵的指标对比

名称	最高压力 MPa	最大流量 m³/h	最大流量时		最高压力时大修周期		故障率	大修周期 h
			压力 MPa	泵效 %	流量 m³/h	泵效 %		
离心泵	25	400	18	81	120	61	较低	18000
柱塞泵	43	63	16	≥85	21.7	≥85	较高	12000

表 3-2 离心泵与柱塞泵的优缺点对比

比选项	离心泵	柱塞泵	备注
常用流量	很大，不高于 400m³/h	较小，一般不高于 50m³/h	
常用压力	较低，不高于 18MPa	12~30MPa	
流量调节	流量调节时能引起压力变化，效率降低	流量调节时，压力变化和效率不受影响	
适用压力范围	较小	较大	
设备结构	简单，零件少	较复杂，零件多	
电压等级	高压系统：6kV 或 10kV	一般为低压系统：380V	
操作管理	操作难度大	操作难度小	
维修管理	维护、维修工作量小	维护、维修工作量大	

2. 注水系统中离心泵和柱塞泵适应性分析

1）离心泵

目前，国内已知高压离心泵中，其排量为 $60\sim400m^3/h$，扬程为 18MPa 左右，铭牌效率为 $45\%\sim79\%$，排量越小，效率越低，一般运行排量大于 $160m^3/h$ 时，泵效率才能达到 75% 以上。

从离心泵的性能曲线中可以看出，同一种泵，泵效随着流量增加而增大，随着扬程增大而减小，而且离心泵扬程与流量存在反比的关系。

因此，针对注水量较大（实际运行注水量大于 $4500m^3/d$）、注水压力不高（一般小于 18MPa），且注水量和注水压力波动不大的注水系统，采用多级高压离心泵是比较合适的，泵效率也较高。

2）柱塞泵

随着国产注水泵性能的提高，高效率的柱塞泵越来越受到人们的青睐。目前，国内高压注水柱塞泵的最大流量可达 $63m^3/h$，最高扬程可达 43MPa，效率一般都在 85% 以上。从使用效果看，柱塞泵排量在 $30\sim45m^3/h$ 运行时，比较平稳，使用寿命较长，泵效能达到 85% 以上。

从柱塞泵的性能曲线中可以看出，同一种泵，泵排量和泵效率曲线在一定压力范围内（大于 10MPa）都是水平直线，即不受压力变化的影响，而泵运行压力只与管路特性有关系，即随着管路背压变化而变化。

因此，针对注水量较小（实际运行注水量小于 $4500m^3/d$）、注水压力较高（一般大于 18MPa），或注水量和注水压力波动较大的注水系统，采用多柱塞高压柱塞泵是比较合适的。

3. 其他主要注水设备

除了地面泵组外，注水系统常用设备还包括驱动泵的动力机械（电动机、柴油机、燃气轮机及燃气机等）、辅助泵（包括冷却水泵、滑油泵、喂水泵、排水泵等）、过滤器、玻璃钢冷却塔、各类阀门、流量计、压力仪表、监测与检测仪表、安全报警装置、稀油站成套设备、水罐密闭装置及注水电动机变频调速装置等。

第三节　注水工艺设计

注水工艺设计是井下作业施工的指导书，是组织井下作业施工、进行技术协调协作、控制作业质量、监督检查验收、编制作业预算的主要依据，是保障注水井作业施工顺利实施的必要条件。因此，要求优选成熟的注水工艺和注水工具，优化井下管柱设计及各项工艺参数，明确规定作业施工技术标准、主要操作步骤和施工技术要求，制定具体的安全、环保和井控预案等。注水工艺设计必须具备较强的科学性、可靠性、经济性和安全性。

一、注水工艺设计主要内容

注水井在实施试注、试配、调整、重配及其他作业施工项目时，都需要预先编制注水工艺设计。一般来说，注水工艺设计的主要内容包括以下几个方面：

（1）施工目的和设计依据。依据地质方案设计的要求和作业施工目的，在注水工艺设计上要简明扼要叙述本次施工目的和设计依据，包括新投产注水井试注和试配、已投产注水井层段调整和重配作业、已投产注水井措施后层段调整等。

（2）施工井号。由地质方案设计提供施工井号，设计井号必须是标准井号代码，符合开发区块字母或数字的标准书写格式。

（3）基础数据。注水井工艺设计上要提供与作业施工有关的基础数据，包括完钻日期、人工井底、套管规范、套管壁厚、下入深度、套补距、射孔日期、射孔井段、射孔枪型、油层中部深度、上次作业队伍及上次作业日期等。

（4）原井管柱结构及管柱数据。原井管柱结构及管柱数据包括原井注水管柱的结构、下入工具名称、工具型号和规格、下入顺序和下入深度等参数，并附有原井下管柱完整结构图。

（5）本次设计管柱结构及管柱数据。本次设计管柱结构及管柱数据包括注水井调整层位、配注量及层段注水参数要求、设计井下工具名称、工具型号规格、各层段段允许卡封隔层范围数据、套管接箍位置数据等，并附有本次注水工艺设计井下管柱完整结构图。

（6）工艺要求及作业施工要求。注明以下内容：注水井各项作业施工执行的技术标准和规范，历史上本井套变状况及本井历次修井情况数据，本次施工作业原因和历次施工作业存在问题，施工准备、施工队伍及施工材料设备要求，本次作业主要施工工序及技术要求，以及其他注意事项等。

（7）安全环保及井控要求。按照工艺设计要求和 QHSE 作业程序进行施工，遇到特殊情况的请示程序及相关人员；下井工具的安全环保检查，要求合格工具方可下井；施工现场必要的防火、防爆、防喷、防触电等措施要求；井口返出液的处理要求和防污染等措施；区块压力、环境等状况，防喷器压力等级及安装要求；三高地区作业施工制定相应的安全环保和井控预案等。

（8）工艺设计和审核。完整的注水井工艺设计要明确标注设计单位名称、设计审核日期、设计人、审核人、审定人签字等。

二、注水工艺设计原则及注意事项

1. 注水工艺设计原则

（1）必须以地质方案设计为依据，要满足地质方案设计的层段划分和分层配水调整要求。

（2）注水工艺设计要合理可行。根据不同的地质条件、井筒条件和注水需求，优选适用的注水工艺及注水工艺管柱。要充分考虑井深、井身结构、固井质量、地层压力、温度、流体性质等因素，工艺管柱和注水工具要满足分层测试调配、防腐、洗井和分层调剖需要。一般情况下注水管柱设计要符合以下要求：

① 封隔器卡点位置应避开射孔炮眼、套管接箍和套管损坏部位，封隔器卡点深度位置计算准确，必要时用磁性定位进行深度检验；

② 配水器下入深度应错开射孔的位置，配水器与其他井下工具之间保持适当距离；

③ 射孔井段顶界以上 10~20m 位置，使用保护套管用的封隔器，管柱完井深度应在射孔底界深度以下 10~15m，当井底口袋不足时适当调整位置；

④ 腐蚀结垢注水井、三次采油注入井应使用防腐油管；

⑤ 优选成熟可靠的注水工艺及管柱，分层注水工具适应作业设备及作业能力的要求。

（3）确保健康、安全及环保施工的原则。工艺设计是安全环保的第一道防线，必须坚持"安全第一、预防为主"的方针。工艺设计前要详细调查和分析各种安全环保不利因素，制定切实可行的工艺预防措施。设计中必须明确规定安全操作的各项规定、污染排放及环保处理措施，高危井必须有井控措施及预案。

2. 注水工艺设计注意事项

为了编制好注水工艺设计，设计前需要查阅相关的基础资料和施工总结数据，了解区块的套损形势、压力状况、浅气层分布及周边环境状况，做到作业施工情况"五清"。

（1）基础数据清。设计前要仔细查阅该井完井数据、钻井数据、射孔数据等重要参数，做到设计提供的基础数据准确无误。基础数据查询从早期的人工查询完井数据，发展到目前的计算机自动从基础数据库中查询录用，工作效率和数据准确率大大提高。但是，对于一些采用特殊工艺的作业施工井和新工艺试验井，还需要查阅原始的基础数据资料。

（2）套管状况清。套管是实现分层注水和实施各项措施的物质基础，套管状况的好坏直接影响到分层注水质量和注水开发效果。清楚了解套管损坏的状况、部位、时间和修井情况等，主要有两个作用：一是在注水工艺设计时采取必要的套管防护和预防措施；二是选择适合套损后套管内径或加固管内径的注水工艺技术。

（3）工艺现状清。设计人员必须时时了解和掌握目前成熟的注水工艺技术，了解各种工艺技术的适应条件、应用范围、应用数量和应用效果，了解各种工艺是处于技术研发、现场试验阶段还是技术推广阶段等情况。设计中要优先选用成熟的注水工艺及配套工具，适当应用处于试验和推广阶段的新工艺、新技术。图 3-9 为注水工艺需要经过的研发推广流程。

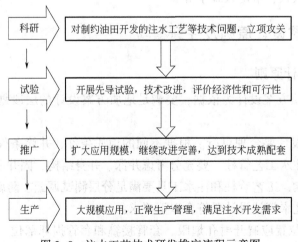

图 3-9　注水工艺技术研发推广流程示意图

（4）施工井状况清。设计前要查阅历次施工总结和工艺设计情况，详细了解完井管柱、施工原因和施工备注，清楚注水井油管型号、井口设备、套补距等更换或更改原因，采取过压裂、酸化、调剖、封窜等措施的原因，长期未动管柱井存在的问题等。在工艺设计中，要针对不同情况采取必要的技术措施，降低施工风险。

① 对于地层出砂井和实施过压裂措施的井，设计中要求采取探砂面、冲砂、洗井等措施；

② 对于实施过酸化、调剖等措施的井，设计中要求采取大排量洗井或热泡沫洗井等措施；

③ 对于实施过井况调查、封窜和大修等措施的井，设计中要求采取通车、验窜、调查等措施；

④ 对于长期未动管柱井或频繁动管柱井，详细调查井口设备、套补距等状况，设计中要求采取洗井、刮蜡、验窜、调查等措施。

（5）安全环保状况清。设计前详细了解区块压力、浅气区、异常高危区、气液性质，掌握注入压力、驱替方式、周围环境及历史数据等，采取必要的安全环保和井控措施。

① 根据施工井地质资料，了解施工井基础数据、油层数据、射孔数据及历次作业资料，掌握区块地层压力状况、气液分布等情况；

② 根据施工井地质资料，了解施工井周边环境、硫化氢监测及生产情况等，做好井控风险识别和安全风险评估；

③ 根据施工井生产情况，包括泵压、油压、套压、静压、注水量、吸水剖面等资料，了解与周围油井的连通情况；

④ 查看施工井钻井井史等资料，了解施工井井身结构、侧斜数据、固井套管记录及固井质量等，提出有效的井控、安全和环保预案。

三、设计步骤和流程

工艺设计人员从接到地质方案设计起，到完成一项单井注水工艺设计，一般需要经过四个步骤、三级审核把关（图3-10）。采用计算机辅助设计软件实现网上设计、审核、提交，接到地质方案后两天内可以完成工艺设计，特殊井当天就可送达作业施工队伍。

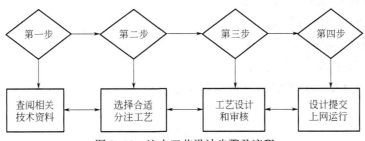

图3-10 注水工艺设计步骤及流程

随着数字化油田建设的推进，大多数采油厂均实现了工艺设计信息化、网络化、无纸化管理。建立了网上运行平台，具备设计、审核、统计、进度跟踪、总结查询等管理功能。

第四节　注水系统效率

注水系统庞大，能耗大。因此，提高注水系统效率对节能降耗具及整个油田的开发效益都有非常重要的现实意义。

一、注水泵效率

1. 注水泵效率的概念

注水泵效率即注水泵的有效功率与轴功率的比值，用公式表示为：

$$\eta_{泵} = \frac{P_e}{P} \times 100\% \tag{3-1}$$

式中　$\eta_{泵}$——注水泵的效率，%；

P_e——注水泵的有效功率，kW；

P——注水泵的轴功率，kW。

2. 注水泵效率的计算方法

1）流量法

柱塞泵、活塞泵、离心泵及各种增压泵，均可按式（3-1）计算泵效率：

$$P_e = \frac{\Delta p Q}{3.672} \tag{3-2}$$

$$P = \frac{\sqrt{3} I U \cos\varphi \eta_{电}}{1000} \tag{3-3}$$

　　其中　　　　　　　　　$\Delta p = p_2 - p_1 \tag{3-4}$

式中　Δp——注水泵出口、进口压差，MPa；

p_1——注水泵进口压力，MPa；

p_2——注水泵出口压力，MPa；

Q——注水泵的流量，m^3/h；

I——注水电动机的电流，A；

U——注水电动机的电压，V；

$\cos\varphi$——功率因数（给定）；

$\eta_{电}$——注水电动机的效率（查表或给定），%。

或者

$$P_e = \frac{H\gamma Q}{102} \tag{3-5}$$

式中　H——注水泵的扬程，m；

Q——注水泵的流量，L/s；

γ——输送介质的重度，N/m。

2）温差法（热力学法）

$$\eta_{泵}=\frac{\Delta p}{\Delta p+4.1868(\Delta t-\Delta t_s)}\times100\%\qquad(3-6)$$

其中
$$\Delta t=t_2-t_1\qquad(3-7)$$

式中　t_1——注水泵进口水温，℃；

　　　t_2——注水泵出口水温，℃；

　　　Δt_s——等嫡温升修正值（查等嫡温升修正值表可得），℃。

二、电动机效率

1. 电动机效率的概念

电动机效率为电动机从电源取用的功率与输出功率的比值。

2. 电动机效率的计算方法

当采用测量法时，电动机效率计算公式为：

$$\eta_{电}=\frac{\sqrt{3}\,IU\cos\varphi-P_0-3I^2R-K\sqrt{3}\,IU\cos\varphi}{\sqrt{3}\,IU\cos\varphi}\qquad(3-8)$$

式中　$\eta_{电}$——电动机效率，%；

　　　P_0——电动机空载功率，kW；

　　　I——电动机线电流，A；

　　　U——电动机线电压，kW；

　　　$\cos\varphi$——电动机功率因数；

　　　R——电动机定子直流电阻，Ω；

　　　K——损耗系数，随电动机杂散耗、转子铜耗功率的增大而增加，常用的二极 1000～

　　　　2250kW 电动机的 K 值为 0.009～0.011，一般可取 0.01。

3. 提高电动机效率的主要措施

（1）采用高效节能电动机。

（2）运用新技术、新工艺和新方法，对旧电动机进行技术改造，努力减少定子和转子的损耗。

（3）电动机功率要与泵的负荷相匹配，避免大马拉小车，减少功率损耗。

（4）逐步淘汰更新耗能大、效率低的电动机。

三、管网效率

1. 管网效率的概念

管网效率是指注水管网内有效输出功率与输入功率的比值。管网效率的高低，体现在从注水泵出口到注水井口之间管线的压力损失的大小。

注水管线压力损失主要包括注水泵出口阀门节流损失、管网的阻力损失和配水间的节流损失。

2. 管网效率的计算方法

将所测得的注水泵的出口压力及流量、注水井口压力及流量等参数代入管网效率计算公式，即可得注水系统的管网效率。

管网效率的计算公式为：

$$\eta_{网} = \frac{p_{31}q_{v1j} + p_{32}q_{v2j} + \cdots + p_{3n}q_{vnj}}{p_{21}q_{v1p} + p_{22}q_{v2p} + \cdots + p_{2n}q_{vnp}} \tag{3-9}$$

式中　$\eta_{网}$——管网效率，%；

p_{31}——1 号注水井井口压力，MPa；

p_{32}——2 号注水井井口压力，MPa；

p_{3n}——n 号注水井井口压力，MPa；

p_{21}——1 号注水泵出口压力，MPa；

p_{22}——2 号注水泵出［C］压力，MPa；

p_{2n}——n 号注水泵出口压力，MPa；

q_{v1j}——1 号注水井注水量，m^3/d；

q_{v2j}——2 号注水井注水量，m^3/d；

q_{vnj}——n 号注水井注水量，m^3/d；

q_{v1p}——1 号注水泵流量，m^3/d；

q_{v2p}——2 号注水泵流量，m^3/d；

q_{vnp}——n 号注水泵流量，m^3/d。

四、注水系统效率计算

注水系统效率是指在油田注水地面系统范围内，有效能与输入能的比值。简单地说，就是注水系统中，注水泵效率、电动机效率、管网效率的综合效率。在企业标准中，要求一级企业的注水系统效率不小于 50%，二级企业的注水系统效率不小于 45%。

1. 计算注水系统范围内电动机的平均运行效率

（1）在注水站配电盘单泵电动机功率表上，直接录取电动机输入功率；然后将录取的电动机输入功率乘以电动机铭牌效率或实测效率，即可得出电动机的输出功率。

（2）当注水站配电盘无单泵电动机功率表时，可从配电盘上录取电动机的线电流、线电压，选取适当的功率因数和电动机效率后，按电动机的输入、输出功率计算公式，计算电动机的输入和输出功率。

电动机的输入功率计算公式为：

$$P_1 = \frac{\sqrt{3}\,IU\cos\varphi}{1000} \tag{3-10}$$

式中　P_1——电动机输入功率，kW；

I——电动机线电流，A；

U——电动机线电压，kV；

$\cos\varphi$——电动机功率因数。

电动机的输出功率计算公式为：

$$P_2 = P_1\eta_{电} \tag{3-11}$$

式中 P_2——电动机输出功率，kW；

（3）将注水系统范围内电动机的输入功率和输出功率，代入电动机平均运行效率计算公式，即可得出电动机的平均运行效率：

$$\overline{\eta_1} = \frac{P_{21}+P_{22}+\cdots+P_{2n}}{P_{11}+P_{12}+\cdots+P_{1n}} \times 100\% \tag{3-12}$$

式中 $\overline{\eta_1}$——电动机平均运行效率，%；

P_{11}——1 号电动机输入功率，kW；

P_{12}——2 号电动机输入功率，kW；

P_{1n}——n 号电动机输入功率，kW；

P_{21}——1 号电动机输出功率，kW；

P_{22}——2 号电动机输出功率，kW；

P_{2n}——n 号电动机输出功率，kW。

2. 计算注水系统范围内注水泵的平均运行效率

（1）计算注水泵效率。采用流量法计算公式(3-2)，代入计算公式(3-1)，即可得出注水泵效率：

$$\eta_2 = \frac{\Delta p q_{vp}}{3.6 P_3} \times 100\% \tag{3-13}$$

式中 η_2——注水泵的效率，%；

Δp——泵出口、进口压差，MPa；

P_3——注水泵运行轴功率，kW；

q_{vp}——注水泵运行流量，m^3/h。

（2）将注水系统范围内的注水泵效率代入注水泵平均运行效率计算公式，即可得出注水泵平均运行效率。

注水泵平均运行效率计算公式为：

$$\overline{\eta_2} = \frac{P_{31}\eta_{21}+P_{32}\eta_{22}+\cdots+P_{3n}\eta_{2n}}{P_{31}+P_{32}+\cdots+P_{3n}} \times 100\% \tag{3-14}$$

式中 $\overline{\eta_2}$——注水泵平均运行效率，%；

P_{31}——1 号注水泵运行轴功率，kW；

P_{32}——2 号注水泵运行轴功率，kW；

P_{3n}——n 号注水泵运行轴功率，kW；

η_{21}——1 号注水泵运行效率，%；

η_{22}——2 号注水泵运行效率，%；

η_{2n}——n 号注水泵运行效率，%。

3. 计算注水系统范围内注水管网的平均运行效率

注水管网的平均运行效率的计算公式为：

$$\overline{\eta_3} = \frac{p}{p+\Delta p} \cdot \frac{q}{q+\Delta q} \tag{3-15}$$

式中　$\overline{\eta_3}$——注水管网平均运行效率，%；

p——注水井口平均压力，MPa；

Δp——管网及阀件节流损失，MPa；

q——注水井口平均注水量，m^3/h；

Δq——管网漏失水量，m^3/h。

4. 计算注水站辖区的注水系统效率

将电动机平均运行效率、注水泵平均运行效率和管网平均运行效率相乘，即可得出注水系统效率：

$$\eta_a = \overline{\eta_1} \cdot \overline{\eta_2} \cdot \overline{\eta_3} \tag{3-16}$$

式中　η_a——注水站辖区的注水系统效率，%。

5. 计算油田或区块内的注水系统平均效率

将油田或区块内的注水站辖区的注水系统效率，代入注水系统平均效率计算公式，即可得出油田或区块内的注水系统平均效率：

$$\eta = \frac{P_a\eta_a + P_b\eta_b + \cdots + P_n\eta_n}{P_a + P_b + \cdots + P_n} \times 100\% \tag{3-17}$$

式中　η——油田或区块注水系统平均效率，%；

P_a——a 站总输入功率，kW；

P_b——b 站总输入功率，kW；

P_n——n 站总输入功率，kW；

η_a——a 站辖区的注水系统效率，%；

η_b——b 站辖区的注水系统效率，%；

η_n——n 站辖区的注水系统效率，%。

五、影响注水系统效率的因素分析

影响注水系统效率的因素较为复杂，涉及油藏开发及试采阶段、设计阶段及运行阶段等多方面，列举如下。

1. 油藏开发及试采阶段

（1）由于建设任务紧，在未全面了解油藏的基本情况下，提供的开发数据不准确，与实际运行数据差距较大。

（2）没有试注井或试注井试注时间较短、造成预测的注入压力与实际注入压力差距较大。

2. 设计阶段

（1）注水工艺模式选择不合理。注水工艺模式的选择对注水系统的节能影响巨大。

在设计中，经常出现应该采用分压注水未采用分压注水、局部井需要单独增压未增压造成整个注水压力提高及注水站布局不合理等问题，造成注水系统效率较低，注水能耗较高。

（2）设计时注水泵泵型选择不合理。尽管《中国石油天然气股份有限公司注水开发油田水处理和注水系统地面生产管理规定》中规定"注水泵应保持高效运行，高压离心注水泵泵效应保持在75%以上，柱塞泵泵效应保持在85%以上"，但不少设计单位在设计时仍采用小排量、低效的高压离心泵和水平泵，其泵效一般比柱塞泵低15%以上。同样的，目前，不少油田均存在采用小排量、低效的高压离心泵的情况。

（3）设计时注水泵机组匹配不合理。此种情况最常见情形是：选用注水泵时仅按最大注水量考虑，选用的注水泵流量、扬程偏大，在注水量较小的几年中，注水泵处于低效运行状态。应当做好注水泵机组匹配的设计工作，在泵高效运行的前提下合理匹配离心泵与柱塞泵及大泵与小泵。

（4）未考虑调速设施。由于投资的限制、设计人员节能观念不强等因素，很多油田区块在设计时均未考虑设置调速设施，造成生产运行时通过节流或回流调节流量以匹配注入水量的变化，使得注水能耗增加。

3. 运行阶段

（1）注水泵存在回流问题，造成能量浪费。柱塞泵为容积式机泵，在机泵能力和实际注水量不匹配的情况下，只能依靠打回流的控制方式，实现机泵外输与实际注水量的匹配。离心泵在机泵能力和实际注水量不匹配的情况下，只能通过调节机泵出口阀门或者打回流的控制方式。目前，仅部分注水站采取了注水站微机巡控、注水泵优化设计和高压与低压变额、液力耦合调速等优化运行技术，降低了注水站的回流，但由于各种原因，这些技术尚未完全推广应用。

（2）注水泵运行时注水泵机组匹配不合理。注水泵运行时，注水量不可避免地发生增加或减少的情况，应及时根据注水量的变化合理匹配注水泵机组，使注水泵机组均运行在高效状态，这对降低注水能耗非常重要。

（3）注水泵的泵、管压差较大。

（4）注水泵流量偏大、注水压力偏高，出现"大马拉小车"现象。

（5）部分油田井口节流严重。

（6）部分注水泵机组超年限运行，导致泵效下降。

（7）注水管网不合理或腐蚀、结垢严重，造成管网损失偏大、管网漏失。

六、提高注水系统效率的主要途径

在充分研究油藏工程的基础上，从工程角度讲，影响注水系统效率的主要因素有注水站布局、注水设备选择、泵管压差和管网压力损失等，可从以下几个方面采取措施，提高注水系统运行效率。

1. 合理布置注水泵站

在设计注水泵站时，要根据油田开发方案要求，严格遵守注水设计规范，周密考虑，合理布局，优化设计方案，以经济合理和满足油田开发生产为目的来选择注水站站址和设计注水泵站规模。站址应该选在注水负荷的中心，注水半径不宜过大，注水泵站到注水井井口的压力损失应符合设计规范要求。

2. 合理选择注水设备

在注水设备选型时，要依据注水泵及配套电动机的性能样本，进行认真筛选，选用低耗高效的注水泵及配套电动机。

3. 降低泵管压差

造成泵管压差过大的原因有：注水井的注入量与注水泵的流量不匹配，使管网压力降低；注水井在开关井、洗井作业时，注水系统内的注水泵没有进行适时调整等。

降低泵管压差的主要措施有：调节注水泵性能，切削叶轮直径或拆除一级叶轮，以满足不同区域对注水压力的不同需要；合理调整开泵台数，加强注水泵的运行调度；在经济合理的条件下，可考虑安装液力耦合器、电动机变频调速器等调速装置。

4. 降低管网压力损失

（1）注水管网的压力损失主要与注水管径和注水管线长度有关。当注水管径太小或长度太长、使管网压力损失过大时，可增建复线或换大口径注水管线措施。

（2）当管网的结垢程度使管网压力损失过大时，应及时清洗结垢严重的注水管线。

（3）当不同油层所需要的注水压力相差较大时，可分两套系统进行注水。

（4）当注水干线末端个别注水井所需注水压力较高时，需调节配水阀组，但产生的节流压力损失较大。可采取以下解决措施：在注水井井口或配水间安装增压泵进行局部增压，满足一口或多口注水井对注水压力的要求。

参考文献

［1］ 王鸿勋，张琪. 采油工艺原理 ［M］. 2 版. 北京：石油工业出版社，1990.

［2］ 罗英俊，万仁溥. 采油技术手册 ［M］. 3 版. 北京：石油工业出版，2005.

［3］ ［美］布雷德利. H. B. 石油工程手册 ［M］. 北京：石油工业出版社，1996.

［4］ ［美］罗斯. S. C. 等. 注水工程设计 ［M］. 北京：石油工业出版社，1994.

［5］ 郭呈柱，刘翔鹗，等. 采油工程方案编制方法 ［M］. 北京：石油工业出版社，1995.

［6］ ［英］查理斯，C. 帕托. 油田水处理工艺 ［M］. 北京：石油工业出版社，1979.

［7］ 惠晓霞. 油田化学基础 ［M］. 北京：石油工业出版社，1988.

［8］ 张绍槐，罗平亚. 保护储集层技术 ［M］. 北京：石油工业出版社，1993.

［9］ CNPC 开发生产局. 稳油控水专辑 ［M］. 北京：石油工业出版社，1995.

［10］ 宁亚军. 离心式注水泵在低渗油田的应用 ［J］. 石化技术，2015，22（12）：123+130.

［11］ 杨芫，余洪，汪锋军，等. 提高注水系统效率的方法研究 ［J］. 中国新技术新产品，2013（17）：119.

［12］ 王金峰. 油田注水开发生产系统监测与管理技术研究 ［D］. 西安：西安石油大学，2013.

［13］ 姚俊波. 疏松砂岩注水井化学防砂调剖技术研究 ［D］. 荆州：长江大学，2013.

［14］ 陈领君. 提高油田注水系统效率理论与技术研究 ［D］. 东营：中国石油大学（华东），2010.

［15］ 王艳. 油田注水系统经济运行研究 ［D］. 大庆. 大庆石油学院，2010.

［16］　侯琼.新型增压注水泵的设计及结构有限元分析［D］.东营：中国石油大学（华东），2008.

［17］　王鹏，佟艳伟，檀朝銮.国内外注水系统效率研究应用情况综述［J］.中国石油和化工，2008（6）：51-53.

［18］　蒋祖华.油田注水系统节能经济运行的研究与实践［J］.能源研究与利用，2005（6）：30-32.

［19］　周红生，王乙福，薛兴昌.浅谈离心泵与柱塞泵在油田注水中的应用［J］.油气田地面工程，2004（8）：19.

［20］　董增有.萨中地区注水系统效率计算与分析研究［D］.大庆：大庆石油学院，2003.

［21］　刘万辉.油田注水系统管网改造专家系统研究［D］.大庆：大庆石油学院，2003.

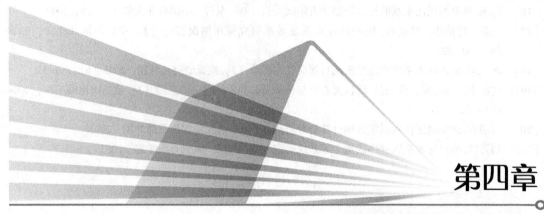

第四章

周期注水技术

　　人工注水是当今世界石油工业提高采收率的一种主要方法，可使原油采收率达40%左右。目前，对注水开发油田的了解多限于稳定注水的方法。当注入层系的非均质性增强时，注入水的波及程度就会降低，而提高油田的产量和采收率始终是最核心的问题。在注水开采的条件下，波及系数和驱替效率是最关键的两个因素。因此，采用某种方法提高波及系数和驱替效率，就可以提高原油采收率。用水动力学方法改善油田注水效果已受到人们重视，并在油田开发中得到广泛的应用，取得了显著的效果。

彩图4-1　周期
注水示意图

　　周期注水（又称脉冲注水或不稳定注水）是依靠现有井网，有规律地改变油水井工作制度的一种注水开发方式，它以井组为单元，轮流改变其注入方式，在油层中建立不稳定的压力降，促使原来未被水波及的储层、层带和区段投入开发，从而提高非均质储层的波及系数和扫油效率，提高原油采收率，是非均质储层提高原油采收率的有效方法（彩图4-1）。

第一节　周期注水的理论分析

一、周期注水的宏观作用机理

1. 周期注水过程中储层流体弹性力的作用

1) 弹性力的微观驱油机理

　　流体弹性力改善水驱油效果的微观驱油机理是，在周期注水过程中，弹性力引起的压力扰动，可以使一部分油运移到贾敏效应较小的孔隙中而向前流动，同时，当油相处于压力扰动的波峰时，压力梯度相应增大，可以使油相克服较大一些的贾敏效应而流动，这种现象在核磁共振成像实验中已经被观察到。

2) 弹性力的宏观驱油机理

　　随着周期注水技术的发展，周期注水已从初期的水井同时周期性注入，发展到水井在平面上轮换周期性注入，也称为平面异步周期注水。下面将从弹性力改善纵向与平面非均质性油层驱油效果两个方面进行论述。

（1）改善纵向非均质性油层水驱效果的宏观机理。

在周期注水过程中，油藏开始注水时，高渗层吸水量大，压力传导系数高，油层压力恢复速度快，压力较高；而低渗层吸水量少，压力传导系数低，压力恢复速度慢，压力较低。在高低渗透层之间形成附加的正向压差，在这个压差的作用下，油水从高渗透层被驱向低渗透层，由于高渗透层含水饱和度高，进入低渗透层的水量较多而油较少。当停注时，由于高渗透层排液量大，压力下降速度快，压力较低，而低渗透层，压力下降速度慢，压力较高，油水由低渗透层向高渗透层窜流。由于低渗透层含水饱和度低，进入高渗透层的水量较少而油量较多，这样在附加压差的作用下，一部分水滞留在低渗透层而另一部分则又回流到高渗透层，同时从低渗透层中带出一部分油进入高渗透层而被采出，这就是周期注水过程中，弹性力改善纵向非均质性油层水驱油效果的机理如图4-1所示。

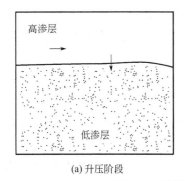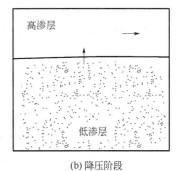

(a) 升压阶段　　　　　　　　　　(b) 降压阶段

图4-1　周期注水流体流动示意图

弹性力作用效果的大小主要取决于高渗透层和低渗透层之间的压力差及持续时间，压力差越大，持续时间越长，弹性力的作用越强，反之越弱。弹性力的作用，增加了高低渗透层流体的交换，提高了注入水纵向波及系数。多次反复的压力脉冲作用，使高低渗透层间不断发生油水交换，低渗透层的含水饱和度增高，动用程度得到改善。

（2）改善平面非均质性油层水驱效果的宏观机理。

常规注水开发过程中，平面上形成剩余油的类型主要有两种：一种是注采井网系统造成的死油区，另一种是低渗透带造成的剩余油富集区。由于注水方式、油水井工作制度的影响，根据势迭加原理，油层中某些区域的渗流速度很低甚至等于零，从而形成了死油区，如果不进行必要的调整，这部分储量就很难开采出来。例如取五点法面积注采井网系统的一部分进行分析，如图4-2所示。井1、井3为生产井，井2、井4为注水井。由势迭加原理可知，四口井交叉点O处的渗流速度为零，O点附近区域的渗流速度很小，形成了死油区。对于这种情况，周期注水能够改变常规注水

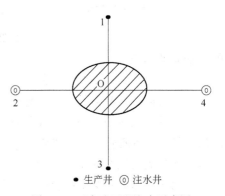

● 生产井　◎ 注水井

图4-2　五点法面积注水示意图

比较稳定的压力分布场，激活死油区，使剩余油从死油区流出并被开采出来。例如，井 4 停注后，压力场和渗流速度场重新分布，死油区点 O 的速度由零变成 $v = q/(2\pi r_e h)$，成为活油区。

对于油层平面上的低渗透带，它是油藏中存在的一种普遍现象。与纵向非均质类似，注入水首先沿高渗透带突入油井，油井含水上升快，达到经济极限关井时，低渗透带仍可有较高的剩余油饱和度。对于这种情况，周期注水改善开发效果的作用机理与纵向非均质完全一样，只是高渗透区域和低渗透区域的接触面积要足够大。这样，高低渗透区域间的油水交渗量才能较大，起到改善平面非均质性油层水驱油效果的作用。

2. 周期注水过程中毛管力的作用

1）毛管力的微观驱油机理

在周期注水的不同阶段，毛管力的大小和作用是不同的。

对于水湿油层，毛管力可能是驱动力也可能是阻力。注水阶段，当水驱速度较小时，小孔道的毛管力大，注入水优先沿着小孔道将油驱替出来，大孔道中形成残余油，对开发效果不利。随着水驱油速度的增加，由于润湿滞后现象，润湿角（θ）增大，毛管力变小，当驱替速度增大到一定程度时，油水界面反转，毛管力变成阻力，如图 4-3 所示。这时，水优先进入大孔道，小孔道中形成残余油，不利于发挥毛管力的驱油作用，开发效果也不好。因此，水湿油层存在一个合理的驱替速度，但生产实践中很难把握好这个尺度。在常规注水开发过程中，为了缩短投资回收期，采油速度一般较高，驱动压差居主导地位，毛管力很难发挥作用；而在周期注水开发过程中，停注阶段，油水两相处于自由吸渗状态，毛管力恢复正常值，有利于发挥毛管力的驱油作用，将小孔隙中的原油驱替出来，有利于改善水驱开发效果。

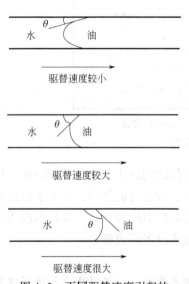

图 4-3 不同驱替速度引起的毛管力滞后现象

对于油湿油层，毛管力始终是阻力。注水阶段，随着水驱油速度的增加，同样会产生润湿滞后现象，但润湿角变小，毛管力变大，进入孔道中的水只能沿孔道中心驱油，孔道壁上形成大量残余油；停注阶段，毛管力恢复正常值，但不会像水湿油层毛管力那样将小孔隙中的原油驱替出来。

2）毛管力的宏观驱油机理

注水阶段，黏滞力处于主导地位，毛管力和重力处于次要地位，驱动压差越大，毛管力和重力的作用越不明显。停注初期，弹性力产生的附加压差引起高低渗层之间的油水同向窜流处于主导地位，随着弹性能量的释放，弹性力的作用很快消失，毛管力作用引起的油水逆向窜流将逐渐居于主导地位。高低渗透层间的含水饱和度差、渗透率差和润湿性引起的表面张力差必然会引起自吸渗现象，油从低含水饱和度区流向高含水饱和度区，而水则从高含水饱和度区流向低含水饱和度区。

二、周期注水的微观渗流机理

渗流力学分析结果表明，在稳定注采情况下，油水密度差产生的重力作用和油水两相间的毛管力作用，使油水在纵向上运动并产生垂向平衡，如不考虑位势差，油层纵向上高低渗透部位间各相压力趋于相等。周期性的注采产生附加压力差，相当于附加一个压力场的作用，造成油层中的压力场经常性的改变，形成新的"水力扰动波"。该"水力扰动波"表现为不平稳的特性，使流体在油层中的流动速度和流动方向发生变化，即平面上扩大波及面积，垂向上扩大波及厚度，致使原来吸水少的部位增加吸水，不吸水的部位吸水，不断扩大水驱波及体积，使渗透率较低的低水淹部位驱出更多的原油。

1. 层内非均质条件下周期注水作用机理

对稳定注水情况下油水纵向运动特点分析如下：

以垂直向下方向为 z 方向建立坐标，由达西定律可写出下列油水纵向运动方程：

$$v_{zo} = -\frac{K_z K_{ro}}{\mu_o} \cdot \frac{\partial \phi_o}{\partial z} = \frac{K_z K_{ro}}{\mu_o}\left(\frac{\partial p_o}{\partial z} - \rho_o g\right) \tag{4-1}$$

$$v_{zw} = -\frac{K_z K_{rw}}{\mu_w} \cdot \frac{\partial \phi_w}{\partial z} = \frac{K_z K_{rw}}{\mu_w}\left(\frac{\partial p_w}{\partial z} - \rho_w g\right) \tag{4-2}$$

稳定注水时，有：

$$v_{zt} = v_{zw} + v_{zo} = 0 \tag{4-3}$$

式（4-1）、式（4-2）、式（4-3）联立，并令 $\lambda_1 = \dfrac{K_z K_{rw}}{\mu_w}$，$\lambda_2 = \dfrac{K_z K_{ro}}{\mu_o}$，$p_c = p_o - p_w$，得：

$$v_{zw} = \frac{\lambda_1 \lambda_2}{\lambda_1 + \lambda_2}\left[\frac{\partial p_c}{\partial z} + (\rho_w - \rho_o)g\right] \tag{4-4}$$

令：

$$v_{zwc} = \frac{\lambda_1 \lambda_2}{\lambda_1 + \lambda_2} \frac{\partial p_c}{\partial z} \tag{4-5}$$

$$v_{zww} = \frac{\lambda_1 \lambda_2}{\lambda_1 + \lambda_2}(\rho_w - \rho_o)g \tag{4-6}$$

则：

$$v_{zw} = v_{zwc} + v_{zww} \tag{4-7}$$

式中　v_{zo}——油相垂向流速；

　　　　v_{zw}——水相垂向流速；

　　　　ϕ_o——油相速度势；

　　　　ϕ_w——水相速度势；

　　　　v_{zt}——总流速；

　　　　K_z——垂向渗透率；

　　　　K_{ro}——油相相对渗透率；

　　　　K_{rw}——水相相对渗透率；

p_o——油相压力；

p_w——水相压力；

p_c——毛管力；

μ_o——油相黏度；

μ_w——水相黏度；

ρ_o——原油密度；

ρ_w——水相密度；

g——重力加速度。

由此可见，常规注水情况下有毛管力和重力两种因素引起水纵向窜流。一般情况下，$\rho_o - \rho_w > 0$，$v_{zww} > 0$，说明在重力因素作用下水总是向下窜流（相反，油总是向上窜流），其大小与油水密度差成正比。

毛管力因素引起水窜流比较复杂，下面将作重点分析。由 J 函数表达式，可将毛管力写成：

$$p_c = \left(\frac{\phi}{K}\right)^{\frac{1}{2}} \cdot \cos\theta \cdot J(S_w) \tag{4-8}$$

在毛管束模型中，渗透率与孔隙半径关系为：

$$K = \frac{\phi r_c^2}{8} \tag{4-9}$$

代入式(4-8)，得：

$$p_c = \frac{2\sqrt{2}}{r_c}\sigma \cdot \cos\theta \cdot J(S_w) = p_c(S_w, r_c, \cos\theta) \tag{4-10}$$

在式(4-10)中对 z 求偏导数，有：

$$\frac{\partial p_c}{\partial z} = \frac{\partial p_c}{\partial S_w} \cdot \frac{\partial S_w}{\partial z} + \frac{\partial p_c}{\partial r_c} \cdot \frac{\partial r_c}{\partial z} + \frac{\partial p_c}{\partial \cos\theta} \cdot \frac{\partial \cos\theta}{\partial z} = \frac{\partial p_c}{\partial S_w} \cdot \frac{\partial S_w}{\partial z} - \frac{2\sqrt{2}\,\sigma\cos\theta \cdot J(S_w)}{r_c^2} \cdot \frac{\partial r_c}{\partial z} +$$

$$\frac{2\sqrt{2}\,\sigma \cdot J(S_w)}{r_c} \cdot \frac{\partial \cos\theta}{\partial z} \tag{4-11}$$

令：

$$v_{zwc1} = \frac{\lambda_1 \lambda_2}{\lambda_1 + \lambda_2} \frac{\partial p_c}{\partial S_w} \cdot \frac{\partial S_w}{\partial z} \tag{4-12}$$

$$v_{zwc2} = \frac{\lambda_1 \lambda_2}{\lambda_1 + \lambda_2} \left[-\frac{2\sqrt{2}\,\sigma\cos\theta \cdot J(S_w)}{r_c^2} \right] \cdot \frac{\partial r_c}{\partial z} \tag{4-13}$$

$$v_{zwc3} = \frac{\lambda_1 \lambda_2}{\lambda_1 + \lambda_2} \left[-\frac{2\sqrt{2}\,\sigma \cdot J(S_w)}{r_c^2} \right] \cdot \frac{\partial \cos\theta}{\partial z} \tag{4-14}$$

则：

$$v_{zwc} = v_{zwc1} + v_{zwc2} + v_{zwc3} \tag{4-15}$$

式中　ϕ——孔隙度；

σ——界面张力；

θ——油水接触角；

S_w——水相饱和度；

r_c——毛细管半径；

$J(S_w)$——J 函数。

这样，毛管力因素引起窜流又可分解成三部分：

（1）含水饱和度差异引起水窜流 v_{zwc1}。由毛管力曲线形态可知，不论亲油油层，还是亲水油层，均有 $\frac{\partial p_c}{\partial S_w}<0$ 说明 v_{zwc1} 与 $\frac{\partial S_w}{\partial z}$ 方向相反，即水总是从高含水饱和度向低含水饱和度方向窜流。换句话说，无论是亲油油层还是亲水油层，由饱和度差异引起的那部分窜流总是起"均匀"作用，并且其大小与 $\frac{\partial S_w}{\partial z}$ 成正比，说明部位间饱和度差异越悬殊，这种窜流量越大。

（2）孔隙半径变化引起的水窜流 v_{zwc2}。对于亲水油层，$\cos\theta>0$，v_{zwc2} 与 $\frac{\partial r_c}{\partial z}$ 反向，说明水由大孔隙窜流向小孔隙；而对于亲油油层，$\cos\theta<0$，水则从小孔隙窜向大孔隙。这种由孔隙大小变化所产生的水窜流量大小与层间孔隙大小成正比。

（3）润湿性变化引起的水窜流 v_{zwc3}。由式（4-14）可见，v_{zwc3} 与 $\frac{\partial \cos\theta}{\partial z}$ 同向，说明水窜向强水湿方向，并且润湿性变化越大，这种窜流越剧烈。

2. 层间非均质条件下周期注水作用机理

如果高低渗透层作为一个开发层系，即具有相同的井底流压时，两层产液比 r 可由下式给出：

$$r=\frac{q^{(L)}}{q^{(h)}}=\frac{\alpha_q^{(L)}K^{(L)}h^{(L)}\left[p^{(L)}-p\right]}{\alpha_q^{(h)}K^{(L)}h^{(h)}\left[p^{(h)}-p\right]} \tag{4-16}$$

式中 α_q——与井况、黏度有关的系数。

上标（L）、（h）分别表示低、高渗透层。

因此，充分发挥较低渗透层潜力，解决层间矛盾从本质上讲就是想方设法提高 r 值。对较低渗透层进行补孔、压裂［提高 $\alpha_q^{(L)}$］等工艺措施是提高 r 值的有效方法，下面分析周期注水对 r 值的影响。

不同于层内非均质油层，在常规注水情况下，只要注采比稍不平衡，高低渗透层间就会存在压力差。当注采比较大时，高渗透层压力高，较低渗透层压力低，使 r 值变小，也就是说较低渗透层得不到很好动用。反之，当注采比较小时，较低渗透层压力高，高渗透层压力低，使 r 值增大，说明降压开采会更好地动用较低渗透层。

在周期注水的停注半周期内，注采比（等于零）远小于1，r 值增大，提高了较低渗透油层的动用状况。而重新注水后，注采比增大，r 值减小，仍然主要开采高渗透层，但增加了地层能量，为下一次停注半周期内的高效利用较低渗透油层做了物质上的准备。如此重复下去，人为地创造了一系列压力下降过程，其作用实质上是在"时间域"上将高低渗透层分层开采，减少层间干扰，缓解层间矛盾，提高最终原油采收率。

另外，平面非均质条件下周期注水与层内非均质油层相类似，周期注水也会使平面上高低渗透条带或区块发生交渗现象，使低渗透带中的残余油流向高渗透带并被开采出来，从而提高采收率。数值模拟计算表明，虽然周期注水解决平面矛盾不如层内、层间那样有效，但只要高低渗透条带间渗透率级差足够大、接触面积足够大，周期注水也会取得很可观的效果。

第二节　周期注水适用条件及效果影响因素

一、周期注水的适用条件分析

我们国家在周期注水方面，无疑大庆油田做得最好，所以这里介绍大庆油田的经验。大庆油田进入高含水期开发后，油层类型种类比较复杂，由于各区块纵向上厚油层与薄油层及表外储层交互分布，平面、层间非均质性严重，再加上特殊井网的影响，剩余油空间分布复杂，且高度分散，因此进一步研究周期注水的适用条件对改善油田开发效果具有十分重要的意义。

1. 纵向上的非均质性，各油层间、层内动用存在差异，是周期注水的先决条件

油层发育纵向上的非均质性，表现为各个油层之间、各个层内动用存在很大差异，通过分析要开展周期注水区块水淹层解释的资料，对油层有效厚度分级后的水淹状况进行全面分析研究。如果各种水淹状况的比例差异较大，说明油层动用上差异也较大，通过周期注水能有效缓解这种状况，这是周期注水提供的先决条件。

例如，B三东地区三次加密井水淹层解释资料表明，有效厚度大于2.0m的油层已全部见水且均为一、二级水淹；1.0~2.0m的油层水淹比例已达到98%，且90%左右的厚度比例为中、高水淹；0.5~1.0m油层水淹比例为95%，其中，中、高水淹厚度占70%，低水淹厚度占25%，未水淹厚度占5%。从小于0.5m油层水淹解释结果看，中、高水淹厚度占30%，低水淹厚度占30%，未水淹厚度占40%，适合开展周期注水。

2. 平面上动用状况差异大，剩余油分布不均衡，仍有挖潜余地，是周期注水的必要条件

从平面上看，动用状况存在很大差异，各沉积单元剩余油平面分布很不均衡，但开采难度较大，通过常规的注水调整很难改善开发效果。在这种剩余油零散而没有规律分布的情况下，有必要通过周期注水改变液流方向，扩大注入水的波及体积，进一步挖掘这部分剩余油。

例如，B三东地区，从平面上看，根据各沉积单元剩余油分布状况统计，开展周期注水前1~3口井控制的剩余油片数占总数的62.2%，4口井以上控制的剩余油片数仅占总数的37.8%，剩余油平面分布很不均衡，通过常规的注水调整很难改善开发效果。因此，有必要开展周期注水，挖掘这部分剩余油。

3. 注水井细分层段数高，是周期注水的方便条件

经过历年的调整，注水井细分层段数很高，层段内小层数已经比较少，在目前工艺条件下进一步细分挖潜的余地较小。在这种状况下却可以针对不同水淹级别的油层进行周期注水，增大注入水波及体积，提高驱油效率，改善开发状况。

例如，B三东地区纯油区经过历年的调整，注水井细分层段数比较高，层段内小层数已经比较少，平均每个注水层段内小层数5.8个，最多为7.9个，最少只有2.6个，因此，在目前工艺条件下进一步细分挖潜的余地较小，但却为周期注水提供了方便条件。

4. 地层压力分布不均衡，部分井区压力较高，是周期注水的有利条件

虽然各油田、各套层系、各小区块，通过注采调整，地层压力大多处于合理范围内，但个别区块、个别井区压力分布仍然很不均衡。可以根据压力分布状况，变被动为主动，释放高压区，使压力达到新的平衡，其中高压井因压力较高，为周期注水形成压力扰动提供了有利条件。

例如，B三东地区周期注水前地层压力为10.78MPa，总压差为-0.60MPa，地层压力处于合理范围内，但压力分布仍然很不均衡，其中高压井占26.30%，这部分井因压力较高，为周期注水形成压力扰动提供了条件。

5. 各套层系井网的含水率已非常接近，层系间结构调整的余地小，是周期注水的前提条件

随着结构调整的不断深入，区块间、层系间的含水率差异越来越小，这部分井产液量高、含水率高，调整潜力较小，虽然仍致力于精细地质研究基础上的精细调整，但工作的难度和强度却成倍增加，使得开发调整越来越困难，结构调整已无法见到明显的效果，而通过周期注水能够缓解这种状况。

二、周期注水效果的影响因素

1. 地层非均质性

模拟实验结果表明非均质模型的效果普遍好于均质模型，上下两层渗透率不同时，渗透率差别越大、非均质越严重，周期注水效果越好，和渗流理论计算结果相吻合。国内外实验研究和油田实例表明：油藏渗透率太低时周期注水效果不好，而且会变差。

2. 小层平面间的水动力不连通参数的影响（层间连通性）

实际上，油层通常都是由中间夹着泥岩、粉砂岩和致密石灰岩等不渗透性薄层的不同渗透率小层组成的储油层，在油层中建立不稳定的压力场时，水动力交渗流动只能通过各小层的水动力连通地带实现。引进水动力不连通参数（Ψ）来表示这一因素对周期注水的影响，它表示各小层不渗透接触面积与油层整个面积的比例关系。Ψ值越大，其周期注水效果越差。对于非均质性不同的油层和渗透率组合来说，都存在一个极限值，高于这个值后，一般认为进行周期注水是不合理的。

3. 润湿性

实验表明水湿油藏的效果更好，周期注水适用于水湿油藏。岩石亲水性越强，即孔隙毛管力越大，周期注水及常规注水效果均越好。常规注水与周期注水相比提高采收率的幅度是毛管力适中时最高，毛管力为 0 或过大，提高采收率的幅度反而会降低。

4. 原油黏度

由模拟实验的计算结果可以看出，随着原油黏度的降低，连续注水的采收率逐渐增加，符合一般水驱油田的开发规律。但随着原油黏度增加，周期注水提高采收率值先下降而后又升高，没有固定规律。这是因为，周期注水的效果主要取决于高低渗透层间的油水窜流量，一方面，随着原油黏度降低，层间流体窜流阻力减小，有使窜流量增大的趋势；但另一方面，原油黏度降低，高低渗透层间含水饱和度差异变小，层间毛管力梯度降低，有使层间窜流量减小的趋势，二者综合作用的结果是看哪一方面居主导地位。因此，周期注水效果随黏度的变化比较复杂，没有固定规律。

5. 注水时期

渗流理论计算结果表明开始周期注水时间越早采收率提高得越多，并且每个周期的提高量会越来越少。

6. 波动幅度

波动幅度越大，效果越好，但在强注水阶段要考虑设备能力及地层破裂压力，在弱注水阶段要考虑地层保压问题。

7. 水滞留系数的影响

水滞留系数（β）用来描述由水淹高渗透小层进入低渗透小层而被滞留下来的那部分水量，其大小取决于岩石及其所含流体的物理、化学性质，其值由实验室确定，建议取 $0.5 \sim 0.7$。在周期注水的升压半周期，注入水在高低渗透层之间的压差作用下，沿着高低渗透层之间的交渗面进入低渗透层；在降压半周期，高渗层的压力迅速下降，低渗层弹性能释放，孔隙内流体反向注入高渗层，同时部分渗入水滞留在低渗透层孔隙中，被滞留水取代的原油进入高渗层被采出。数值模拟计算表明，水滞留系数越大，由低渗层进入高渗层的油就越多，周期注水的效果越好。

第三节　周期注水主要做法

一、概述

按照周期注水不同的频率，可将其分为对称型和不对称型两大类。对称型就是指周期注水的注水时间和停注时间相等，不对称型是指注水时间和停注时间不相等。不对称型又可分为短注长停型和短停长注型。

在我国进行周期注水的实践中，根据各油田、各区块的具体地质条件和气候等状况的不同，已出现了很多不同的做法，包括：（1）整个区块内的注水井全部停注及开注；（2）各注水井排或将注水井分为若干个组，按井排或井组交替停注、开注；（3）在注水井排（或组）内各注水井周期性交替停注、开注；（4）在注水井内划分几个层段，周期性交替停注、开注；（5）在注水井内某一层段周期性交替停注、开注，其他层段仍连续注水；（6）注水井注水时，油井停止采油，注水井停注时，油井才开井生产，即一般所谓的脉冲注水；（7）注采井别互换，即部分注水井改采油井，部分采油井转注；（8）单井注水吞吐，即在一口井上周期的交替进行注水和采油；（9）注采井同时停注、停采，过一段时间后再开井进行采油和注水。

周期注水工作制度很多，但对某一油田来讲，并不是任何方式都是适用的。例如，对于单井吞吐或注水井改为生产井，只有在亲水、且最好是强亲水的条件下才可能取得很好的效果，而对于亲油的储层，很可能得不偿失。因此，对于某一个具体的油藏来说，在实施中要根据油藏的具体地质条件，运用数值模拟方法或矿场实际试验情况来优选周期注水方式。

在周期注水过程中，应尽可能选择不对称短注长停型工作制度，也就是在注水半周期内应尽可能用最高的注水速度将水注入，将地层压力恢复到预定的水平上；在停注半周期，在地层压力允许范围内尽可能延长生产时间，这样将获得较好的开发效果。

在 2000 年，俞启泰等人应用利用周期注水的油层内弹性—毛管力的交渗理论，用地质模型和相应参数（油藏工程+数值模型+数理统计+经济评价），推导出一个评价常规注水转为周期注水可行性的计算公式，其核心为投入产出相平衡的原则。该公式周全地分析了影响周期注水开发效果的四种因素：开发参数、油藏参数、周期注水参数与经济参数。将是否转为周期注水和继续常规注水的总利润差值作为评价依据，若差值大于零，说明周期注水可行；若小于零，说明周期注水不可行。由于是我国最主要的储油层发育为河流相，以河流相作为研究代表。通过上述参数，运用多元回归处理得到周期注水可行性计算公式（未考虑 K_v/K_h）：

$$\Delta ZLR = 82.17\mu_R + 0.3082\lg K_{50} + 129.0V_r + 232.31\lg h + 428.9p_c - 181.3f_{wtu} + 9.8p_d + 462.91\lg T_d$$
$$+ 314.9R - 135.1\lg V_{otu} + 959.6\lg p_o - 361.5\lg i_t - 3150r_0 - 311.0\lg O \tag{4-17}$$

式中　　ΔZLR——周期注水与连续注水总利润差，10^4 元；

μ_R——油水黏度比；

K_{50}——层内渗透率纵向对数正态分布概念 50%处的渗透率，μm^2；

V_r——地层内纵向渗透率对数正态分布变异系数；

h——油层有效厚度，m；

p_c——毛管压力，MPa；

f_{wtu}——开始周期注水时的含水率；

p_d——周期注水与连续注水注入压力之比；

T_d——周期注水后第一周期停注时间与周期注水前油藏生产时间之比；

R——周期注水一个周期内停注时间与注水时间之比；

V_{otu}——开始周期注水时采油速度，小数；

p_o——单位体积（地下体积）原油售价，元/m^4；

i_t——平均每口注水井转周期注水投资，10^4 元；

r_0——周期注水与连续注水经营成本变化相对值，小数；

O——注水每单位体积（地下体积）原油操作费，元/m^4。

二、周期注水参数的确定

1. 周期注水平衡时间

注水周期的长短主要考虑注入水在地层中的推进速度及总注水量应能补偿油井采液所造成的地层亏空。

这里应用渗流理论公式与经验公式两种方法来确定注水周期。

1) 渗流理论公式

周期注水的周期，从理论上讲取决于井底压力波动及在油水井之间储层中的分布完成时间，也就是说注水井选用的周期必须使注水井与采油井之间的压力在一定范围内变化，且这种变化（升压、降压）在油水井间储层内完成。

一般认为，注水时压力波由注水井井底开始经过一段时间传播到采油井井底，采油井开始见效，这段传播时间在矿场称为见效时间。而压力波传导的距离一般为井距 L。通常见效时间与井距的关系为：

$$L = 0.12\sqrt{\frac{Kt}{\phi\mu_o C_t}} \tag{4-18}$$

其中

$$C_t = C_o S_o + C_w S_w + C_f$$

经变化后：

$$t = 69.44\frac{L^2}{x} \tag{4-19}$$

其中

$$x = \frac{K}{\phi\mu_o C_t} \tag{4-20}$$

式中　L——井距，m；

　　　　K——渗透率，$10^{-3}\mu m^2$；

　　　　t——见效时间（理论半周期），h；

　　　　ϕ——孔隙度，%；

　　　　μ_o——原油地下黏度，$mPa \cdot s$；

　　　　C_t——综合压缩系数，MPa^{-1}；

　　　　C_o——原油压缩系数，MPa^{-1}；

　　　　C_w——地层水压缩系数，MPa^{-1}；

　　　　C_f——地层压缩系数，MPa^{-1}；

　　　　S_o——原油饱和度，%；

　　　　S_w——含水饱和度，%；

　　　　x——未注水时地层平均导压系数，$\mu m^2 \cdot MPa/(mPa \cdot s)$。

公式表明：注水周期与地层渗透率成反比，即渗透率越低注入水传播速度越慢，注水周期越长；地层弹性越差，周期时间越短；随水线到采油线距离的增加，周期时间延长。

2）经验公式

$$t_{半周} = 0.15L^2/x \qquad (4-21)$$

式中 $t_{半周}$——注水半周期，d。

只有保证注水半周期不低于计算值，才能保证注入水波及油层全范围。

2. 波动幅度

注水量波动幅度 $B = (q^1 - q^2)/2q$，其中，q^1 为增压时的注水量，q^2 为减压时的注水量，q 为常规注水量。各小层之间液体渗流的强烈程度和周期注水的效果，在很大程度上取决于注水量波动幅度。从理论上来讲振幅越大越好，但在强注水阶段要考虑设备能力及地层破裂压力，在弱注水阶段要考虑地层保压问题。

3. 注水量

注水强度的高低是影响脉冲注水效果非常重要的因素，如果注水强度过低，在油层中形成的压力波动幅度就小，注入水波及不到低渗透区，脉冲注水效果就差。一般地，强注期间可以在接近或超过地层破裂压力下高速注水，以便在尽可能短的时间内使地层压力恢复到原始地层压力附近，使总注水量能补偿弱注期间油层采液造成的亏空。但强注期间具体能达到多大的地下注入压力，要看泵站所能提供的最大井口注入压力。在降压开采时为防止地层脱气，一般地层压力保持在饱和压力之上。

单井日注水量可依据下面公式计算：

$$q_{iw} = \Delta p \times H \times I_{ws} \qquad (4-22)$$

式中 q_{iw}——单井日注水量，m^3/d；

$\quad \Delta p$——注水压差，MPa；

$\quad H$——油层厚度，m；

$\quad I_{ws}$——每米吸水指数，$m^3/(MPa \cdot d \cdot m)$。

注水压差可依据下式计算：

$$\Delta p = p_i + p_h - p_f - p_e \qquad (4-23)$$

式中 p_i——井口注入压力，MPa；

$\quad p_h$——静水柱压力，MPa；

$\quad p_f$——注水时管柱造成的压力损失，MPa，一般根据油层深度取 3~5MPa；

$\quad p_e$——地层压力，MPa。

三、周期注水层段组合原则

（1）周期注水的层段要求有一定的厚度和储量，要求层段组合后每个周期层段有效厚度要达到 2m 以上。

（2）层段组合尽量以砂岩组为单元，将沉积特征相近的砂岩组尽量组合在一起。

（3）要求周期注水层段组合后，每段的厚度大致相当。

（4）针对分层井充分利用现有的注水井层段划分，尽量减少作业工作量。

参考文献

［1］ 沙尔巴托娃，苏尔古切夫.非均质油层的周期作用［M］.王福松，译.北京：石油工业出版社，1989.

［2］ 黄延章，尚根华.用核磁共振成像技术研究周期注水驱油机理［J］.石油学报，1995.

［3］ 克雷格.油田注水开发工程方法［M］.北京：石油工业出版社，1981.

［4］ 计秉玉，吕志国.影响周期注水提高采收率效果的因素分析［J］.大庆石油地质与开发，1993，12（1）：30-35.

［5］ 刘慧卿，姚军，陆先亮，等.孤岛油田南区渤19断块交联聚合物驱油藏工程研究［J］.油气采收率技术，1998，（4）：13-19.

［6］ 曾祥平，杨慧燕.隔井脉冲注水技术在提高油田采收率的应用［J］.石油勘探与开发，2003，30（6）：95-97.

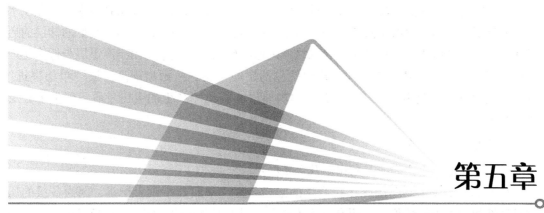

第五章

分层注水技术

大多数油藏都不是单一的油层，对于多油层油藏，即使在合理组合开发层系后，每套开发层系中仍有多个性质不同的油层，致使注入水在层间、平面和层内的推进速度差异较大，并且随着含水率的不断上升，出现的矛盾和问题更加尖锐复杂，开发的难度也越来越大。

所谓分层注水，就是在注水井中，利用井下封隔器将多个油层在井筒内分隔成几个层段，然后根据每个层段配注量的要求，通过调节各配水器水嘴的大小，将井口相同的注水压力转换成井下各层段不同的注水压力，从而控制高渗透层注水，加强较低渗透层注水，实现吸水剖面的有效调整（视频5-1）。

视频5-1 分层注水工艺

第一节　概述

一、分层注水的出现

1. 层间干扰现象分析

早期投入开发的油田多是具有自然产能的中、高渗油田，当时尚没有分层注水技术，都是采用笼统（全井混注）注水的做法。在收到注水效果的同时，也产生了注入水单层突进、油井过早水淹等问题。

层间分均质性是造成多层合采与注水开发油田层间矛盾的主要原因。各油层岩性、物性和储层流体性质不同，导致各油层的吸水能力、水线推进速度、地层压力、出油状况、水淹程度等方面出现差异，各油层之间相互制约和干扰，影响油层尤其是中低渗油层发挥作用。在多层合层开采的情况下，层间矛盾尤为突出，层数越多，层间矛盾越大，单井产液量越高，通常含水也越高。

一般情况下，渗透率较高的储层的水驱启动压力低，因此高渗储层容易水驱，在注水井中好油层吸水多，水线推进速度快，造成高渗油层产油量高；而渗透率较低的储层的启动压力高，因此吸水少，产油量小，水线推进速度慢甚至不出水。由于高渗层与低渗层产生的层间矛盾，注水井各层之间表现出明显的层间干扰，从而出现高渗层"单层突进"和低渗层"残余油突出"的现象。为了解决储层非均质性产生的突出矛盾，催生了分层注水技术。

2. 层间干扰的产生

层间干扰的产生主要应具备以下几个条件：

（1）多层合采。这是层间干扰产生的必要条件。单层几乎没有干扰，因为各层的压力及物性相近的可能性很大，距离不远的几个小层也不会有明显的干扰现象发生。只有多层合采才有可能产生层间干扰。（必要条件）

（2）井段长度需足够大。一般而言，井段跨度小，各层压力应该相近，这一点是容易理解的。井段大，各层间压力差别相对也大，物性方面差别也大。

（3）压力系统不统一。这是层间干扰产生的最主要条件。如果合采中压力系统不统一，一个层中的流体便有可能倒灌到另一个层中。在试油井段内，试油前一段时间井段内各层必须经过一个压力平衡过程，这也是层间干扰的条件之一。

（4）各层间流体产出量差别大。这一点可以作为一个附加条件。它不是必须的条件，但产量的差别可以加剧层间干扰。

二、分层注水实践的两种思想

在"有什么样注入剖面就有什么样产出剖面"理念指导下，利用分层注水这一手段，控制高渗层吸水量、加强低渗层注水，以达到"拉齐水线，均匀开采"的目的。在层段分水的具体做法上，多采用近乎相同的注水强度按射开油层厚度配水。将这种做法暂称为"均衡注水思想"。由于均衡注水思想与人们追求美好愿望的心理相吻合，至今仍是分层注水工作中的主流思想。

随着低渗储层陆续投入开发，人们为了获得相对高产，一般都选好一些的储层段压裂投产的方式，其结果又人为地扩大了层间矛盾，使产出剖面差异拉大。例如，吉林红岗油田开发初期经测试得知：76.0%～81.5%的油量采自经压裂改造过的一两个主力油层，未压裂层出油极少，甚至不出油。开始搞分层注水时，没有注意到出油剖面的这种特殊性，也是按均衡注水思想配水的，结果是油井产量全面下降，而一些差油层或改造程度低的油层缺形成了相对高压层。分析其原因，认为是均衡注水造成的。于是针对当时主力油层注水不足的状况，采取了"大力加强主力油层注水"的措施。实施半年后见到了明显的效果。而后又将加强主力层注水，改进成"优先保证主力层注好水，兼顾其他层"的注水方式。

"优先保证主力层注好水"的思想，表面听起来很简单，但是它是对均衡注水思想的改进，是在合理的注采比下，按油层产出状况需要实行配水的新方法。为了与均衡注水思想相对应，季华生等人将"优先保证主力层注好水，兼顾其他层"的注水思想，暂称为"非均衡注水思想"。

两种思想的分层注水，异同之处归纳起来主要有以下几点。

相同之处：（1）采用的技术手段相同；（2）针对的矛盾相同，二者都是针对储层普遍存在的非均质特性；（3）目的性相同，二者都是（也都能够）改善水驱效果，提高水驱采收率。

不同之处：（1）分层配水工艺不同，均衡注水采用相同（或相近）的注水强度，按射开厚度配水；非均衡注水则按产出剖面的差异非均衡配水。（2）技术途径不同，均衡注水通过控制或改造层段的非均质性，使注入水齐头并进，实现各层均匀开采；而非均衡注水则是顺应储层的非均质性，优先保证不同开发阶段的主要出油层注好水，同时兼顾其他层，实现分层次接替开采。（3）着眼点不同，均衡注水是从水井出发，让油井随水井而变；非均衡注水是从油井出发，让水井随油井而变。（4）追求的最终目标不同，均衡注水思想最终追求的是各层尽可能实现均衡开采；而均衡注水思想最终追求的是各尽所能，各尽气力。（5）评价油层动用状况的标准不同，如果测得对应的油水井的产油剖面、吸水剖面较均匀，并能注采对应，从均衡注水角度来评价，会认为这是最理想（或较理想）的状况；而从非均衡注水角度出发则认为是主力油层受到了限制，没有充分发挥作用的反映。非均衡注水思想评价分层动用状况好的标准，是主力层作用得到充分发挥，接替层的准备工作充分，高含水层得到控制。

以上几点不同，集中体现出两种思想的差异：均衡注水思想，是在"有什么样注入剖面就有什么样产出剖面"的理念指导下，试图利用分注手段人为地控制或改善储层的非均质状况，使注入水按照人的意愿实现各层段齐头并进、均衡开采；非均衡注水思想则是顺应储层非均质的现实，因势利导，利用分注手段满足治理产出状况差异的需要，实现分层次开采接替稳产。

正是二者存在上述不同，可以说非均衡注水是对均衡注水的改进。非均衡注水的核心思想是"优先保证主力油层注好水"，这符合方法论中工作要突出重点、抓住主要矛盾的思想；非均衡注水思想的实质是按产出剖面实际需要注水，这符合认识论中"客观实际是第一性的，人的主观意识是第二性"的思想。追求均衡开采思想的本身并没错，问题是由于人们对储层非均质的控制和改善是很有限的，均衡开采的目标不仅开采过程中达不到，而且是最终也达不到。比如，到油田废弃的时候，有的层采出程度可达40%以上，有的层可能不到20%。这是由它们的先天差异造成的，人们只能在有限的范围内改善它。正是基于此，非均衡注水思想追求的是各层都各尽所能、各尽其力就行了。

第二节　分层注水工艺

一、偏心分层注水工艺

1. 管柱结构

偏心分层注水管柱主要由 Y341-114 型封隔器（主要是 Y341—114 型压缩式可洗井封隔器）、偏心配水器及球座等组成（图 5-1）。

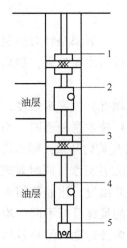

图 5-1　偏心分层注水
管柱示意图
1，3—Y341-114 型封隔器；
2，4—偏心配水器；5—球座

2. 工艺原理

根据地层条件，选择好要配注的层段，然后下入分层注水管柱，把各层段用封隔器封隔开。对要求配注的层段，在注水管柱的对应位置上装有偏心配水器，偏心配水器的堵塞器内装有直径大小不同的水嘴。由于水嘴的节流作用，在正常注水时，水嘴的前后可形成较大的压差，因此，即使在地面同一注水压力下，也会使各个层段的进水量不同，从而达到分层配注的目的。

3. 主要配套工具结构及工作原理

1）Y341-114 型封隔器

Y341-114 型压缩式可洗井封隔器（图 5-2）主要用于注水井细分注水、实现反洗井，与配水器、球座及尾管（筛管）配套组成分层注水管柱。坐封封隔器时，井口加液压，液压推动活塞压缩胶筒紧贴套管内壁而封隔油层。当液压解除后，由于卡簧的作用活塞仍保持自锁，使封隔器处于工作状态。洗井时，一次可打开各级封隔器的洗井通道，实现反洗井。起管柱时，上提管柱，达到解封的目的（视频 5-2）。

视频 5-2　封隔器
组成及工作
原理

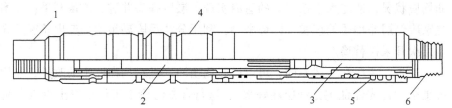

图 5-2　Y341-114 型压缩式可洗井封隔器示意图
1—上接头；2—上中心管；3—下中心管；4—胶筒；5—卡簧；6—下接头

2）偏心配水器

偏心配水器（视频 5-2、视频 5-3）由偏心配水器工作筒（图 5-3）和堵塞器（图 5-4）组成。偏心配水器工作筒主体上有一个直径为 20mm 的偏孔，用来坐入堵塞器，偏孔外壁有出液口。主体中心是直径为 46mm 的通道（作为投捞工具、井下仪表的通道及测试定位）。导向槽对准扶正体偏槽和直径 20mm 的偏孔，以便为投捞器导向。

视频 5-3　偏心配水器投放

视频 5-4　偏心配水器打捞

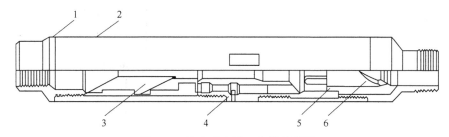

图 5-3　偏心配水器工作筒示意图

1—上接头；2—上下连接套；3—扶正体；4—工作筒主体；5—支架；6—导向体

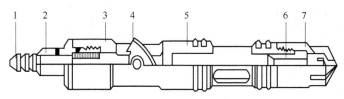

图 5-4　偏心堵塞器示意图

1—打捞杆；2—压盖；3—支撑座；4—凸轮；5—密封段；6—水嘴；7—滤网

4. 技术特点

（1）该工艺不但可以通过投捞调配层段注水量，而且很好地解决了封隔器验封和压力、流量测试等工艺，使注水井分层注水技术达到了比较完善的程度。

（2）封隔器由水力扩张式发展到水力压缩式，有效地延长了注水管柱的使用寿命。

二、同心集成分层注水工艺

1. 管柱结构

同心集成分层注水管柱主要由 Y341-114 型可洗井封隔器、不同规格的 Y341-114 可洗井配水封隔器、内捞式的同心配水堵塞器及球座等组成（图 5-5）。

视频 5-5 为桥式同心分层注水演示。

2. 工艺原理

最上一级可洗井封隔器起套管保护作用。第二级可洗井配水封隔器的中心管作为第一级配水器的工作筒，在封隔器胶筒上下封隔器钢体上有注水通道与油套环空连通；中心管上面有定位台阶，配水器投入封隔器中心管内坐在台阶上；配水器上也有两个注水通道，两注水通道间有密封圈隔离，这两个注水通道内装有水嘴，与封隔器的注水通道相对应。第三级封隔器是起分隔作用的 Y341-114 型可洗井封隔器。第四级可洗井配水封隔器工作原理与第二级可洗井配水封隔器相同，只是内径存在差异。释放封隔器时，将两个坐封堵塞器由井口分别投入井内，然后油管打压，待封隔器坐封后，用钢丝车将两个坐封堵塞器捞出。然后用压力计验封，用存储式流量计测分层水量。调配准确后，将配水器内装入相应水嘴，从井口投入即可。

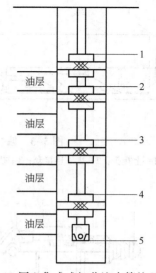

视频 5-5　桥式同心
分层注水演示

图 5-5　同心集成式细分注水管柱示意图

1,3—Y341-114 型封隔器；2,4—配水封隔器；5—球座

3. 主要配套工具结构及工作原理

1）Y341-114 型可洗井配水封隔器

释放 Y341-114 型可洗井配水封隔器（图 5-6）时，将两个坐封堵塞器由井口分别投入井内，从油管内加压，液压经中心管的导液孔作用于坐封活塞上，坐封销钉被剪断，坐封活塞和坐封套上行压缩胶筒封隔油套环空。此时坐封套上行被锁环卡住，使封隔器始终处于工作状态，上提管柱方可解封。洗井时从套管加液压，封隔器上的洗井阀在压差作用下开启，油套连通，达到反循环洗井的目的。洗井结束后，从油管注水，洗井阀下行，洗井通道关闭。

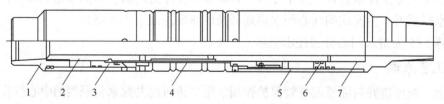

图 5-6　Y341-114 型可洗井配水封隔器示意图

1—上接头；2—中心管；3—洗井阀；4—胶筒；5—坐封套；6—坐封活塞；7—下接头

2）同心配水堵塞器

同心配水堵塞器（图 5-7）与配水封隔器内工作筒配合，直径分为两种。同心配水堵塞器上两个配水通道与配水封隔器的两个注水通道相对应。当注水井注水时，注入水一部分通过配水体的上孔道向上通过水嘴流入地层，另一部分通过配水体的下孔道向上通过水嘴流入地层。两注水孔之间采用密封圈隔开。

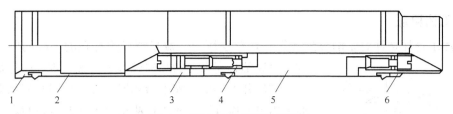

图 5-7　同心配水堵塞器示意图

1—打捞头；2—连接套；3—注水套；4—水嘴；5—配水体；6—调节环

4. 技术特点

（1）该工艺管柱使用的配水封隔器采用一体化设计，既起到分隔地层的作用，又是集成式配水器的工作筒。由于一级集成式配水器能够满足两个层段的注水要求，因此该工艺管柱最小卡距可达 1.2m，有利于细分注水。

（2）同心集成式细分注水工艺测试资料准确，测试在同一工况下进行，每支仪器对应一个层位，避免了递减法测试所带来的误差。

（3）分层水量调配速度快，大大地提高了测试调配效率。同心集成式管柱在调配时采用多支流量计按井下水嘴配好后一次性下入井内，然后在地面控制压力或水量。井下水嘴随测试流量计起下，当分层测试水量不合格时，在地面可以直接更换水嘴，再重新下入井内测试，直到分层测试水量符合方案要求为止。

5. 应用情况

该技术为油田细分注水提供了一种新的工艺手段。由于卡距小，所以能够有效地解放层段，提高油层动用程度，增加可采地质储量。

三、桥式偏心分层注水工艺

1. 管柱结构

桥式偏心分层注水管柱主要由 Y341-114 型封隔器（或 Y341-114 型可洗井封隔器）、桥式偏心配水器及球座等组成（图 5-8、彩图 5-1）。

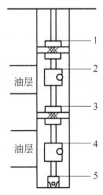

图 5-8　桥式偏心分层注水管柱示意图

1,3—Y341-114 型封隔器；2,4—桥式偏心配水器；5—球座

彩图 5-1　桥式偏心
分层注水管柱

2. 工艺原理

该注水管柱是针对原偏心配水管柱在单层压力、流量测试中存在的一些问题而研制

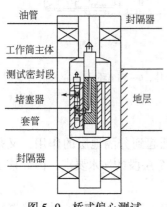

图 5-9　桥式偏心测试
工艺原理示意图

的，对原偏心配水器的结构进行了较大改进。改进后，可不用捞出井下的偏心配水堵塞器，直接在偏心配水器的主通道内投入连有压力或流量测试仪器的测试密封段，即可实现各个层段的压力或流量测试（图 5-9）。其分层注水量调配、堵塞器投捞的原理与偏心配水管柱完全相同，即靠水嘴的节流作用建立起的压差来达到分层配水的目的。

3. 主要配套工具结构及工作原理

1）Y341-114 型封隔器

坐封 Y341-114 型封隔器（图 5-10）时，从油管内加压，液压经中心管的导液孔作用于坐封活塞上，坐封销钉被剪断，坐封活塞和坐封套上行压缩胶筒封隔油套环空。此时坐封套上行被锁紧环卡住，使封隔器始终处于工作状态。

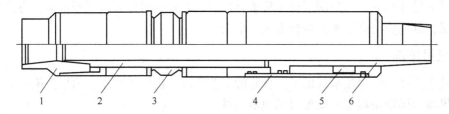

图 5-10　Y341-114 型封隔器示意图

1—上接头；2—中心管；3—胶筒；4—坐封套；5—锁紧环；6—下接头

2）桥式偏心配水器

桥式偏心配水器工作筒（图 5-11、彩图 5-2）与 665 型偏心配水器工作筒结构基本相同，只是工作筒主体结构有所不同。桥式偏心配水器工作筒主体上带有桥式通道，可实现在测试单层流量、压力时不影响对其他层段的正常注入。桥式偏心配水器与 665 型偏心配水器的堵塞器结构相同。

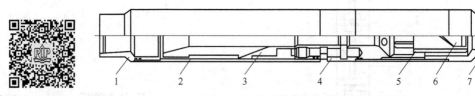

彩图 5-2　KPX-114
桥式偏心配水器

图 5-11　桥式偏心配水器工作筒示意图

1—上接头；2—连接套；3—扶正体；4—工作筒主体；5—支架；6—导向体；7—下接头

4. 技术特点

（1）采用桥式偏心结构，实现了分层注入量直接测试。该技术在流量调配时，可采

用集流测试方法进行分层流量直接测试计量，不但消除了递减法带来的误差，而且由于单层测试，可采用量程小的流量计，减小测量误差，提高测试的准确程度。同时，由于减小了流量调配时的层间影响，可以缩短流量调配时间，增加分层注水层数。由于该技术是常规偏心注水技术的发展与完善，最大限度地兼容了常规 665 型偏心配水技术，所以在流量调配时也可采用非集流测试方法进行流量测试，用流量计由最下一层依次向上拉出各层曲线，然后用递减法进行折算。

（2）不投捞配水堵塞器测试分层压力。测试时不用投捞原配水堵塞器，直接在偏心主通道内投入连有压力计的测试密封段，即可实现分层压力测试。由于实现了不改变正常工作状态直接测单层压力，既提高了测试效率，又提高了测试资料的准确性。

常规偏心与桥式偏心的区别如彩图 5-3 所示。

彩图 5-3 常规偏心与桥式偏心的差别

四、小直径分层注水工艺

1. 管柱结构

该工艺管柱由射流洗井器、Y341-100 型封隔器、ϕ100mm 桥式偏心配水器及球座等组成（图 5-12）。

2. 工艺原理

采用特殊结构的 ϕ100mm 压缩式封隔器，达到管柱密封两年以上的目的；采用 ϕ100mm 桥式偏心配水器，实现套损井双卡测单层流量和压力，提高套损井分注测试精度和成功率。施工时，管柱投送到位，从油管内打压坐封封隔器；利用钢丝携带投捞器将装有死嘴子的偏心堵塞器从偏心配水器内捞出；根据配注方案，利用钢丝携带投捞器将装有相应尺寸水嘴的偏心堵塞器投入偏心配水器内；然后下入验封仪器，利用激动压力法对各级封隔器进行验封。验证封隔器密封后，待注入量稳定，利用流量测试仪进行流量调配，调配合格后，正常注水生产。

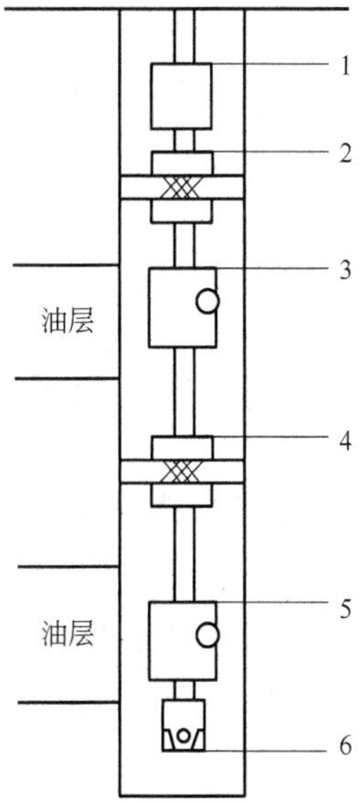

3. 主要配套工具结构及工作原理

1）Y341-100 型封隔器

Y341-100 型封隔器（图 5-13）坐封时从油管内加液压，液压经中心管上的导压孔作用在坐封活塞上，推动坐封活塞和坐封套上行带动锁紧机构上行。这时坐封销钉被剪断，压缩胶筒封隔油套环空。锁紧机构实现止退锁紧，使胶筒始终处于坐封状态。

图 5-12 小直径分层注水管柱示意图

1—射流洗井器；2,4—Y341-100 型封隔器；3,5—ϕ100mm 桥式偏心配水器；6—球座

2）ϕ100mm 桥式偏心配水器

ϕ100mm 桥式偏心配水器（图 5-14）与常规桥式偏心配水器结构相同，投捞、测试

原理相同，可实现在测试单层流量、压力时不影响对其他层段的正常注入。

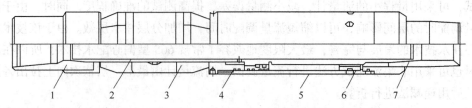

图 5-13 Y341-100 型封隔器示意图

1—上接头；2—中心管；3—胶筒；4—坐封活塞；5—坐封套；6—锁紧环；7—下接头

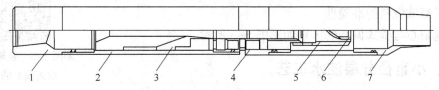

图 5-14 φ100mm 桥式偏心配水器工作筒示意图

1—上接头；2—连接套；3—扶正体；4—工作筒主体；5—支架；6—导向体；7—下接头

4. 应用情况

该注水工艺适用于 φ40mm 套损井修复后、内通径大于 φ5mm 条件下的注水井进行分层注水，已在大庆、华北油田应用近千口井。

第三节 分层配水技术

一、分层注水指示曲线、嘴损曲线和管损曲线

1. 分层注水指示曲线

分层注水指示曲线是注水层段注入压力与注水量的相关曲线。通过指示曲线，结合注水压力的大小，可以确定每天各层的水量。图 5-15 是某井分层指示曲线。

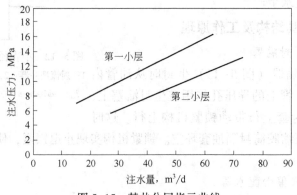

图 5-15 某井分层指示曲线

2. 嘴损曲线

配水嘴尺寸、注水量和通过配水嘴的节流损失三者之间的定量关系曲线称为嘴损曲线，利用嘴损曲线可以选配水嘴的大小。

以 KPX-114 配水器为例，嘴损曲线如图 5-16 所示。

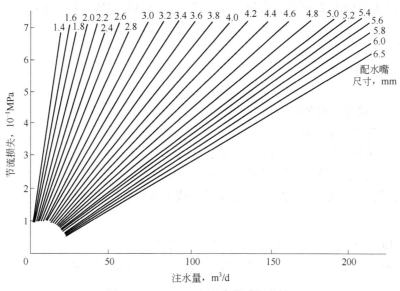

图 5-16　KPX-114 配水器嘴损曲线

3. 管损曲线

油管深度、注水量和注水时管柱的沿程压力损失三者之间的定量关系曲线称为管损曲线。ϕ73mm 油管管损曲线如图 5-17 所示。

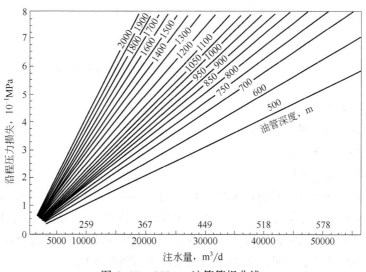

图 5-17　ϕ73mm 油管管损曲线

二、分层配水嘴选配、调整

1. 嘴损曲线法选配水嘴步骤

（1）据笼统注水时测试资料绘制分层指示曲线图。

（2）在分层指示曲线图上，根据分层配注量，查出相应的井口注水压力 $p_配$。

（3）根据全井配注量及油管下入深度，查图 5-17 得管损 $p_{管损}$。

（4）确定井口压力 $p_井$。

（5）按下式计算嘴损压力：

$$p_{嘴损} = p_井 - p_配 - p_{管损} \qquad (5-1)$$

式中　$p_{嘴损}$——通过水嘴的压力损失，MPa；

$p_井$——井口压力，MPa；

$p_配$——达到配注水量时的井口压力，MPa；

$p_{管损}$——注水时管柱的沿程压力损失，MPa。

（6）根据各层段配注量及嘴损，在嘴损曲线上查出各层水嘴尺寸。

2. 推算法

这是一种比较简便并且准确的方法，其选择步骤如下：

（1）用有效注水压力和层段吸水量绘制真实分层指示曲线，按下式求有效注水压力：

$$p_{有效} = p_{井口} - p_{管损} \qquad (5-2)$$

矿场为简便和减少注水井波动，往往每层只选用两个压力点（假定注水量波动不大）。

（2）求嘴损差。在真实分层指示曲线上，配注压力下原水嘴的实际注入量和配注量所对应的压力差，即为嘴损差 Δp。

（3）推算新水嘴。在嘴损曲线上，用实际注入量和原水嘴尺寸线交点所对应的嘴损压力值，按 Δp 的正负，向上或向下截取 Δp，与配注量相交于某一水嘴尺寸线上，这一水嘴尺寸即为所求的水嘴。

3. 简易法

简易法对于调整水量不大的层段选配较准确，其计算步骤如下：

$$d_2 = d_1 - (Q_1/Q_0)^{1/2} \qquad (5-3)$$

式中　d_1——用水嘴直径，mm；

d_2——需调整水嘴直径，mm；

Q_0——原注入量，m^3；

Q_1——配注量，m^3。

简易法与推算法相比，计算的水嘴大 0.1~0.15mm，可根据层段性质将简易法求得的水嘴尺寸加以调整，对于限制层可减小些，加强层可稍增大。一般视配注水量和压力的大小，减小或增大 0.1~0.2mm 进行实际水量调配时，也有根据经验进行调整配水嘴尺寸的，由于其准确度不高，因此一般不能只凭经验来调整配水嘴。

4. 选择配水嘴注意事项

（1）一般要求连续两次以上的测试资料基本相同，调整水嘴才能准确；

（2）要对水井的资料和动态作经常分析，及时掌握地层变化情况，找出变化原因；

（3）每次调整配水嘴必须检查原水嘴及配水管柱，修正实测资料的准确程度；

（4）一般注水合格率各油田都有一定界限标准，达到此界限识内，便可认为合格。

三、计算法确定小层配注量

1. 修正系数法

该方法对油田的整体注水开发情况做出了分析，针对类别不同的油田注水区域在不同时间段上的注水规律进行了深入的分析，考虑含水上升率、生产井产液能力、每个注水区块的不同特征、水驱油层产液的比例、泵效等因素进行了数理统计，从而得出了这一配注计算公式。由于该方法引用了 5 个修正系数，故命名为修正系数法，如下所示：

$$Q_{tw} = \left(Q_o \cdot \frac{B_o}{\rho_o} + Q_w \right) abfcg \tag{5-4}$$

式中　　Q_{tw}——配注量，m^3/d；

Q_o——连通油井日产油量，t/d；

Q_w——连通油井日产水量，m^3/d；

B_o——原油的体积系数；

ρ_o——原油地面密度，t/m^3；

a——区块系数；

b——水驱层产液比例系数；

c——沉没度系数；

f——含水系数；

g——校正因子。

各项系数的确定方法如下：

Q_o 为井组产油量，Q_w 为井组产水量，可以直接由生产数据获得。

a 值表示区块系数，它表示的是一个与区块性质有关的系数。

b 值指的是由静止水驱油层的产液量占总产液量的比值。

c 值与地层压力有关，但在实际生产中，不可能所有井都有偏心，也不可能每月都测地层压力，但却可以每月都测液面，因而在这里，c 值是与沉没度有关的数据。

g 值是校正因子，在以下情况下考虑校正因子（在其他情况下为 $g = 1.0$）：新投转注井组适当提高配注量系数，$g = 2.0$；见效不明显井组提高注水量 30%，$g = 1.3$。

2. 注采比法

注采比法是在确定不同层段的注采比基础上，以注水井的注水层段为单井配注的基本单元，在一个配注层段内有多个油层分别与多个方向油井连通，将其受注水井影响方向上的所有连通层段的方向分配液量累加起来作为层段配水的依据。

层段产油量为：

$$Q_{o1} = \sum_{j=1}^{s} q_{oj} \tag{5-5}$$

层段产水量为：

$$Q_{w1} = \sum_{j=1}^{s} q_{wj} \qquad (5-6)$$

分层段配注量为：

$$Q_{wj} = (Q_{o1} \cdot B_o / \rho_o) \cdot Z + q_w \qquad (5-7)$$

式中　Q_{o1}——分层段汇总的井组产油量，t/d；

　　　Q_{w1}——分层段汇总的井组产水量，m^3/d；

　　　s——层内与油井连通的水井数；

　　　q_{oj}——以注水井为中心的分层汇总的方向产油量，t/d；

　　　q_{wj}——以注水井为中心的分层汇总的方向产水量，m^3/d；

　　　Q_{wj}——注水井分层配注量，m^3/d；

　　　Z——层段注采比；

　　　q_w——层段附加水量，m^3/d。

任意一注水井的全井配注水量应为该井各层配注层段的注水量之和，即：

$$Q_{iw} = \sum_{j=1}^{n} Q_{wj} \qquad (5-8)$$

式中　Q_{iw}——注水井单井配注量，m^3/d。

3. 连通厚度比例法

连通厚度比例法是注水井配注的定量化配置的计算方法，它以与某一注水井连通的所有油井规划的地下产液量体积之和为基础，以"油井射开连通（与注水井）有效厚度之和"与"油井射开有效厚度之和"之比作为系数，定量计算该注水井配注量。其计算公式为：

$$Q_{iw} = \frac{H_{oc}}{H_o} \cdot L_{oc} \qquad (5-9)$$

式中　H_{oc}——油井射开连通（与注水井）有效厚度之和，m；

　　　H_o——油井射开有效厚度之和，m；

　　　L_{oc}——连通油井地下产液量体积之和，m^3/d。

4. 平均注水强度法

平均注水强度法是另一种注水井配注的定量化配注的概算方法，它以某一注水井与油井连通层间的平均注水强度为基础，以注水井与油井连通的储层的所有射孔厚度之和作为权重系数，并引入该注水井的连通油井系数作为修正系数，定量计算该注水井配注量，其计算公式为：

$$Q_{tw} = d \cdot e \cdot H_{wc} \qquad (5-10)$$

式中　d——连通（受益）水井系数，一般 $d = 0.8 \sim 1.4$；

　　　e——连通层注水强度，一般 $e = 1.5 \sim 2.0 m^3/(d \cdot m)$；

　　　H_{wc}——注水井连通层射孔厚度，m。

5. 按可驱替体积分配注水法

该方法以维持油田开发所需的注水量的经济消耗为依据，以油田实际地层的注入能力和产油能力的限制为基础而算出整个注水开发过程的注水量的上限值。

例如在一个反九点的注采井网中，四口注水井围绕着一个油井，每口注水井注水量的多少决定了这四口井的注入水向中心油井的接受程度，因此若是想在生产井见水的时候达到最好的驱油效率，这四口注水井的注入水应该同时到达该油井。在理论上，如果每口注水井与中心油井的连通油层孔隙度、渗透率都一致的情况下，只要让四口注水井的注水量一样，就可以实现最高的驱油效率。但是在油田的实际情况中，地层是极其复杂的，所以每口注水井与油井的连通程度不可能一样，为了在这种现实情况中达到驱油效率的优化，在每单位时间内注入的可驱替体积量应该是相同的。

$$in = ip \frac{(DPV)_n}{(DPV)_p} \qquad (5-11)$$

式中　in——要求的目的井组的配注量；

　　　ip——整个开发所需的注水量；

　　　$(DPV)_n$——目的井组内部可驱替的孔隙体积；

　　　$(DPV)_p$——整个油田内部可驱替的孔隙体积。

关于整个工程注水量的上限 ip，最终将根据经济因素加以确定，经济分析将以维持一定的注水量所需的费用水平为依据，而注水量以地层注入能力和生产能力的限制为基础。

6. 劈分系数法

劈分系数法的原理是根据注水开发油田的注采平衡原理，结合油层条件、驱油条件和开采条件，提出的通过注水井分层注水量计算采油井分层产液量的方法。当今油田对于劈分系数的计算方法主要有静态劈分地层系数（KH 法）、渗流阻力系数法、综合多因素动态劈分系数法等。

1）静态劈分地层系数法

静态劈分地层系数法又称为 KH 法，KH 法是对有效厚度法（H 法）的优化发展，其中 K 表示油层层段的渗透率，H 即为油层有效厚度，KH 则为地层系数。基本原理是利用地层系数的加权计算，进而得到每个层段的流量劈分系数，其公式如下：

$$Y_i = \frac{K_i H_i}{\sum\limits_{i=1}^{n} K_i H_i} \qquad (5-12)$$

2）渗流阻力系数法

此方法通过计算出注水井的各个层段向周围连通生产井方向的渗流阻力系数值，由此来判断各个层段是多注还是少注，从而确定最终的注水量。该方法需要掌握每个油水井每个层段单元的产量值、地层油黏度、有效渗透率、有效厚度及油水井井距等生产参数。每个层段单元的渗流阻力系数计算公式如下：

$$R_i = \mu_o \frac{L_i}{M_i H_i K_i} \qquad (5-13)$$

式中　R_i——层段 i 的渗流阻力系数；

　　　μ_o——地层油的黏度；

M_i——层段 i 的产量系数；

H_i——层段 i 的有效厚度；

K_i——层段 i 的渗透率；

L_i——层段 i 的油水井距。

3）综合多因素劈分系数法

当油田开发进入一段时间，拥有了足够多的动态生产资料，在开发动态分析的过程中提出了动态劈分系数法。此方法综合考虑了每个注水井和生产井的地址情况、生产动态资料、开采的条件及人工影响等多种因素建立劈分系数公式，最后求得层段的劈分量。

选取出影响劈分系数的多种因素构成劈分条件值，通过以下公式进行计算劈分系数：

$$C_i = \frac{Y_i}{\sum\limits_{i=1}^{n} Y_i} \tag{5-14}$$

式中　C_i——该层段的劈分系数；

　　　Y_i——各类劈分系数影响因素值。

根据劈分系数与单井的注水量，进而可以计算出层段的注水量，其公式如下：

$$Q_i = QC_i \tag{5-15}$$

式中　Q_i——层段配注量；

　　　Q——单井配注量。

第四节　分层测试及验封技术

一、分层流量测试

1. 浮子式流量计

常见浮子式流量计技术规范见表 5-1，下面以庆 106 浮子武流量计为例简要说明其工作原理。庆 106 浮子式流量计结构图如图 5-18 所示。

表 5-1　常见井下浮子流量计技术规范

项目	庆 106	凸轮	胜 108	辽 76	江 101	新双	江 102
直径，mm	上部 38 下部 44	最大 45	35.5	最大 44	36	35	42
长度，mm	960	1520	1000	1050	770	1228	690
质量，kg	6	8.5	4		3.5	7.5	4.3
最高温度，℃	80		80		120		150
最高压力，MPa	25		35		45		50
量程 m³/锥度	(250~350)/6°；700/79°	5~350	(5~100)/3° (5~320)/6°	0~200 0~500 0~800	60/2° 120/4° 190/6°	0~40 0~100	(15~30)/16°

续表

项目	庆106	凸轮	胜108	辽76	江101	新双	江102
记录笔位，mm	100						105
精度等级	2.5		2		2.5		
备注			弹簧长160mm 钢丝外径 1.4mm（1.2mm）			密封外径 54mm，52mm， 44mm，40mm， 38mm，32mm	

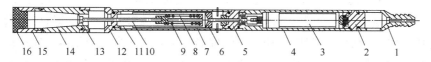

图5-18　庆106浮子式井下流量计

1—绳帽；2—钟机压紧接头；3—钟机；4—钟筒；5—密封接头；6—记录筒；7—记录纸；8—记录笔；9—弹簧；
10—笔杆；11—导向管；12—进液管；13—浮子；14—锥管；15—接头；16—护丝

其工作原理为：流量计依靠定位、密封装置坐在配水器上，使注入液体全部流过仪器的锥管，冲动浮子，带动记录笔产生位移，流量稳定后，记录笔静止；时钟带动记录纸筒旋转的同时，笔尖在记录卡片上画线。流量不同，划线高度也不同，在记录卡片出现不同高度台阶，记录出流量的变化。将台阶高度与标定图版对照，即可确定对应流量大小。

2. 电子存储式流量计

常用电子存储式流量计按信号采集方式分为涡轮式和电磁式井下电子流量计，常用电子存储式流量计技术规范见表5-2。

表5-2　电子存储式流量计技术规范

项目	涡轮式存储流量计		电磁式存储流量计		
型号	ELM-23	ELM-25 ELM-28 ELM-32	ZDL-C38N	ZDL-C43Z	ZDL-C35W
直径，mm	23	25，28，32	38	38	38
长度，mm	420	800	1150	1150	1150
质量，kg	1	3~6	4.5	6.5	5
最高温度，℃	125	125，150	90，125	90，125	90，125
最高压力，MPa	65	65	50，70	50，70	50，70
量程，m^3	2~300	2~350	0.2~400	1~700	1~1000
测量准确度，%	1.5	1.5	1	1（$Q<100$） 3（$Q>100$）	2
采样间隔，s	15主	10，60	上210	二元10	10
数据容量，kB	8	8、32	8	8	8
工作电压，V	6~7.5	6~7.5	6~7	6~7	6~7
测量方式	集流	集流	集流	分流	外流

（1）涡轮式井下电子流量计。涡轮式井下电子流量计采用涡轮和霍尔元件作传感器，被测流体集流后流过仪器，冲动涡轮转动，其中磁柱随之转动，霍尔元件产生与涡轮转速同步的脉冲信号，输入数据处理单元，将数据保存，地面回放结果。

（2）电磁式井下电子流量计。电磁式井下电子流量计采用电磁感应原理研制，当导电流体流经仪器测量探头时，产生感应电动势，电极测出电动势大小并存储，得到流体流速大小，转换成流量，地面回放结果。

3. 连续流量计测吸水剖面

（1）水井连续流量计。水井连续流量计由流量传感器、磁性定位器、扶正器、加重杆四部分组成，是一种涡轮型非集流式井下仪器，通过油管起下，在套管中测量，用于笼统注水井中测吸水剖面。测量时，扶正器使仪器位于井筒中央，当仪器匀速运动时，测得的涡轮转速是由流量和测速决定的，消除测速影响后，可以获得该井的注入剖面测量结果。常用水井连续流量计技术规范见表5-3。

表5-3　常用水井连续流量计技术规范

长度，m	3.96（包括加重）
最小外径，mm	45
胀开后最大外径，mm	250
下井供电电流，mA	40
耐压，MPa	60
耐温，℃	120（测量范围6~200m^3/d）
线性范围，cm/s	2~400

（2）PLSS五参数组合仪。PLSS五参数组合仪由连续流量计、压差式密度计、井温仪、伽马仪、磁性定位仪组成，一次下井可测流量、视含水率、流体密度、温度、自然伽马和接箍深度，能够满足分层配注管柱内测吸水剖面工艺的要求。仪器主要指标见表5-4。

表5-4　PLSS五参数组合仪主要指标

外径，mm		36.5
耐压，MPa		100
耐温，℃		150
测量范围，m^3/d	ϕ62mm油管	2~500
	ϕ140mm套管	5~1000

二、分层压力测试

分层压力测试仪器有机械压力计和电子压力计，由于电子压力计测试精度高，已取代机械压力计。电子压力计测试系统分为地面直读式和井下存储式两种类型。

（1）地面直读式电子压力计测试系统：由井下电子压力计、单芯铠装电缆和地面压力测读系统组成。测试方法为：把压力传感器（应变式、压电式、电容式、振弦式、固态压阻式）用单芯电缆下入井内预定深度，将被测压力转换成电信号，经单芯电缆传输至地面，地面压力测读系统将信号放大，经模—数转化成数字形式，实时显示、打印、绘图和处理。其特点是测试直观，便于地面控制。

（2）井下存储式电子压力计测试系统：由压力温度传感器、电子存储器、电池组和地面回放设备四部分组成。测试方法为：将压力传感器用录井钢丝下入井内预定深度，压力传感器将被测压力转换成频率信号，在电子存储器内进行数字处理并存储，起出仪器地面回放，可显示、打印、绘图和解释。其特点也是测试直观，便于地面控制。

常用井下存储式电子压力计型号较多，但原理基本相同，以下以 EPT 井下存储式电子压力计为例进行介绍，其技术规范见表 5-5。

表 5-5　EPT 井下存储式电子压力计技术规范

外径，mm	19，22，25，36
长度，mm	≤1200mm
压力量程，MPa	25，35，40，60，80
压力分辨率，%	0.005
压力精度，%	0.05，0.08，0.1，0.2
温度范围，℃	0~125，0~140，0~150
温度计分辨率，℃	0.1
温度精度，℃	±0.2，+0.5
采样间隔	48s，1min，2min，5min，10min，30min
最大存储量	64000 组数据，180000 组数据
连续试间，d	≤100

三、分层注水管柱验封、定位校深

1. 分层注水管柱验封

分层配水管柱下井坐封后，首先要检验封隔器的工作状态，即验封。验封方法有多种，分单压力计验封、双压力计验封、测压堵塞器验封等。

（1）单压力计验封。图 5-19 是 2 级 3 段偏心分注管柱，验封顺序自下而上逐级验封。测试密封段下端接一支压力计，把它下入井内坐在偏心配水器上，在井口操作注水阀门，进行"开—关—开"操作，使井口压力发生变化，每个动作 10~15min，压力变化大于 2MPa 以上，若密封，压力计接收到的油层压力值是一条直线（图 5-20），若不密封，井口压力通过封隔器传输到压力计上，压力计卡片记录的压力是井口压力变化值，是一条凸曲线（图 5-21）。

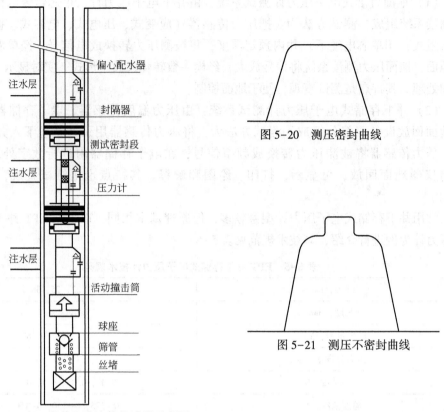

图 5-20　测压密封曲线

图 5-21　测压不密封曲线

图 5-19　2 级 3 段偏心分注管柱验封示意图

（2）双压力计验封。双压力计验封与单压力计验封不同之处在于其测试密封段上、下端各装一支压力计，上端压力计接受的是井口操作"开—关—开"压力变化信号，下端压力计接受的是两级封隔器之间油层压力变化信号。若封隔器密封，上压力计记录的是凸曲线（开—关—开信号），下压力计记录的是一条直线。若不密封，下压力计记录的也是凸线，两条曲线所记录的压力值完全一样，其比值为 1。若比值小于 1，则表明封隔器密封程度不同（或油层内部串通程度或水泥环胶结程度）。

（3）测压堵塞器验封。将测压堵塞器投入偏心配水器工作筒偏孔内，使压力计传压孔直接对准油层，在井口操作注水阀门，进行"开—关—开"操作，使井口压力发生变化，每个动作 10~15min，压力变化大于 2MPa 以上，若密封，压力曲线是油层压力恢复直线（图 5-22）；若不密封，压力曲线是随井口压力变化而变化的凹曲线（图 5-23）。

2. 分层注水管柱的定位校深

（1）磁定位校深。磁定位校深是常用的管柱精确定位技术，在管柱下井前和下井后，测井电缆携带磁性接箍定位器下井，磁性接箍定位器通过套管接箍或者井下工具时会产生变化信号，在射孔段附近测出套管接箍和下井工具相对位置曲线，结合标准短套管接箍深度数据，确定下井工具位置。

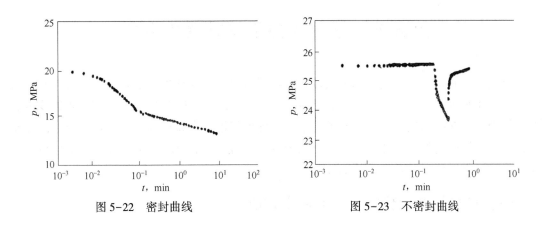

图 5-22　密封曲线　　　　　　　　　　　图 5-23　不密封曲线

（2）机械定位校深。机械定位校深是新近发展起来的一项管柱精确定位技术，如图 5-24 所示，机械定位器随生产管柱下至标准短套管附近，缓慢匀速上提管柱，通过记录机械定位器过标准短套管时产生的信号，结合地面二次仪表，确定机械定位器的准确位置，从而调整井下工具的位置，实现井下管柱精确定位。

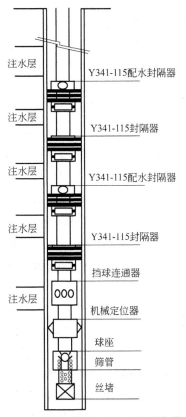

图 5-24　组合式细分注水机械定位管柱

第五节　注水井井下管柱受力分析

分层注水时要对所需注水的地层使用封隔器密封，以保证把水准确地注入设计的配注层位。在注水过程中，井口压力和注入量的变化，会引起注水管柱应力及轴向变形的改变，特别是在深井高温、高压注水条件下，准确地掌握注水管柱的应力和轴向变形，合理地计算注水管柱的伸缩力和伸长量，可以为有效合理预防注水管柱的伸缩提供理论依据，也是保障注水管柱有效合理工作的前提。

一、管柱长度和受力变化的基本效应

注水井工作方式的改变，使得井下管柱所处环境的温度与压力也会随之变化，虽然管柱受力情况非常复杂，但其受力与形变大致可归结为以下四种效应所引起：活塞效应、螺旋弯曲效应、鼓胀效应、温度效应。

1. 活塞效应

管柱内外压力所引起的作用于管柱上的力为活塞力，因管柱内外压力作用在管柱直径变化处和密封管的端面上所引起管柱形变的现象称为活塞效应。活塞效应示意图如图 5-25。

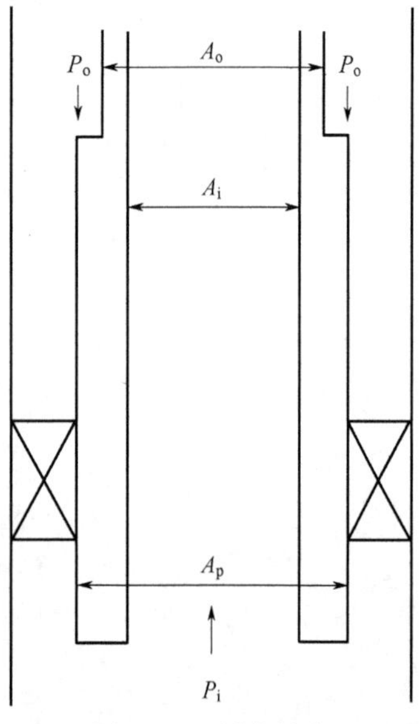

作用在管柱封隔器下端的力为（取向上为正，向下为负）：

$$F_1' = (A_p - A_i) P_i \tag{5-16}$$

作用在管柱封隔器上端的力为：

$$F_1'' = -(A_p - A_o) P_o \tag{5-17}$$

图 5-25　活塞效应

式中　F_1'——作用在管柱封隔器下端的力，kN；

　　　F_1''——作用在管柱封隔器上端的力，kN；

　　　A_p——封隔器密封腔的横截面积，m^2；

　　　A_i——管柱内截面积，m^2；

　　　A_o——管柱外截面积，m^2；

　　　P_i——管柱内部压力，MPa；

　　　P_o——环空压力，MPa。

那么引起活塞效应的活塞力（也称为实际力）为：

$$F_1 = F_1' + F_1'' = (A_p - A_i) P_i - (A_p - A_o) P_o \tag{5-18}$$

式中　F_1——引起活塞效应的活塞力或实际力，kN。

当注水管柱内外流体的密度或者地面压力改变时，那么管柱内部压力和环形空间压力也会随之改变，分别用 ΔP_i 和 ΔP_o 表示。压力的变化导致活塞力的改变，它以压缩力的形式向上作用于注水管柱或者以张力的形式向下作用于注水管柱。活塞力的变化可以表示为：

$$\Delta F_1 = (A_p - A_i) \Delta P_i - (A_p - A_o) \Delta P_o \tag{5-19}$$

式中　ΔF_1——活塞力的变化，kN；

ΔP_i——管柱内压力变化，MPa；

ΔP_o——管柱外压力变化，MPa。

式(5-19) 中 $(A_p-A_i)\Delta P$ 表示管柱内部压力的改变而产生的活塞力，$(A_p-A_o)\Delta P_o$ 表示环形空间压力的改变而产生的活塞力。

根据虎克定律可以计算出由于活塞力的改变所引起的管柱的形变量 ΔL_1（取管柱伸长为正，缩短为负）：

$$\Delta L_1 = -\frac{\Delta F_1 L}{EA_s} = -\frac{L}{EA_s}\left[(A_p-A_i)\Delta P_i-(A_p-A_o)\Delta P_o\right] \tag{5-20}$$

式中　ΔL_1——管柱由于活塞效应而引起的形变量，m；

　　　　L——管柱长度，m；

　　　　E——杨氏模量，MPa；

　　　　A_s——管柱壁的横截面积，m^2。

ΔL_1 的方向与压力变化方向有关，同时也与封隔器密封腔尺寸和管柱的相对尺寸有关。封隔器密封腔与管柱的相对尺寸只有如下三种可能：（1）管柱内径大于封隔器密封腔直径 [图5-26(a)]；（2）管柱内径小于封隔器密封腔直径 [图5-26(b)]；（3）封隔器密封腔直径介于管柱内径与外径之间 [图5-26(c)]。

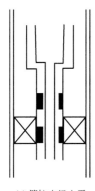
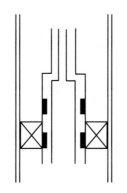
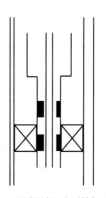

(a) 管柱内径大于　　　　　　(b) 管柱内径小于密封腔直径　　　　　(c) 密封腔直径介于管柱
　密封腔直径　　　　　　　　　　　　　　　　　　　　　　　　内径与外径之间

图 5-26　密封腔与管柱的相对尺寸

2. 螺旋弯曲效应

压力在沿注水管柱轴线作用于封隔器坐封处的密封管与注水管柱上的同时，也沿水平方向作用于从井口到封隔器处整个注水管柱的壁面上。当封隔器上端的注水管柱内部压力大于对应位置环形空间中的压力，那么套管中的注水管柱将会发生螺旋弯曲效应。

按照使注水管柱发生螺旋弯曲效应的力消失后注水管柱是否恢复原来的直线状态，可将注水管柱的螺旋弯曲分为两种，即弹性螺旋弯曲和永久螺旋弯曲。

一根注水管柱在只有自身重力作用的情况下悬挂在不含任何流体的套管中 [图5-27(a)]，此时，若有一个力 F_2 由下向上作用在这根管柱的下端并且 F_2 很大，那么将会造成管柱下端的弯曲螺旋，如图5-27(b) 所示。

F_2 作用在注水管柱上产生的形变随着 F_2 距离底部的距离增加而减小，在中和点处

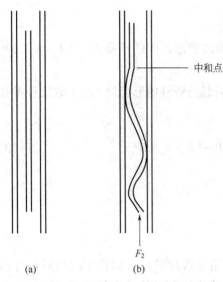

图 5-27　自由悬挂的注水管柱螺旋弯曲

F_2 减小为 0，即在中和点处管柱既不受向上的力也不受向下的力，中和点上方的管柱仍然受到重力的作用并处于拉伸的状态。

中和点到注水管柱底部的距离为：

$$n = \frac{F_2}{Wg} \qquad (5-21)$$

式中　n——中和点到注水管柱底部的距离，m；

　　　F_2——管柱底部受到的压缩力，kN；

　　　W——单位长度管柱的平均重量，kg/m。

当井筒中有流体存在时，W 的表达式可写为：

$$W = W_S + \rho_i A_i - \rho_o A_o \qquad (5-22)$$

式中　W_S——单位长度管柱在空气中的平均重量，kg/m；

　　　ρ_i——管柱内液体密度，kg/m³；

　　　ρ_o——油套环空内液体密度，kg/m³。

螺距的表达式为：

$$h = \pi \sqrt{\frac{8EI}{F_2}} \qquad (5-23)$$

其中

$$I = \frac{\pi}{64}(D^4 - d^4)$$

式中　h——螺距，m；

　　　I——油管横截面积对其直径的惯性矩，m⁴；

　　　D——管柱外径，m；

　　　d——管柱内径，m。

现假设有一个作用在封隔器处注水管柱外部的压力 P_o，在内部压力 P_i 和外部压力 P_o 的共同作用下，管柱就好像承受了一个外加的力使其发生螺旋弯曲变形，假设这个外加的力为 F_2，那么：

$$F_2 = A_P(P_i - P_o) \qquad (5-24)$$

管柱由于螺旋弯曲而引起的轴向长度缩短的计算如下：

用 ε 表示由于螺旋弯曲引起的管柱的相对伸长，结合图 5-28，ε 可表示为：

$$\varepsilon = \frac{h - \sqrt{h^2 + 4\pi^2 r^2}}{h} = 1 - \sqrt{1 + \frac{4\pi^2 r^2}{h^2}} \qquad (5-25)$$

将其按照泰勒公式展开得到：

$$\varepsilon = -\frac{2\pi^2 r^2}{h^2} \qquad (5-26)$$

对于重量不计的管柱，有：

$$\varepsilon_z = -\frac{r^2}{4EI}F_z \qquad (5-27)$$

假设自由悬挂在井筒中的管柱下端承受了一个压缩力 F_2，如图 5-27(b) 所示，则可得出：

$$F_z = \frac{z}{n}F_2 \qquad (5-28)$$

假设中和点在管柱内部，对式（5-27）进行从下端到中和点的积分，就可以得出由于螺旋弯曲引起的管柱伸长量：

$$\Delta L_2 = \int_0^n \varepsilon_z \mathrm{d}z \qquad (5-29)$$

式中 ΔL_2——管柱由于螺旋弯曲效应引起的形变量，m。

将式（5-28）代入式（5-27）后再将所得结果代入式（5-29）中，积分之后将式（5-21）代入，得到管柱因螺旋弯曲而产生的纵向缩短量的计算公式：

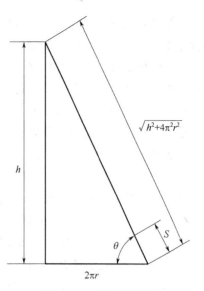

图 5-28 螺旋展开图
θ—螺旋升角；r—螺旋半径；
s—导程；h—螺旋高度

$$\Delta L_2 = \int_0^n \varepsilon_z \mathrm{d}z = \int_0^n \frac{-r^2}{4EI} \cdot \frac{z}{n}F_2 \mathrm{d}z = -\frac{r^2 n F_2}{8EI} = -\frac{r^2 F_2 \frac{F_2}{Wg}}{8EI} = -\frac{r^2 F_2^2}{8EIWg} \qquad (5-30)$$

3. 鼓胀效应

如果注水管柱中的压力大于套管中压力，那么压力在水平方向上的分量将会作用于管柱管壁上从而使其直径变大，这种效应即为正鼓胀效应［图 5-29(a)］。与之相对，如果注水管柱中的压力小于套管中压力，压力在水平方向上的分量将会使管柱直径变小，这种效应为反鼓胀效应［图 5-29(b)］。

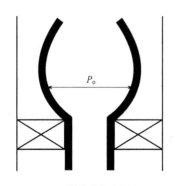

(a) 正鼓胀效应示意图

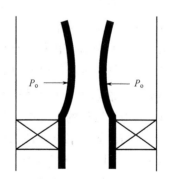

(b) 反鼓胀效应示意图

图 5-29 鼓胀效应示意图

如果有压力作用于注水管柱内，管柱直径将变大，长度变小；如果有压力作用于注水管柱外，管柱直径变小，长度变大。若注水管柱下端被封隔器固定而不能移动，则正鼓胀效应将使管柱受到张力作用，反鼓胀效应将使管柱受到压缩力作用，不论张力或者压缩力都会作用于坐封该管柱的封隔器上。

压力作用的面积直接影响鼓胀效应的大小。管柱外壁的面积大于其内壁面积，因此在固定压力条件下，正鼓胀效应会比反鼓胀效应稍小。

活塞效应与螺旋弯曲效应发生在管柱的一部分区域，而鼓胀效应则不同，它发生在整个管柱上。所以，在计算活塞效应与螺旋弯曲效应时一般主要考虑井底的压力变化，而在计算鼓胀效应时主要考虑管柱内平均压力的变化值，其中平均压力等于井口压力与井底压力和的一半。

若将管柱的鼓胀效应用受力的变化来表示，有：

$$\Delta F_3 \approx 0.6A_i(\Delta P_{ia}) - 0.6A_o(\Delta P_{oa}) \qquad (5-31)$$

式中　ΔF_3——使管柱发生鼓胀效应的力的变化，kN；

　　　ΔP_{ia}——管柱内平均压力变化，MPa；

　　　ΔP_{oa}——管柱外平均压力变化，MPa。

在式（5-31）中 $0.6A_i(\Delta P_{ia})$ 项表示使管柱长度减少的正鼓胀力，$0.6A_o(\Delta P_{oa})$ 项表示使管柱长度增加的反向鼓胀力。

如果管柱内有流体流动，流体不仅会产生压力降，也会改变管柱受到的径向力，同时还会施加一个力在管柱管壁。同理，在油套环空也有相似的情况发生。在用一种流体替代管柱或者油套环空中原来的流体时，无论流体处于静止状态或者流动状态，管柱内外流体密度都会发生改变，随之也会导致管壁的径向力发生变化。上述两种情况的结果就是使管柱的长度发生改变。如果管柱内流体流动而油套环空内的流体静止时，注水管柱的长度变化可以表示为：

$$\Delta L_3 = -\frac{\mu}{E}\frac{\Delta\rho_i - R^2\Delta\rho_o - \frac{1+2\mu}{2\mu}\delta}{R^2-1}L^2 g - \frac{2\mu}{E}\frac{\Delta P_{is} - R^2\Delta P_{os}}{R^2-1}L \qquad (5-32)$$

式中　ΔL_3——管柱由于鼓胀效应引起的形变量，m；

　　　μ——管柱材料的泊松比；

　　　R——管柱外径与内径的比值；

　　　$\Delta\rho_i$——管柱内液体密度的变化量，kg/m³；

　　　$\Delta\rho_o$——油套环空内液体密度的变化量，kg/m³；

　　　δ——由于液体的流动引起的单位长度上的压力降，MPa/m；假设 δ 是一个常数，当流体向下流动时 $\delta>0$，当流体不流动时 $\delta=0$；

　　　ΔP_{is}——井口位置管柱压力的变化，MPa；

　　　ΔP_{os}——井口位置油套环空压力的变化，MPa。

4. 温度效应

井筒内温度一般随着井深的增加而增加，当井筒内温度发生改变，注水管柱也会因温度的升高而伸长或因温度的降低而缩短。

与鼓胀效应类似，温度效应也是发生在整个管柱上。因此，在计算温度效应产生的相关参数时也应用管柱的平均温度 $\overline{T}$，其表达式为：

$$\overline{T} = \frac{T_s + T_b}{2} \tag{5-33}$$

式中　T_s——管柱井口温度，℃；

　　　T_b——井底温度，℃。

管柱井口温度与井底温度不是一个固定值，它们随着作业方式与作业参数的改变而改变。在没有注入流体的情况下，一般认为平均温度等于地面年平均温度与井底温度和的一半；在注入流体时，井口温度即为注入流体的温度，井底温度可以根据相应的公式进行推算。

由平均温度的变化 ΔT 引起的使管柱长度变化的力 ΔF_4 和管柱长度的变化 ΔL_4 的表达式为：

$$\Delta F_4 = \beta E A_s \Delta T \tag{5-34}$$

$$\Delta L_4 = \beta L \Delta T \tag{5-35}$$

式中　ΔF_4——由于平均温度的变化而引起的使管柱长度变化的力，kN；

　　　ΔL_4——管柱由于温度效应而引起的形变量，m；

　　　β——管柱材料的热膨胀系数，℃$^{-1}$。

上述四种效应既可以单独作用在一个管柱上，也可以共同作用管柱上。当两种或多种效应共同作用在一个管柱上时，管柱长度的变化总量等于各效应单独作用在管柱上时引起的变化量的和。

二、管柱与封隔器的关系

上述四种基本效应可以根据注水管柱长度或者作用在其上的力的变化进行计算。若要正确理解压力与温度对注水管柱的影响，必须弄清管柱与封隔器之间的关系。管柱与封隔器的关系大致可以分为以下三类：自由移动、有限移动和不能移动。

1. 自由移动

自由移动是指注水管柱下端的密封管可以在封隔器的密封腔内上下自由移动。这种情况下，注水管柱发生的各种效应的形变可以按照各个效应引起注水管柱长度变化的叠加来计算。整个注水管柱长度的变化为：

$$\Delta L = \Delta L_1 + \Delta L_2 + \Delta L_3 + \Delta L_4 \tag{5-36}$$

式中　ΔL——整个管柱的形变量，m。

2. 有限移动

有限移动是指注水管柱下端的密封管在封隔器的密封腔内只能沿固定方向移动（图 5-30）。

当注水管柱中压力温度发生改变时，管柱将受到相应力的作用。如果管柱向有台阶一侧移动（在图 5-30 中为向上移动），则其形变量的计算与注水管柱可以自由移动情况下的计算方法一致。如果注水管柱向没有台阶一侧移动（在图 5-30 中为向下移动），由于

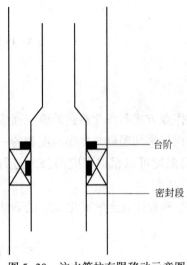

台阶

密封段

图 5-30　注水管柱有限移动示意图

封隔器顶住了注水管柱上的台阶，管柱会在封隔器上施加一个向下的作用力。

在封隔器坐封时，有时会将管柱的部分重量压放在封隔器上，通常将这一过程称为油管压重。油管压重之后，会有一个力作用在封隔器上，称这个力为松弛力（F_S）。压力和温度变化后，计算注水管柱的形变量可以先假设压力和温度变化之前，注水管柱悬挂在井筒中，如果没有台阶，在松弛力的作用下管柱会有一个伸长量用 ΔL_5 表示。这时，管柱与封隔器的关系与管柱可自由移动的情况相似，可以根据（5-35）算出压力与温度变化引起的注水管柱长度的改变 ΔL。两种长度变化的和为 ΔL_6。

$$\Delta L_6 = \Delta L - \Delta L_5 \tag{5-37}$$

ΔL_5 的计算方法如下：

（1）当松弛力 $F_S > 0$ 时：

若 $\dfrac{F_S}{Wg} < L$，则有：

$$\Delta L_5 = -\frac{F_S L}{EA_s} - \frac{r^2 F_S^2}{8EIWg} \tag{5-38}$$

若 $\dfrac{F_S}{Wg} \geq L$，则有：

$$\Delta L_5 = -\frac{F_S L}{EA_s} - \frac{r^2 F_S^2}{8EIWg}\left[\frac{LWg}{F_S}\left(2 - \frac{LWg}{F_S}\right)\right] \tag{5-39}$$

（2）当松弛力 $F_S \leq 0$ 时：

$$\Delta L_5 = -\frac{F_S L}{EA_s} \tag{5-40}$$

如果根据上述方法计算得到的 ΔL_6 是一个负值，即注水管柱缩短，那么这就是压力和温度的改变使管柱在封隔器中的移动量；如果是一个正值，即表示注水管柱伸长，但由于台阶的存在，管柱的伸长不可能发生。封隔器对管柱有一个沿管柱向上的作用力，若要求这个作用力可以先假定台阶不存在，这时注水管柱会有一个伸长量，计算出将管柱推回到原来的位置所需要的力即为所求的力。

有限移动的封隔器管柱相对比较常见，对于这种类型的封隔器注水管柱需要考虑以下两点：

（1）注水管柱收缩后使管柱密封段跑出封隔器的密封腔造成窜通，从而使封隔失效的可能性；

（2）注水管柱有伸长的趋势时，封隔器对注水管柱的反作用力使管柱弯曲从而造成解封封隔器和绳索作业困难，或者造成永久螺旋弯曲的可能性。

3. 不能移动

不能移动是指注水管柱下端的密封段完全限制在封隔器中无法上下移动（图5-31）。

由于注水管柱被固定，既不能向上移动也不能向下移动，如果压力和温度发生改变，封隔器必然会对管柱施加一个力，用 F_p 表示。F_p 即为阻止注水管柱移动所施加的力，或者说 F_p 即为抵消注水管柱由于活塞效应、螺旋弯曲、鼓胀效应和温度效应发生的形变的力。对于允许自由移动的封隔器和允许有限移动的封隔器管柱向无限制的方向移动时，F_p 都等于0。在紧接封隔器上端的油管上作用的力只有由液压引起的实际压力 F_1。当存在 F_p 时，注水管柱受到的实际力 F_1^* 就等于由液压引起的实际压力与封隔器对管柱施加的力 F_p 的和：

$$F_1^* = F_1 + F_p \qquad (5-41)$$

产生螺旋弯曲效应的虚力 F_2 由式（5-24）可以计算求得，但在注水管柱不能移动的情况下，虚力 F_2^* 应为：

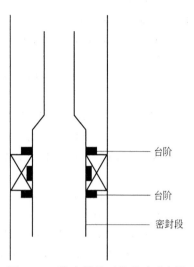

图5-31　注水管柱不能移动示意图

台阶

台阶

密封段

$$F_2^* = F_2 + F_p \qquad (5-42)$$

封隔器对注水管柱施加的力 F_p 如果过大会破坏封隔器，同时在计算 F_1^* 和 F_2^* 时也需要 F_p 的值，求出这两个力就可以推算出注水管柱所处的状态，可见 F_p 有着重要的意义。在计算 F_p 时可以先假定注水管柱可以自由移动，算出此时管柱的形变量，F_p 的值即为使注水管柱恢复到原来状态时机械力的值。

对于不能移动的封隔器注水管柱，必须考虑以下两点：

（1）注水管柱由于收缩产生的张力导致管柱或者封隔器中心管断裂的可能性；

（2）注水管柱由于伸长产生的力使管柱发生永久性螺旋弯曲的可能性及弯曲的管柱对抽油生产与绳索作业产生的有害影响。

参考文献

［1］　王鸿勋，张琪.采油工艺原理［M］.2版.北京：石油工业出版社，1993.

［2］　吴奇.注水技术研讨会论文集2005［C］.北京：中国石化出版社，2005.

［3］　马来增，隋春艳，许翠娥.分层注水管柱的改进及应用［J］.石油矿场机械.2001，30（B5）：77-79.

［4］　侯守探.常规偏心分层注水改进技术研究［J］.石油天然气学报.2001，29（2）：112-113.

［5］　闫乐好，段长军.油田注水用封隔器密封性能的分析与研究［J］.阀门.2002，3：22-24.

［6］　吴柏志，王世杰，缪明才，等.新型分层注水分层测试管柱研究及应用［J］.石油钻采工艺.2000，22（4）：3.

［7］　连伟.油井分层注水用KZ344-114型扩张式封隔器［J］.石油机械.2007（3）：27-28.

［8］　栾中伟，陈平，王学宏，等.小直径分层注水工艺技术［J］.石油地质与工程.2007，21（2）：

69-71.

［9］ 游龙潭，孙民，张红梅，等.现河庄油田分层注水管柱配套模式及应用［J］.油气地质与采收率.2004，11（3）：76-78.

［10］ 杨康敏，马宏伟，杨军虎，等.河南油田特高含水期分层注水配套工艺技术［J］.钻采工艺.2002.

［11］ 周望，李志，谢朝阳.大庆油田分层开采技术的发展与应用［J］.大庆石油地质与开发.1998，17（1）：4.

［12］ 张洪明，王松波.注水井层段细分在"稳油控水"中的应用［J］.大庆石油地质与开发.1997，16（1）：3.

［13］ 王中国，王清发，贺贵欣.井下测调仪［J］.地面油气工程.2005，24（2）：插页.

［14］ 邓刚，王琦，高哲.桥式偏心分层注水及测试新技术［J］.油气井测试.2002，11（3）：45-48.

［15］ Willie Vance, Graham Kent. PuMPing equipment for offshore deep water & marginaloilfields［J］. World PuMPs. 2001, 14-17.

［16］ 李明，王治国，朱蕾，等.桥式偏心分层注水技术现场试验研究［J］.石油矿场机械，2010，39（10）：66-70.

［17］ 裴承河，陈守民，陈军斌.分层注水技术在长6油藏开发中的应用［J］.西安石油大学学报（自然科学版）2006，21（2）：33-36.

［18］ 丁晓芳，范春宇，刘海涛，等.集成细分注水管柱研究与应用［J］.石油机械，2009，37（3）：3.

［19］ 于宝新，陈刚.油田开发实用技术.北京：石油工业出版社，2010.02.

［20］ 季华生，付余.分层注水的两种思想辨析［J］.石油科技论坛，2005，5：24-28.

［21］ 孙爱军，徐英娜，李洪洌，等.注水管柱的受力分析及理论计算［J］.钻采工艺，2003，3：61-63，4.

［22］ 张玉荣.分层注水储层参数变化机理与配注参数动态调配方法研究［D］.长庆：东北石油大学，2011.

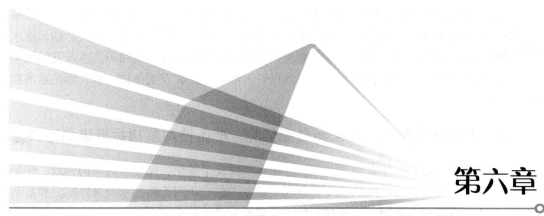

第六章
注水水质调控决策技术

第一节　油田开发过程中水质调控的必要性

一、水质调控概念的提出

　　油田注水是保持一定地层压力水平提高原油采收率的有效措施，保证油田正常注水，达到预期的油田注水开发效果就显得非常重要，尤其对中低渗透砂岩油藏更是如此。大量研究表明，注水开发效果主要的影响因素是注入水水质方案和操作与管理水平。因而，一方面要求注入水水质控制指标必须与具体的油藏特征相适应，随着中低渗注水油藏开发的不断深入，对注入水水质指标的要求也越来越严格，水处理的投入费用也越来越高，其增注费用相应较低，即使如此，有的水质指标仍不能满足要求。另一方面，有的油田由于水处理工艺稍落后，水质指标要求比较粗略一些，水处理费用相对较低，虽然注水井由于吸水能力下降快，洗井增注措施频度增加，消耗在增注上的费用相应增加，但从能满足油田注水开发的基本配注量观点出发也能基本达到要求。很明显，水质控制与增注处理是否合理必须以经济杠杆来衡量，这也是石油公司改革后以效益经营为目标的基本要求。

　　注入水水质调控的目的就是通过调整水质控制指标，在水质处理方案和增注措施方案之间寻求一个以技术经济评价为目标的平衡点，旨在基本满足注水的前提下控制注水成本，提高注水开发效益。

二、油田注水开发要求配伍性注水

　　一个油田的采收率取决于注水波及系数和水驱油效率的乘积，对于特定性质的原油、储集介质和驱油剂，水驱油效率不会有较大的改变，而波及系数的大小则受技术措施的影响大，因而不少油田通过改善注水工艺技术，调整技术措施提高水驱油波及系数以提高采收率。

但是，如果注水水质原因导致不能正常注水，达不到油田"注够水，注好水"的基本目的，那就根本谈不上提高水驱油水驱油效率和注水波及系数的问题。因此，油田注水开发的基础就是搞好注水，制定适宜的水质指标和水处理技术方案是油田注水开发的根本所在。因而注水油层保护是提高开发效率的保证，油田开发要求配伍性注水，即注水水质控制是必需的。

三、不同开发时期储渗空间是变化的，配伍性水质指标应该动态调整

油田注水开发以后，油藏中的油气水分布在不断发生变化，储层和流体的物理、化学性质也要发生改变，开采时间越长变化越大。这种变化比利用天然能量开采要剧烈和复杂得多。从油层保护的角度出发，这些变化主要体现为以下几个方面。

（1）油层岩石的储渗空间不断改变，例如外来固相微粒或结垢的堵塞作用使储渗空间减小；注入水的长期冲刷和溶解作用，部分孔隙胶结物流失使储渗空间增大；油层压力的不断变化使岩石骨架颗粒有效应力不断变化，结果是储层空间也发生变化。黏土矿物与淡水发生膨胀运移引起储渗空间发生变化。大庆油田经过大量研究认为，黏土矿物与注入水相互作用的结果是水流孔道中心的黏土矿物膨胀、分散、运移被冲走，在孔隙的角落处富集，使大孔道更通畅，小孔道反而被堵死，使孔间矛盾随水驱过程不断激化。对同一井在注水前后取心，比较后发现相同的粒度中值，水洗后孔隙半径中值明显变大；通过室内试验研究发现，用水源水对渗透率大于 $1000 \times 10^{-3} \mu m^2$ 的天然岩心长期冲洗（半年或一年），岩心渗透率增加 $0 \sim 60\%$，而小于 $1000 \times 10^{-3} \mu m^2$ 的岩心渗透率反而下降，渗透率越低下降幅度越大，最高可达 50%。通过扫描电镜对比分析，发现经过强水洗后的岩样黏土矿物明显减少；大量密闭取心岩样资料证实，强水洗的岩心机械强度大大降低，胶结物被破坏。对于高渗岩心，在半年或一年的长期冲刷后，试验前后的压汞资料对比表明，大孔喉半径所控制的孔隙体积百分数比原来增加了，而且出现了原来没有的大喉道；而小喉道控制的孔隙体积比原来更小。说明高渗岩心孔隙喉道经过长期水洗后扩大了。

（2）岩石的润湿性改变或润湿反转。油层注水后黏土矿物的运动、水化及优先吸附液体的变化，使得油层润湿性发生变化。研究表明，优先吸附在岩石表面的黏土矿物被带走，有利于岩石亲水性增强。大庆油田经过研究发现随油层含水饱和度的增加，油层的亲水性增强。主要原因是岩石表面的油膜被水膜取代和水对岩石矿物表面油的极性分子的溶解作用。

（3）油层的水动力学场（压力、地应力、天然能量）、温度场不断打破和重新平衡使油层岩石和流体物理化学性质发生变化。

因此，因此油田开发注水过程中储层保护的基本出发点是认识和评价潜在伤害因素时应以"动态"为核心，对油层进行再认识，相应的配伍性水质指标应该动态适应。注水开发过程中油藏特性的变化必须依靠油藏工程研究对其进行再认识，注水水质配伍性指标的调整取决于对油藏变化了解的时机（不同含水率阶段）、深度、广度及准确程度。

四、配伍性水质指标应与技术经济效益相联系

注入水水质是决定开发油田经济效益的关键因素之一。水质标准过宽对油藏不利，过

严则增加水处理费用，降低经济效益。掌握水质标准的宽严程度（即配伍程度），针对具体油藏、具体注水工艺、具体水质处理技术、具体的增注措施等条件确定实时（不同开发阶段）的水质标准对减少无效水处理费、提高注水开发油田的经济效益十分重要，因而水质调控必须与经济效益相联系。

五、水质调控是注水油田开发的必然要求

据统计，目前油公司平均每生产 1bbl 原油至少产出 3bbl 水，即目前全世界平均日产水量大约为 $21×10^8$ bbl，相应地日产原油约为 $7.5×10^8$ bbl。水处理费用也越来越高，平均每桶水的处理费用大约在 5~50 美分，每年将花费 400 亿美元处理这些的产出水，似乎将所有的油公司称为"水公司"更合适。一般来讲，油田产出水都要求回注到油层。

我国自"八五""九五"以来，除近几年新开发的少量油田外，其余大部分油田都将进入高含水生产阶段。油田进入高含水阶段的突出特点就是原油含水率高、产液量高。据测算，假如含水率从 76% 上升到 83%，产液量将由 $5.8×10^8$ t 上升到 $8.5×10^8$ t，由于产液量的上升，注水量将增长到 $9.7×10^8$ t。在 1995 年，每生产 1t 原油就要生产 5t 水，反过来必须注入 7 吨水才能换回 1t 原油。按目前全国每年生产 $1.5×10^8$ t 原油，则必须至少注入 $11×10^8$ t 水，而仅仅将污水回注是达不到，还必须寻找其他水源，可见油田注水任务是十分艰巨的，相应的水处理费用也是十分昂贵的，按目前注水成本平均每吨 3.5 元计算，每年的处理费用将达到 38.5 亿元。如果将注水成本降低 0.5 元，每年的处理费用将减少 5.5 亿元，效益十分可观，相当于年产 $55×10^4$ t 原油。

对国内大多数油田来说，注水水质总体不达标，处理费用较高。注入水的水质标准也一直困扰着油田注水和油田的经济效益。不达标的注入水在多数情况下也能保证基本的配注要求，一些低渗透油田，在实施注水时，注水压力一般在 4~6MPa，也能成功配注，尤其是已注水开发多年的老注水开发区，放宽悬浮物和含油等指标，已有成功的经验。另一些油田，即使不能顺利注水，通过措施后，也能保证基本的配注要求。因而能否通过水质调控，在水质处理方案和增注措施方案之间寻求一个以技术经济评价为目标的平衡点，在基本满足注水的前提下控制注水成本成了油田十分关注的问题之一，因而研究水质调控技术是注水油田开发中后期的必然要求。

注入水水质调控技术是一种崭新的概念，它是油田注水开发中后期随着综合含水率的不断上升，为了顺应提高油田注水开发效益的要求在国内首次提出来的。它综合考虑了油田注水水质的配伍性、水质处理工艺、注水井吸水能力、注入水增注措施、油田配注要求及注入水综合成本等各方面的要求，以经济评价为手段，寻求达到降低注水成本提高注水开发效益的局部最优区间。

从水质调控的实质内容来讲，首先是根据油层特征的研究和不同的含水率阶段确定水质主要控制指标的分级方法。在水质主要控制指标的分级研究的基础上，分析由水质控制指标的变化可能带来的水质处理工艺措施的变化和流程的变化，评价水质处理费用的变化。然后分析水质控制指标的变化带来的注水井吸水能力的变化，预测注水井的伤害半径及吸水能力变化的半衰期。根据水质控制指标的变化引起的注水井的伤害指标确定注水井洗井或增注措施的频度，确定增注措施的规模并预测增注措施的效果和有效期，评价由此

带来的增注费用的变化。最后利用技术经济评价方法，决策最优方案。

很明显，水质调控技术需要的多学科的联合研究，它涉及油藏地质、油藏工程、采油工程、油层保护、水处理技术、（生物）化学工程（结垢控制、腐蚀控制、细菌控制）及技术经济评价等多学科知识。工作量很大，难度也大。

水质调控技术主要包括以下关键技术：

（1）配伍性注水水质标准研究与水质控制指标分级方法；

（2）水质处理工艺技术研究；

（3）注入水控制指标与吸水能力预测研究；

（4）水井增注措施及效果预测研究；

（5）技术经济评价方法研究；

（6）提高操作与管理水平。

第二节　主要水质指标调控幅度确定方法的实验研究

注入水水质的调控指标主要包括两类，即地层堵塞类和系统腐蚀类（这里要求注入水与储层和流体具有相容性，或者说由敏感性伤害和结垢伤害较小，即相容性指标不在调控之列）。地层堵塞类指标主要包括机杂的含量和粒径及注入水中的含油量，系统腐蚀类指标主要包括腐蚀性溶解气含量（H_2S、O_2 和 CO_2）和细菌含量（SRB 和 TGB）。一般来讲，合理控制腐蚀类指标以后，其腐蚀产物的堵塞问题不足为虑。主要水质指标调控幅度的确定主要依据地层伤害与主要水质指标的定量关系，因此，获得这些定量规律对于水质指标调控决策具有十分重要的意义，所用的研究方法主要是室内实验法。

一、机杂堵塞实验分析及预测方法

固相微粒也就是人们常说的机械杂质（简称机杂），注入水中悬浮固相的含量及大小是影响注入水水质的重要指标，是造成地层伤害的重要因素。从储层保护的观点出发，要求机杂浓度、中值颗粒粒径越低约好。但要求越高，对精细过滤设备要求就越高，投资越大，因此必须考虑水质指标的可操作性。

因此，确定适合具体储层的颗粒粒径及含量的最好方法是大量的实验研究。七中东八道湾组注水过程中的储层保护以考虑孔隙喉道的要求为主。为了获得七中东八道湾组注入水固相颗粒与孔隙喉道的配伍关系，设计了系列室内实验，以考察不同颗粒粒径、浓度对具有不同孔隙性、渗透率性能的岩心的伤害程度，利用正交组合设计实验原理，获取岩石渗透率伤害程度与颗粒粒径、浓度及岩石渗透率的相互关系，为油层保护提供操作依据。

实验流体采用蒸馏水，颗粒用超细碳酸钙在专用机上打磨，同时在海安石油机械设备厂定做了不同粒径的颗粒过滤器，先配制不同粒径的悬浮液，然后进行流动实验评价。具体参数水平根据七中东八道湾储层参数确定（参见表6-1）。

表 6-1　正交实验考虑因素与水平设计表

项目	参数水平				
岩心渗透率，$10^{-3}\mu m^2$	39	50	100	150	160
颗粒粒径，μm	1~3	3~5	5~10	10~20	20~30
颗粒浓度，mg/L	1	5	10	20	30

实验岩心采用人造岩心，气测渗透率在（35~190）$\times 10^{-3}\mu m^2$ 之间，实验前先反复在不同围压下做流动实验，以消除岩心应力敏感滞后效应对实验结果的不良影响。实验流体采用蒸馏水，颗粒用超细碳酸钙在专用机上打磨，配制成不同粒径和浓度的悬浮液，然后进行流动实验评价。

图 6-1、图 6-2 分别是不同浓度和粒径对岩心伤害评价的部分实验结果曲线。从图中可以看出，岩心渗透率的降低是微粒浓度和粒径共同作用的结果。对不同渗透率岩心其伤害程度是不同的，这与岩样的喉道、微粒粒径和浓度的相互作用有关。

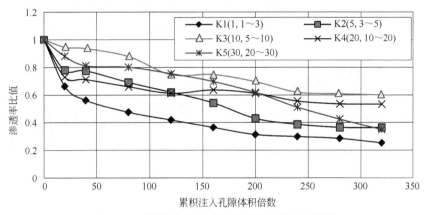

图 6-1　不同颗粒粒径和浓度对岩心的伤害评价

注：图中曲线，以 K1 为例，括号内 1 表示颗粒浓度为 1mg/L，1~3 表示粒径范围为 1~3μm

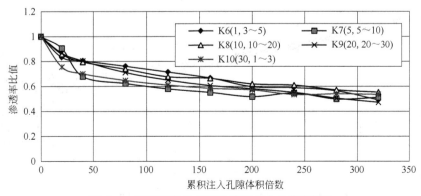

图 6-2　不同颗粒粒径和浓度对岩心的伤害评价

为了更好地分析实验数据，获得具有指导意义的重要结论，利用正交实验数据回归分析技术，可以方便地分析不同因素对地层伤害的影响，图 6-3 至图 6-5 是获得的一些具有代表意义的实验结果。

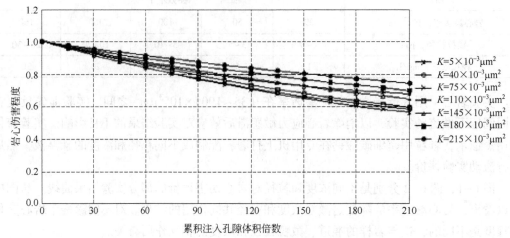

图 6-3　渗透率和注入体积倍数与伤害程度的关系（不同渗透率 K）

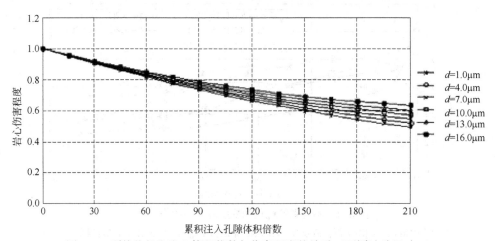

图 6-4　颗粒粒径和注入体积倍数与伤害程度的关系（不同油珠尺寸 d）

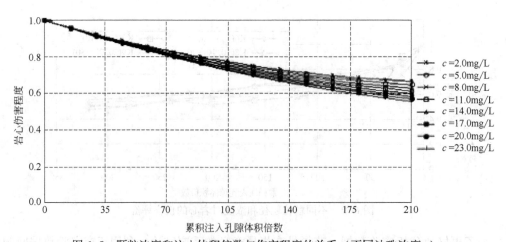

图 6-5　颗粒浓度和注入体积倍数与伤害程度的关系（不同油珠浓度 c）

图 6-3 表明在颗粒粒径和浓度一定的情况下，随着累积注入孔隙体积倍数的增加，岩心的伤害程度增加，但伤害程度增加的速度减缓；同时也表明，岩心渗透率越大，伤害程度减弱，也就是说，低渗透岩心更容易伤害。

图 6-4 是在岩心渗透率和颗粒浓度一定的情况下，颗粒粒径对伤害程度的影响。可以看出颗粒粒径越大伤害程度越低，而粒径越低伤害越大。这可能是由于小粒径能进入这种渗透率的岩心孔喉引起堵塞，而大粒径则不能进入岩样只在端面形成外部滤饼，因而伤害程度相对要小。

另外，固相颗粒浓度也是造成储集层伤害的原因之一。正交实验结果表明，在孔隙喉道相同时，岩心堵塞程度与浓度基本成正比关系。在颗粒粒径一定的条件下，颗粒浓度与伤害程度近视呈直线关系（图 6-5）。原则上讲，确定浓度的原则是在技术和经济许可的条件下取最低值。

图 6-5 是颗粒粒径和岩心渗透率一定的情况下，伤害程度在不同颗粒浓度时随累积注入孔隙体积的变化情况。结果表明不论微粒浓度多大，伤害程度随累积注入孔隙体积倍数增加而增加，但变化幅度减小；同时发现，颗粒浓度越大岩心伤害程度越大。

通过进一步数据处理，可以获得不同固相微粒粒径、微粒浓度、储层孔隙喉道、累积注入孔隙体积倍数与储层伤害程度的定量关系，即：

$$k_d = f_s(d_s, c_s, \lambda, r_c) \tag{6-1}$$

或：

$$k_d = x_0 + x_1 d + x_2 c + x_3 \lambda + x_4 r_c + x_5 dc + x_6 d\lambda + x_7 dr_c +$$
$$x_8 c\lambda + x_9 cr_c + x_{10}\lambda r_c + x_{11} d^2 + x_{12} c^2 + x_{13}\lambda^2 + x_{14} r_c^2 \tag{6-2}$$

式中　k_d——地层伤害程度；

d_s——无因次微粒粒径；

c_s——无因次微粒浓度；

λ——地层累积注入孔隙体积倍数；

r_c——无因次储层孔隙喉道半径；

x_i——回归系数。

特别注意，使用上式时必须将实际的微粒粒径 $d_o(\mu m)$、微粒浓度 $c_o(mg/L)$ 和储层孔隙喉道半径 $r_{co}(\mu m)$ 转换为无因次标量才能计算。

该回归方程考虑了各因素间的交互作用影响，较真实地反映了地层伤害与地层喉道、微粒粒径和浓度及累积注入孔隙体积倍数的关系，可以预测不同微粒粒径和浓度下储层的伤害规律，为水质调控奠定良好基础。

二、含油伤害实验分析及预测方法

在油田注水过程中，乳化油滴的来源主要有两种。一种是注入水进入地层后与地层中残余的原油接触，原油中自带的环烷酸、脂肪酸等天然表面活性剂，在剪切力作用下产生乳化而形成乳化油滴；另一种是注入水中或污水中有表面活性剂存在和注水过程中的水力搅拌作用，会使注入水中所含的原油发生乳化。乳化油滴对地层的伤害主要形式是吸附和液锁（即贾敏效应）。这种乳化液在多孔介质中流动时产生的贾敏效应会堵塞油层，特别注意的是贾敏效应具有加和性，许许多多的液珠向地层流动时会产生更大的堵塞作用。

为此设计系列室内实验，以考察不同油珠粒径、浓度对具有孔隙性、不同渗透率性能的岩心的伤害程度，利用正交组合设计实验原理，获取岩石渗透率伤害程度与油珠粒径、浓度及岩石渗透率的相互关系，为油层保护提供操作依据。油珠伤害评价实验的关键是如何制备不同油滴粒径和浓度的悬浮液及如何测定这些数据，它也是本次实验评价的重点和难点之一。

1. 实验岩心制备

实验岩心仍采用模拟岩心，岩心基质渗透率与七中东八道湾组储层岩心相似［气测渗透率在 $(35\sim190)\times10^{-3}\,\mu m^2$ 范围内］，根据表6-2准备不同大小的渗透率岩样，选好岩样以后，将其放入电热恒温干燥器内烘干24h后抽空，用蒸馏水饱和置于密闭器内浸泡待用。实验前先反复在不同围压下做流动实验，以消除岩心应力敏感滞后效应对实验结果带来的不良影响。

表6-2　正交实验考虑因素与水平设计表

项目	参数水平				
岩心渗透率，$10^{-3}\,\mu m^2$	39	50	100	150	160
油珠粒径，μm	6	10	20	30	34
油珠浓度，mg/L	6	10	20	30	34

2. 实验流体制备

实验流体（乳化油滴）配制是实验评价工作的重点和难点，也是关系到本次实验成功与否的关键因素。配制乳化液时主要考虑两个方面的问题，即：

（1）如何能使油滴分散于蒸馏水中形成稳定油珠分散乳液体系，避免油珠上浮现象发生？

（2）如何控制乳化油珠分散液体系中油珠的大小？如何测量油珠的尺寸大小？

为了测量和控制方便，选用柴油代替原油作为溶质基液，以适量蒸馏水作为溶剂。为了解决第一个问题，必须在基液中加入乳化剂，实验中参选的乳化剂类型见表6-3。

表6-3　乳化剂类型

液体乳化剂	固体乳化剂
Sw-15（无色透明）、SP-169（黄色）、AE1910（乳白色）	油酸钠（黄色粉末状）、十四醇（白色片状固体）、十二烷基磺酸钠（黄色块状）

经过大量的乳化液配制实验，优选出了 Sw-15 和油酸钠作为首选乳化剂。在柴油基液中加入适量 Sw-15 后，轻轻摇匀，再加入适量蒸馏水，可以配制成分散均匀的水包油型乳状液。但这种乳状液稳定性不太好，溶液静置一段时间后，一些油珠逐渐上浮并再液面上逐渐形成一层油珠。为了解决这一问题，还必须加入活性助剂。通过实验发现，乳化剂、油和蒸馏水加入的顺序不同，其乳化效果不同，搅拌器的转速不同油滴直径不同，油酸钠乳化剂在不加入助剂的情况下油珠直径较大。适当控制这些参数可以配制成不同浓度和粒径乳化油珠分散液体系。

常用的激光粒度仪不能较好地测定油珠大小，油珠测定只有依赖于高倍光学显微镜进行统计分析。由于在搅拌的过程中油珠会畸变，大油珠可以分裂成小油珠，小油珠又可以合并成大油珠，要使油珠尺寸非常均匀也是不可能的。所以在测量时，当某一粒径的油珠含量达到90%以上时，就可以认为油珠粒径达到要求。

3. 实验结果分析及预测方法

将实验结果进行整理和处理后，可以获得如图6-6至图6-8所示的岩心伤害程度随累积注入孔隙体积倍数的关系曲线。

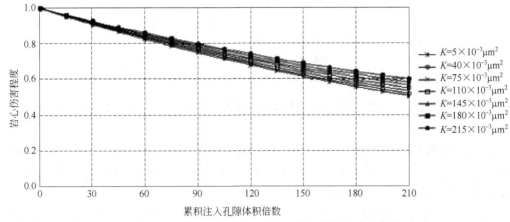

图6-6 岩心伤害程度与累积注入体积倍数的关系曲线

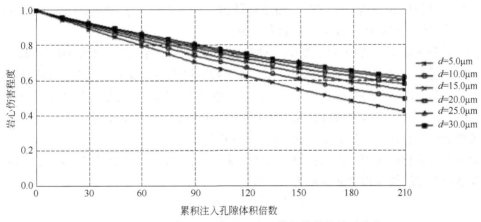

图6-7 岩心伤害程度与累积注入体积倍数的关系曲线

图6-6是油珠浓度和粒径一定时，不同渗透率情况下伤害程度与累积注入孔隙体积倍数的关系曲线，不难看出渗透率越小油珠伤害越严重，但随渗透率的增加伤害程度减弱。这就是说低渗透岩心更容易受到油珠的伤害。

图6-7是油珠浓度和渗透率一定时，不同油珠尺寸情况下伤害程度与累积注入孔隙体积倍数的关系曲线，不难看出油珠粒径越小伤害越严重，但随油珠尺寸的增加伤害程度减弱，这种减弱的程度随粒径的增大而下降，也就是说油珠尺寸较小时其尺寸的影响较大，当油珠较大时对伤害程度的影响力减弱。

图6-8是油珠尺寸和渗透率一定时，不同油珠浓度情况下伤害程度与累积注入孔隙

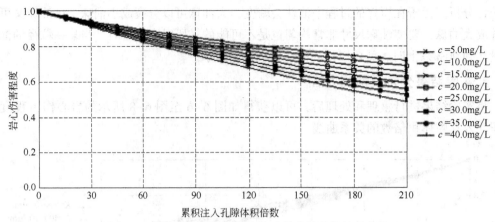

图 6-8 岩心伤害程度与累积注入体积倍数的关系曲线

体积倍数的关系曲线，结果表明浓度对伤害程度的增加具有明显的贡献作用。浓度越大伤害越严重轻。

通过正交回归分析可以得出这样的结论，即油珠的大小和浓度都会对地层造成伤害，只是油珠的浓度比其尺寸对渗透率伤害的影响要大得多。对于中低渗储层，注入水含油对其储层渗透性能的影响可归纳如下：

（1）浓度和粒径一定时，渗透率越小油珠伤害越严重，说明低渗透岩心更容易受到油珠的伤害。

（2）油珠浓度和渗透率一定时，油珠粒径越小伤害越严重。油珠较小时其尺寸的影响较大，油珠较大时对伤害程度的影响力减弱。

（3）油珠浓度对伤害程度的增加具有明显的贡献作用，浓度越大伤害越严重轻。

（4）不论渗透率多大，随油珠尺寸增加伤害程度降低（但幅度不大）。当油滴粒径很大时，不论是高渗透率还是低渗透率，其伤害程度基本相同。这与前人研究结果一致。

事实上，只要注入水中含油，完全控制含油不伤害储层是难以做到的，只有在经济许可的条件下尽可能地控制含油带来的对储层的伤害。

通过进一步数据处理，可以获得不同油注珠粒径、浓度、储层孔隙喉道、累积注入孔隙体积倍数与储层伤害程度的定量关系，即：

$$k_{\mathrm{d}} = f_{\mathrm{oil}}(d_{\mathrm{o}}, c_{\mathrm{o}}, \lambda, r_{\mathrm{c}}) \tag{6-3}$$

或：

$$k_{\mathrm{d}} = x_0 + x_1 d + x_2 c + x_3 \lambda + x_4 r_{\mathrm{c}} + x_5 dc + x_6 d\lambda + x_7 dr_{\mathrm{c}} +$$

$$x_8 c\lambda + x_9 cr_{\mathrm{c}} + x_{10} \lambda r_{\mathrm{c}} + x_{11} d^2 + x_{12} c^2 + x_{13} \lambda^2 + x_{14} r_{\mathrm{c}}^2 \tag{6-4}$$

式中 d_{o}——无因次油珠粒径；

c_{o}——无因次油珠浓度。

特别注意，使用上式时必须将实际的微粒粒径（μm）、微粒浓度（mg/L）和储层孔隙喉道半径（μm）转换为无因次标量才能计算。

该回归方程考虑了各因素间的交互作用影响，较真实地反映了地层伤害与地层喉道、油珠粒径和浓度及累积注入孔隙体积倍数的关系，可以预测不同油珠粒径和浓度下储层的伤害规律，为水质调控奠定良好基础。

三、悬浮颗粒和油珠共存时的伤害分析与预测方法

油田污水回注时油珠与固相颗粒并存是十分普遍的，油珠与悬浮固相共存将会给地层带来严重的堵塞问题，即使油珠尺寸小于孔喉尺寸仍能造成一定程度的伤害。因此悬浮颗粒与油珠同时存在时，控制指标应该更严格一些。

国外对油珠产生的地层伤害的早期研究认为油珠和固相颗粒对地层伤害的影响是一样的，他们所依据的理论是广泛引用的"深层过滤"理论。事实上后来大量的研究表明，油珠和微粒对地层伤害机理是不同的，油珠与固相颗粒的显著区别在于油珠是可变形粒子，在某一压力下油珠可能无法通过孔隙喉道，但当流动压力增加时，油珠可借助自己良好的变形特点通过喉道，这一特点使得油珠比固相颗粒有着更深的侵入深度。另外，悬浮固体和分散油珠之间的明显差异在于其极物理晶体的化学性质。当小于孔喉直径的油珠运移至孔喉中时，油珠和颗粒之间存在明显的排斥力，因而油珠的俘获仅以孔壁吸附俘获为主。这与固相颗粒运移至多孔介质产生的结果不一样，颗粒的滞留不仅是因为孔隙的收缩而被拦截，还因为其之前滞留的颗粒从孔壁往前突出，使得流体中后来的颗粒更容易被俘获。油珠和固相颗粒并存加剧了油珠吸附和颗粒沉积，加大了伤害程度。

为了获得污水回注系统中注入水固相颗粒、油珠与孔隙喉道的配伍关系，同样设计了系列室内实验，以考察不同颗粒和油珠粒径及浓度对具有不同渗透率性能的岩心的伤害程度，利用正交组合设计实验原理，获取岩石渗透率伤害程度与油珠粒径、浓度及岩石渗透率的相互关系，为油层保护提供操作依据。

液体制备方法和实验评价方法与前面实验评价方法一直，这里不再赘述。图6-9至图6-12是获得结果分析曲线。图中反映出在固相颗粒和油珠共存时岩心的伤害比单一固相颗粒或油污在相同累积注入孔隙体积倍数下伤害程度要严重。其结果与颗粒和油污单独存在时比较敏感性稍有不同。

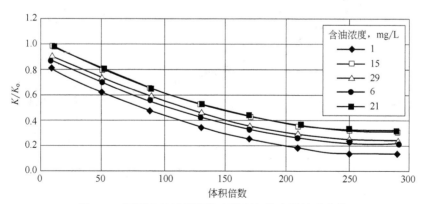

图6-9　不同含油浓度下伤害程度与注入量关系曲线

通过进一步数据处理，可以获得不同悬浮颗粒和油珠的粒径、浓度、储层孔隙喉道、累积注入孔隙体积倍数与储层伤害程度的定量关系，即：

$$k_d = f_m(d_s, c_s, d_o, c_o, \lambda, r_c) \tag{6-5}$$

或：

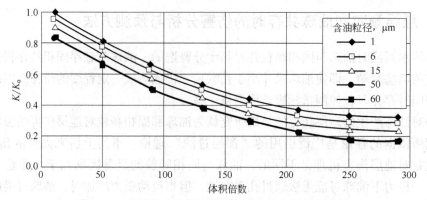

图 6-10　不同含油粒径下伤害程度与注入量关系曲线

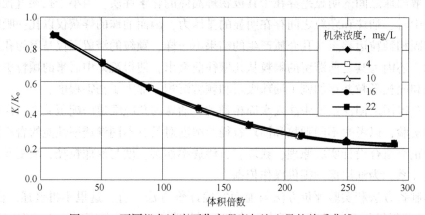

图 6-11　不同机杂浓度下伤害程度与注入量的关系曲线

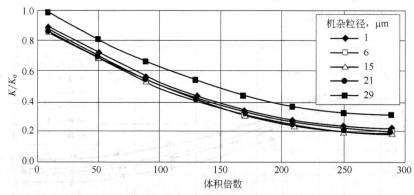

图 6-12　不同机杂粒径下伤害程度与注入量的关系曲线

$$k_d = a_0 + a_1x_1 + a_2x_2 + a_3x_3 + a_4x_4 + a_5x_5 + a_6x_6 + a_7x_1x_2 + a_8x_1x_3 + a_9x_1x_4 + a_{10}x_1x_5 + a_{11}x_2x_3$$
$$+ a_{12}x_2x_6 + a_{13}x_4x_5 + a_{14}x_4x_6 + a_{15}x_1^2 + a_{16}x_2^2 + a_{17}x_3^2 + a_{18}x_4^2 + a_{19}x_5^2 + a_{20}x_6^2 \tag{6-6}$$

式中　k_d——地层伤害程度；

　　　x_1——无因次地层渗透率；

　　　x_2——无因次含油量；

x_3——无因次油珠粒径；

x_4——无因次微粒浓度；

x_5——无因次微粒粒径；

x_6——地层累积注入孔隙体积倍数；

a_i——回归系数。

特别注意，使用上式时必须将实际的油污和微粒的粒径（μm）、浓度（mg/L）和储层渗透率（$10^{-3}\mu m^2$）转换为无因次标量才能计算。

该回归方程考虑了各因素间的交互作用影响，较真实地反映了地层伤害与地层渗透率、悬浮颗粒和油珠的粒径和浓度及累积注入孔隙体积倍数的关系，可以预测不同悬浮颗粒和油珠在不同粒径和浓度下储层的伤害规律，为油田污水回注水质调控奠定良好基础。

四、相关指标分析（细菌、腐蚀性气体等）

回注水的腐蚀危害是众所周知的，影响腐蚀的因素很多，首先是各种溶解气体如 O_2、H_2S、CO_2，另外还有温度、pH 值、Cl^- 和矿化度等。在油田的注入水中，可能存在的腐蚀包括 H_2S、溶解二氧化碳、Cl^-，这些腐蚀性介质的同时存在将带来严重的系统腐蚀和地层堵塞问题，对可能给系统带来腐蚀的因素进行评价对于制定合理水质指标、完善系统的防腐措施十分重要。

就油田注水系统细菌而言，首要的问题是其引起的系统腐蚀和带来的注水井、管线和设备（如过滤器）的堵塞问题。细菌的控制应使细菌杀灭或不致繁殖为最终目标。实际上，任何水系统（不论淡水或盐水）都含有细菌，存在细菌的数量、种类、活性决定了他们的危害程度，也决定了有效控制这些细菌的方法。

目前，就腐蚀性溶解气和细菌对系统腐蚀影响及其评价都有较成熟的标准做法，它们的共性较多，因此调控幅度可参考相关标准。

五、水质主要控制指标调控幅度确定方法

注入水水质调控的目的是在水质控制指标和增注措施之间寻求一个以技术经济评价为目标的平衡点，旨在基本满足注水的前提下控制注水成本，提高注水开发效益。

从理论上讲，水质控制指标调控幅度的确定可以是任意的，但这样分级对水质调控和技术经济评价是无意义的。最好的调控幅度应使得经济评价指标在各级不同的调控幅度下有较为明显的差异，有利于提高技术方案的可操作性。因此，调控幅度的确定应满足以下几个原则：

（1）水质控制指标的调控应以指标与储层伤害的定量关系为基础，该关系既可以是正交实验结果，也可以是描述伤害机理的数学模型。

（2）各水质控制指标的幅度应以该指标对储层伤害程度的单因素敏感度来确定，敏感性强的指标幅度可小些，敏感性弱的指标幅度可大一些。

（3）不同水质控制指标的交叉组合方案对油层伤害程度可以用注水井吸水能力的半衰期来综合评价。

（4）调控幅度必须以水处理设备处理能力相互配合，以有利于提高经济评价指标对

调控幅度的敏感度。

一旦调控幅度初步确定，即可通过技术经济评价方法和现场的实际应用来验证调控幅度的合理性和可操作性，在通过反复理论和实践的完善后，才能将各个水质控制指标的调控幅度上升为标准分级，为不同注水开发油田提供指导。

以 x_i 表示各水质控制指标，则与水质控制指标相关评价指标可粗略表示为以下方程组的形式：

$$
\begin{cases}
y_1 = f_1(x_1, x_{2_1}, \cdots, x_n, t) & \text{描述吸水能力} \\
y_2 = f_2(x_1, x_{2_1}, \cdots, x_n) & \text{描述洗井、增注指标} \\
y_3 = f_3(x_1, x_{2_1}, \cdots, x_n) & \text{描述系统改造指标} \\
\cdots\cdots \\
M = f(y_1, y_{2_1}, \cdots, y_n) & \text{经济评价目标} \\
x_i \in [\text{水处理设备处理能力指标区间}]
\end{cases}
$$

很明显，只要各水质控制指标 x_i 随幅度变化，各评价指标便随之变化，各指标幅度的变化敏感度（用 $\mathrm{d}y_i/\mathrm{d}x_i$ 表示）是不同的。一般只要来讲，只要 $\mathrm{d}y_i/\mathrm{d}x_i$ 对 x_i 敏感，那么其他指标对 x_i 的敏感度也要提高。因此，吸水能力与水质控制指标 x_i 的关系十分重要。上述思想可用图 6-13 所示框图来表示。

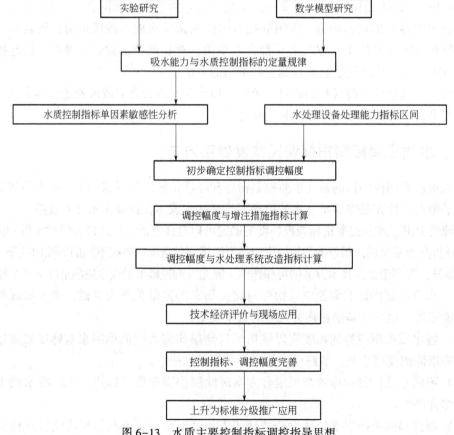

图 6-13　水质主要控制指标调控指导思想

第三节　各标准分级水处理经济预测方法

一、A_1、A_2、A_3、B_2 四级和机杂含量、机杂粒径、含油量指标的正规组合与交叉组合

砾岩油藏的空气渗透率一般都小于 $4\mu m^2$，也就是说，砾岩油藏的空气渗透率范围处在标准分级的 B_2 范围以内。因此，选定 A_1、A_2、A_3、B_2 四级标准控制指标为研究对象，讨论它们和机杂含量、机杂粒径、含油量三指标的正规组合与交叉组合情况。

A_1、A_2、A_3、B_2 四级标准控制指标见表6-4。

表6-4　A_1、A_2、A_3、B_2 四级标准控制指标

	机杂含量，mg/L	机杂粒径，μm	含油量，mg/L
A_1	1	1	5
A_2	2	1.5	6
A_3	3	2	8
B_2	4	2.5	10

对于 A_1、A_2、A_3、B_2 四级标准与机杂含量、机杂粒径、含油量三指标的正规组，这里只考虑单级递增（递减）的情况。

A_1、A_2、A_3、B_2 四级标准与机杂含量、机杂粒径、含油量三指标的正规组合共有12种，见表6-5。

表6-5　四级标准与机杂含量、机杂粒径、含油量三指标的交叉组合

机杂含量，mg/L	机杂粒径，μm	含油量，mg/L
—	B_2	—
—	A_3	—
—	A_2	—
—	A_1	—
B_2	—	—
A_3	—	—
A_2	—	—
A_1	—	—
—	—	B_2
—	—	A_3
—	—	A_2
—	—	A_1

对于机杂含量、机杂粒径、含油量三指标，当他们提高（或降低）一级标准时，其水处理流程（设备）可能会发生相应的变化，处理费用也发生变化，处理费用的变化可根据处理工艺的变化计算出来。

A_1、A_2、A_3、B_2 四级标准与机杂含量、机杂粒径、含油量三指标的交叉组合共有 64 种。以 X、Y、Z 分别表示机杂含量、机杂粒径、含油量三指标，1、2、3、4 分别表示 A_1、A_2、A_3、B_2 四级标准，比如，X1 表示 A_1 级标准的机杂含量，Z3 表示 A_3 级标准的含油量，Y4 表示 B_2 级的机杂粒径。这样处理后，得到表 6-6 所示的交叉组合。

表 6-6　四级标准与机杂含量、机杂粒径、含油量三指标的交叉组合

(X1, Y1, Z1)	(X1, Y1, Z2)	(X1, Y1, Z3)	(X1, Y1, Z4)
(X1, Y2, Z1)	(X1, Y2, Z2)	(X1, Y2, Z3)	(X1, Y2, Z4)
(X1, Y3, Z1)	(X1, Y3, Z2)	(X1, Y3, Z3)	(X1, Y3, Z4)
(X1, Y4, Z1)	(X1, Y4, Z2)	(X1, Y4, Z3)	(X1, Y4, Z4)
(X2, Y1, Z1)	(X2, Y1, Z2)	(X2, Y1, Z3)	(X2, Y1, Z4)
(X2, Y2, Z1)	(X2, Y2, Z2)	(X2, Y2, Z3)	(X2, Y2, Z4)
(X2, Y3, Z1)	(X2, Y3, Z2)	(X2, Y3, Z3)	(X2, Y3, Z4)
(X2, Y4, Z1)	(X2, Y4, Z2)	(X2, Y4, Z3)	(X2, Y4, Z4)
(X3, Y1, Z1)	(X3, Y1, Z2)	(X3, Y1, Z3)	(X3, Y1, Z4)
(X3, Y2, Z1)	(X3, Y2, Z2)	(X3, Y2, Z3)	(X3, Y2, Z4)
(X3, Y3, Z1)	(X3, Y3, Z2)	(X3, Y3, Z3)	(X3, Y3, Z4)
(X3, Y4, Z1)	(X3, Y4, Z2)	(X3, Y4, Z3)	(X3, Y4, Z4)
(X4, Y1, Z1)	(X4, Y1, Z2)	(X4, Y1, Z3)	(X4, Y1, Z4)
(X4, Y2, Z1)	(X4, Y2, Z2)	(X4, Y2, Z3)	(X4, Y2, Z4)
(X4, Y3, Z1)	(X4, Y3, Z2)	(X4, Y3, Z3)	(X4, Y3, Z4)
(X4, Y4, Z1)	(X4, Y4, Z2)	(X4, Y4, Z3)	(X4, Y4, Z4)

这样交叉组合后，打破了传统的分级标准，机杂含量、机杂粒径、含油量三指标不再是传统分级标准的一一对应关系，某一级标准的机杂含量，对应的往往是不同级标准的机杂粒径和另一级标准的含油量。这样划分后，水处理的成本构成就必须以某项指标的单级处理成本为依据。此时，处理流程一般会发生变化。

二、八项控制指标单因素分级递增、单级处理的成本构成

油田含油污水常用处理方法见表 6-7。

表 6-7　含油污水常用处理方法

处理方法	特点
自然浮升分离法	完全靠污水中原油颗粒自身浮力实现油水分离，主要用于除去浮油及部分颗粒直径较大的分散油
混凝浮升分离法	在污水中投加混凝剂，把颗粒直径较小的油滴聚结成颗粒直径较大的油滴，加快油水分离速度，可除去颗粒较小的部分散油

处理方法	特点
气浮分离法	在污水中加入空气，吸附周围油粒，托带上浮分离
粗粒化法	让污水通过憎水亲油材料组成的填料层，把小油粒吸附于材料表面聚结成大油粒，加快油水分离速度
过滤法除油及悬浮物	用石英砂、无烟煤或其他滤料过滤污水除去水中小颗粒油粒及悬浮物

由技术经济学可知，设备年平均总费用的计算公式为：

$$AC = \frac{K_0 - K_L}{t} + C_1 + \frac{t-1}{2}\lambda \tag{6-7}$$

式中　K_0——设备的原始价值；

$\quad\quad K_L$——设备处理时的残值；

$\quad\quad t$——设备使用年数；

$\quad\quad C_1$——运行成本的初始值，即第一年的运行成本；

$\quad\quad \lambda$——设备运行费的年增加额（假设运行成本呈线性增长）。

如果设备残值不能视为常数，运行成本不呈线性增长，各年不同，且无规律可循，这时可根据单位的记录或者对实际情况的预测来计算设备的年平均总费用：

$$AC = \frac{\sum_{i=1}^{t} C_i}{t} + \frac{K_0 - K_L}{t} \tag{6-8}$$

式中　K_L——第 t 年年末设备的残值；

$\quad\quad C_i$——第 i 年的设备运行成本；

$\quad\quad t$——设备的使用年限。

在污水处理工艺中，使用的设备一般包括除油罐（沉降罐）、过滤装置及各种泵，为简化计算，如果假设设备的运行成本不随时间发生变化，而是常数 Y，则设备的年平均总费用为：

$$AC = Y + \frac{K_0 - K_L}{t} \tag{6-9}$$

式中　Y——运行成本。

上述计算忽略了资金的时间价值。

在下面讨论各主要控制指标单级处理成本构成时，处理设备的使用费按以上方法计算（将运行成本单独列出）。

1. 机杂含量单级处理的成本构成

除去悬浮固体（机杂）一般采取重力沉降、气浮分离和过滤。重力沉降在沉降罐中进行，主要考虑沉降时间问题。过滤可以去除机械杂质和油滴，过滤装置的处理深度不同，其使用费就不一样：

$$MX_1 = C_1 + C_2 + C_3 + C_4 \tag{6-10}$$

式中　MX_1——除去悬浮物的总费用，元；

C_1——所用设备折旧费，元；

C_2——所用设备维修费，元；

C_3——所用设备动力费，元；

C_4——其他费用，包括工资福利、药剂费等，元。

当需要提高（或者降低）水质标准时，采取的措施是增加（或者减少）沉降时间，沉降罐的使用费会发生变化。

2. 机杂粒径单级处理的成本构成

通过重力沉降等功以后，机杂粒径处理常采用的是过滤方法，所以其成本构成为：

$$MX_2 = MX_1 = C_1 + C_2 + C_3 + C_4 \tag{6-11}$$

式中　MX_2——过滤机杂的总费用，元。

如果还需要精细过滤，则需加上精细过滤装置的费用。

过滤是污水处理中不可缺少的环节，对于低渗（特低渗）地层，往往需要精细过滤，这会大大增加水质处理的费用。对精细过滤装置的要求，应视地层对机杂粒径的要求而定。

3. 含油量处理成本构成

除去含油污水中油滴的方法有自然浮升分离法、混凝浮升分离法、气浮分离法、粗粒化法、过滤法。油田实际含油污水处理中，一般采取的步骤是自然浮升分离、粗粒化法和过滤除油。

污水处理中除去油滴的成本构成如下：

$$MX_3 = MX_2 = MX_1 = C_1 + C_2 + C_3 + C_4 \tag{6-12}$$

式中　MX_3——除污油的总费用，元。

重力沉降罐、气浮机、过滤等设备都是同时具有除油和去机杂的双重作用，在实际计算中只能在一个地方计算设备折旧费和运行费。

4. 平均腐蚀率控制成本构成

腐蚀控制一般采用加缓蚀剂的方法，使用设备有溶药池、加药泵等，所以其成本为缓蚀剂费用和加药泵使用费、运行费之和。

$$MX_4 = C_1 + C_2 + C_3 + C_4 + C_5 \tag{6-13}$$

式中　MX_4——腐蚀控制所需费用，元；

C_5——药剂费，元。

5. SRB 菌、铁细菌、腐生菌数量控制成本构成

细菌控制一般用杀菌剂，所以其设备仍为溶药池、加药泵等。

$$MX_5 = MX_4 = C_1 + C_2 + C_3 + C_4 + C_5 \tag{6-14}$$

三、各主要控制指标体系标准分级的成本预测方法

在水质处理的成本预测中，处理成本的构成主要由前面叙述的 $MX_1 \sim MX_5$ 构成，即水处理成本由机杂含量（粒径）控制成本、含油控制成本、腐蚀控制成本、细菌控制成本

构成。对于各主要控制指标的标准分级，水处理成本为 $MX_1 \sim MX_5$ 之和。当水质标准提高（或降低）时，相应的单级处理成本提高（或降低），水处理的成本仍为 $MX_1 \sim MX_5$ 之和，只不过此时的 MX 发生了变化。所以，水质处理各主要控制指标体系标准分级的成本预测是以单指标处理成本为基础的。

第四节　常规增注作业经济技术分析与评价

一、不同标准分级吸水能力变化的现场实验与统计分析

在注水开发中，注水井的吸水能力一般都会随时间而下降。地层吸水能力下降的原因主要是近井地带地层的堵塞。地层发生堵塞的原因很多，与注水压力、注水速度、注水水质等因素都有关系。但是，地层堵塞最主要的原因是注水水质，注入水中机杂含量、机杂粒径、含油量、细菌等都对地层伤害有潜在威胁。对于不同标准分级的注入水质，由于其水质指标不同，它们对地层吸水能力的影响、肯定不一样。因此。统计分析不同水质标准对地层吸水能力的影响、对水质标准的制定和水处理工艺的调整都是很重要的。

在现场实施某一水质标准后，研究该水质标准下地层吸水能力的下降规律，应考虑以下几个问题：

（1）该地层（井）的注水生产历史及采取的水质标准；

（2）该地层的地质资料、岩性资料、流体资料分析；

（3）注水井的注入压力、注水速度等工艺参数。

在考虑了以上因素后，对地层吸水能力进行统计，才能正确研究不同注水水质对地层吸水能力的影响规律。

二、不同标准分级年增注措施统计分析与预测

当地层吸水能力下降、不能满足注水要求后，一般要采取增注措施以完成配注任务。由于不同水质标准对地层吸水能力的影响是不同的，因此不同水质标准下增注措施不一样。

不同水质标准由于指标不一样，对地层的伤害也不一样，所采取的增注措施也就不同。选取增注措施前，必须对地层伤害类型、伤害程度作评价，在此基础上才能确定正确的增注措施和合理的施工规模。

对不同标准分级年增注措施，应统计增注工艺、相应施工规模（施工参数）、施工井次。在此基础上，才能结合特定区块的地质、流体及岩性资料，对增注措施作宏观预测。

三、常规增注措施及各类措施一次作业成本构成分析

地层吸水能力的降低，绝大多数是地层被堵塞引起的。为了恢复和提高注水井的注水

彩图 6-1　酸化压
裂原理

能力，增加吸水能力差油层的注入量，通常采用酸化压裂（彩图 6-1）等增注措施来实现。油田应用的增注措施主要有压裂、酸化、酸压、化学法、物理法增注等。在常规增注措施中，压裂和酸化是最常用的手段。因此，此处以常规压裂和酸化为例，分析其成本构成。

根据现场施工统计报表知，压裂施工成本包括以下内容：

（1）厂内劳务：$\qquad a_2 = a_1 \times t$

（2）工资及附加费：$\qquad b_2 = b_1 \times t$

（3）大修基金：$\qquad c_2 = c_1 \times t$

（4）基本折旧：$\qquad d_2 = d_1 \times t$

（5）燃料：$\qquad e_2 = e_1 \times t$

（6）水泥车：$\qquad f_3 = f_1 \times f_2$

（7）压裂费：$\qquad g_2 = 15000（元）$

（8）压裂砂：$\qquad h_3 = h_1 \times h_2$

（9）射孔费：$\qquad i_3$

（10）其他费用：$\qquad j_3$

（11）压裂液：$\qquad k_3 = k_1 \times k_2$

式中　t——压裂施工天数；

$\qquad a_1$、b_1、c_1、d_1、e_1——施工一天所需费用；

$\qquad f_3$——水泥车总费用；

$\qquad f_2$——每小时用车费用；

$\qquad f_1$——用车时间，h；

$\qquad h_3$——压裂砂总费用；

$\qquad h_1$——每方压裂砂单价；

$\qquad h_2$——用砂量，m^3；

$\qquad k_3$——压裂液总费用；

$\qquad k_1$——每方压裂液单价；

$\qquad k_2$——用液量，m^3。

其中，压裂液费用又以添加剂为主，若按添加剂费用表示仍为：

$$k_3 = k_1 \times k_2$$

式中　k_3——添加剂总费用；

$\qquad k_1$——每公斤添加剂单价；

$\qquad k_2$——添加剂用量，kg。

因此，压裂施工总费用为：

$$T_{\text{cost}} = a_2 + b_2 + c_2 + d_2 + e_2 + f_3 + g_2 + h_3 + i_3 + j_3 + k_3$$

酸压、基质酸化、酸洗等措施的施工费用计算方法可参考压裂施工成本来确定。

第五节 水质标准分级优化决策方法

一、吸水能力变化规律的数学模型预测

注入水与储层的配伍程度直接影响注水井吸水能力的大小，注水井吸水能力怎样随配伍性变化、随时间变化一直是人们关心的话题。预测吸水能力因水质随时间的变化问题可以用数学模拟的方法解决，由于问题的复杂性，一般来讲，预测的结果只能作为一个参考指标。但如果不考虑注水过程中水敏、盐敏、速敏等引起的、由于地层岩石本身膨胀、分散、运移而造成的地层伤害，则减小了对整个问题建立数学模型进行模拟的复杂性，因而使用计算机进行模拟所得结果的准确性是可以满足工程精度的。影响吸水能力的因素太多（包括物理、化学方面因素），但可以抽提出主要的堵塞机理，进行相应的数学描述，并结合室内评价实验，便可对各种伤害行为引起注水井吸水能力下降的趋势进行预测，为实际操作提供可参考的定量依据。

下面提供了三种预测方法。每种方法的侧重点不同，功能也有差距，前两种是国内外目前经常使用的方法，后一种方法是自行研究的结果。这些方法可以预测在不同堵塞机理下（外部滤饼、内部滤饼）注水井吸水能力随时间的变化、半衰期及堵塞半径和近井区域渗透率分布等。

1. Barkman & Davidson 模型

Barkman &Davdson 认为，注入水引起注水井堵塞的伤害主要由水中悬浮物（机杂、细菌、腐生物）引起，它造成的伤害根据不同情况分为四种，即井眼变窄、井底填高、孔眼堵塞和内滤饼。

引入 α 表示注水井初始注入速度 i_0 与 τ 时间后注入速度 i 的比值，即：

$$\alpha = i/i_0 \tag{6-15}$$

引入 τ_α 表示初始注入速度下降到 αi_0 时所需的时间，很明显 $\tau_{\frac{1}{2}}\left(\alpha=\dfrac{1}{2}\right)$ 表示注水井的半衰期，对每一伤害类型都有

$$\tau_\alpha = FG \quad F = \frac{\pi r_w^2 h \rho_c}{i_0 w \rho_w} \tag{6-16}$$

G 函数因伤害类型的不同而不同，其表达式由表6-8确定。

表 6-8 G 函数的表达式

伤害类型	G 函数的表达式
井眼变窄	$G=1+\dfrac{1}{2\ln\theta}-\left(\dfrac{1}{\alpha}+\dfrac{1}{2\ln\theta}\right)\theta^{\frac{2(\alpha-1)}{\alpha}}$
井底填高	$G=\ln\left(\dfrac{1}{\alpha}\right)$

伤害类型	G 函数的表达式
孔眼堵塞	$G = \left(\dfrac{1-\alpha^2}{64\alpha^2}\right)\left(\dfrac{K_c}{K_f}\right)\left(\dfrac{d_p^4}{r_w^2}\right)\ln\dfrac{r_a}{r_w}$
内部滤饼	$G = \left(\dfrac{r_a^2\phi^2}{r_w^2}\right)\left[1+\dfrac{\beta}{2\ln\theta}-\left(\dfrac{1}{\alpha}+\dfrac{\beta}{2\ln\theta}\right)^{\frac{2(\alpha-1)}{\alpha\beta}}\right]$

其中　$\beta = 1-\dfrac{K_e}{K_f}$，$\theta = \left(\dfrac{r_e}{r_w}\right)\dfrac{K_e}{K_f}$。

式中　m——孔密，孔/m；

$\quad\quad D_p$——孔眼直径，m；

$\quad\quad h$——射孔厚度，m；

$\quad\quad i$——注水速度，m^3/d；

$\quad\quad i_0$——初始注入速度，m^3/d；

$\quad\quad K_c$——滤饼渗透率，$10^{-3}\mu m^2$；

$\quad\quad K_f$——地层平均渗透率，$10^{-3}\mu m^2$；

$\quad\quad K_e$——注入井地层渗透率，$10^{-3}\mu m^2$；

$\quad\quad r_a$——形成内滤饼处半径，m；

$\quad\quad r_c$——外滤饼表面半径，m；

$\quad\quad r_e$——注入井控制半径，m；

$\quad\quad r_w$——井筒半径，m；

$\quad\quad w$——注入水中悬浮物质量浓度，%；

$\quad\quad \rho_c$——滤饼密度，kg/m^3；

$\quad\quad \rho_w$——注入水密度，kg/m^3；

$\quad\quad \phi$——地层孔隙度，%。

上面公式中 G 函数为无因次数，F 函数的单位为 d，也就是 τ_α 的单位为 d。在实际应用中，应根据注入水评价实验结果来选定计算模型，各计算模型的一些参数如 K_c、r_a、r_c、ρ_c、w 应根据相应的评价实验来确定。但精确获得这些参数是不切实际的，如 r_a 表示形成内滤饼的位置，它是流速、孔喉直径、微粒直径的函数，取得这一参数有很大困难。因此，计算结果只可作为注水工程设计和水处理方案选择时的参考依据。

2. Van Velzen & Leerlooijer 模型

1992 年，Van Velzel 和 Leerlooijer 开发了考虑注水井深部滤饼形成时，注水井吸水能力下降的预测模型。该模型是在遵循注水井径向流满足达西流动规律、深部滤饼区注入悬浮颗粒物质符合物质平衡原理及通过修正 Iwasaki 的深部过滤关系模型的基础上而建立的。该模型可以预测注水井吸水能力下降至某一水平时该注水井的累积注水量、注水所经历的时间以及深部滤饼的形成位置。

设 α 表示注水 t 时间后，注水井吸水能力的下降程度，表示为：

$$\alpha = \frac{[q/\Delta p]_{\tau=t}}{[q/\Delta p]_{\tau=0}} \tag{6-17}$$

式（6-17）中分母表示注水井开始投注时的吸水能力，分子表示注水 t 时间时注水井的吸水能力，于是有：

$$v_\alpha = \frac{(1-\alpha)2\pi r_w^2 h\phi\ln\dfrac{r_e}{r_w}}{\alpha c_0 N_R} \tag{6-18}$$

其中
$$N_R = \delta_f I$$
$$I = \beta e^\beta E_i(\beta)$$
$$\beta = \pi r_w^2 h\lambda_v/q_0$$

式中　v_α——吸水能力下降至 α 时的累积注入量，m^3；

N_R——伤害率；

δ_f——伤害因子；

λ_v——体积过滤系数，s^{-1}；

c_0——注入水中悬浮物质量浓度，mg/L；

q_0——初始注入速度，m^3/s；

h——吸水层厚度，m；

ϕ——油层平均孔隙度；

r_w——注水井井筒半径，m；

r_e——注水井控制半径，m；

$E_i(\beta)$——指数积分函数。

$E_i(\beta)$ 定义为：

$$E_i(\beta) = -0.5772157 - \ln\beta - \sum_{n=1}^{\infty}\frac{(-1)^n\beta^n}{n!\,n} \tag{6-19}$$

在计算 v_α 时，主要问题是如何确定伤害因子 δ_f 和体积过滤系数 λ_v，其中伤害因子可表为：

$$\delta_f = \left(\frac{K_m}{K_i}-1\right)\frac{1}{1-\phi_c} \tag{6-20}$$

式中　K_m——表示岩石原始渗透率，$10^{-3}\mu m^2$；

K_i——表示伤害带（微粒沉积带）渗透率，$10^{-3}\mu m^2$；

ϕ_c——表示内滤饼孔隙度。

Van Velzen 等通过分析得出：实际井下径向流动系统的 δ_f、λ_v 可以通过室内线性流动评价实验（即常规流动实验）得出，但要求该流动实验应使用长岩心，装置具有沿程多点压力测试功能。通过推导 Van velzen 给出了预测悬浮颗粒侵入深度或内滤饼形成位置的公式：

$$r_a = r_w\sqrt{1-\frac{1}{\beta}\ln\left[0.02\frac{\alpha}{1-\alpha}\frac{1}{2\beta\ln(r_e/r_w)}\right]} - r_w \tag{6-21}$$

3. Stokesian 动力学模型

注入水中的悬浮物主要包括注水系统的腐蚀产物、细菌、乳化油滴、固相微粒等，这些悬浮物可分为油溶性和酸溶性两种，其堵塞地层的形式宏观表现为外部滤饼和内部滤饼，油滴与固相颗粒并存比单一固相微粒对地层的伤害严重。根据宏观表现机理，可以建立考虑内外滤饼的颗粒过滤模型，对具一定悬浮物浓度 c 的注入水，在孔隙中运移的质量平衡方程在一定假设条件下可以导出，下面的模型都是忽略了化学作用的影响。

对径向系统可描述为：

$$\frac{q}{2\pi rh\phi}\frac{\partial c}{\partial r}+\frac{\partial c}{\partial t}+\frac{\partial n}{\partial t}=0 \qquad (6-22)$$

颗粒沉积孔隙表面的速度与注入水中悬浮物浓度成正比，于是有：

$$\frac{\partial n}{\partial t}=\lambda c \qquad (6-23)$$

这里，λ 称为过滤系数，上述方程描述的是内滤饼模型。事实上内外滤饼在注水过程中都可能同时形成，必须综合考虑。假设在注水初期某一时刻，内滤饼开始形成，但随颗粒沉积在孔隙表面的增加，在某一时刻颗粒不能再进入岩心（或只有极少数进入），那么此时外滤饼开始形成，把这个时间称为临界时间 t_c。对颗粒浓度粒径大、一开始就不能进入岩心的情况，临界时间 $t_c \to 0$；对只形成内部滤饼的情况，$t_c \to \infty$。一旦确定了临界时间，则可通过内外滤饼的模型描述，对颗粒入侵引起渗透率的伤害进行预测。

定义捕获效率 FE 在为悬浮物中沉积在孔隙表面的份额，对于给定的多孔介质，FE 可以通过斯托克斯动力学（Stokesian Dynamics）模拟获得，可以推得（过程从略）临界时间为：

$$t_c = F(n)/\beta$$
$$\beta = 12\phi c(d_s^2/\pi d_p^3)(r_e^2/r_w)/\gamma \qquad (6-24)$$

式中　ϕ——储层孔隙度；

　　　　c——机杂浓度，mg/L；

　　　　d_p——机杂中值颗粒粒径，μm；

　　　　d_s——砂岩粒度中值，μm；

　　　　r_e——注水井控制半径，m；

　　　　$F(n)$——d_p/d_g 的函数。

　　　　r_w——井筒半径，m；

　　　　γ——滞留阻力，N/m。

定义 $\alpha(t)$ 表示吸水能力的下降程度，表示为：

$$\alpha(t) = (q/\Delta p)_t/(q/\Delta p)_{t=0} \qquad (6-25)$$

则对内滤饼来说有：

$$\frac{1}{\alpha(t)}=\frac{1}{\overline{K}_r(r_f)}\frac{\ln(r_f/r_w)}{\ln(r_e/r_w)}+\frac{\ln(r_e/r_f)}{\ln(r_e/r_w)}$$

$$\frac{1}{\overline{K}_r(r_f)} = 1+N$$

$$N = \delta f$$

$$\delta = \frac{\beta cq}{2\pi r_w^2 h\phi\ln(r_f/r_w)}$$

$$f = \text{Exp}(\alpha)\left[E_i(\alpha) - E_i(\alpha r_f^2/r_w^2)\right] \tag{6-26}$$

式中 β——伤害因子；

λ——体积过滤系数，s^{-1}；

q——注入速度，m^3/s；

r_e——控制半径，m；

r_w——井筒半径，m；

h——油层厚度，m；

r_f——注水前缘半径，m；

$\overline{K}_r(rf)$ ——前缘带平均无因次渗透率；

$E_i(\alpha)$——指数积分函数。

二、水质标准优化目标函数的确定

1. 吸水能力与注水时间的关系

油田注水开发可分为几个大的阶段，在不同阶段油层的孔渗特征是变化的，但在同一阶段不同时期油层孔渗特征可以认为是相对静止不变的。注水对吸水能力的影响评价应该属于同一阶段的某一时期，即认为在这一时间周期里油层绝对渗透率是相对稳定，如果说有变化的话，那就是水质原因使其变差，或增注措施使其恢复。

设 α 表示注水 t 时间后，注水井吸水能力的下降程度，表示为：

$$\alpha = \frac{[q/\Delta p]_{\tau=t}}{[q/\Delta p]_{\tau=0}} \tag{6-27}$$

$[q/\Delta p]_{\tau=t}$ 表示 t 时刻的吸水能力，$[q/\Delta p]_{\tau=0}$ 同一时期初始时刻的吸水能力，根据定义有：

$$[q/\Delta p]_{\tau=t} = \frac{2\pi K_t K_{rw} h}{\mu_w B_w\left(\ln\dfrac{r_e}{r_w} - \dfrac{3}{4} + S_0\right)} \tag{6-28}$$

$$[q/\Delta p]_{\tau=0} = \frac{2\pi K_{0t} K_{rw} h}{\mu_w B_w\left(\ln\dfrac{r_e}{r_w} - \dfrac{3}{4} + S_0\right)} \tag{6-29}$$

式中，S_0 表示注水井非水质引起的初始表皮系数，K_t 表示 t 时刻注水层平均绝对渗透率，K_0 表示初始油层绝对渗透率，K_{rw} 表示水的相对渗透率。

假设注水储层处于残余油状态，油水相渗特征不随时间改变，即 K_{rw} 不变，同时认为在一个措施周期内，地层水的性质不变。K_t 与 K_0 的差异是水质引起的，不考虑注水启动压差、油层压力对吸水能力的影响，有：

$$\alpha = \frac{K_t}{K_0} \tag{6-30}$$

根据前面的实验结果，存在下式：

$$K_d = f(d, c, \lambda_\alpha, r_c, \cdots) \tag{6-31}$$

当 $\alpha = 1/2$ 时，即 $K_d = 1/2$ 对应的时间即为半衰期。根据上式可知，累积注入孔隙体积倍数 λ_α 与时间相关联，$\lambda_{1/2}$ 也表示吸水能力下降一半时的累积注入量，可由上式计算出来。

对生产井来说，理论研究和数值模拟都表明，在近井 3m 以内，消耗了 70% 左右的能量，或在 60 倍井筒半径处，认为流体遵循严格的径向流。按常规 5½in 套管计，也即在近井 3m 处。同样对注水井来说，近井 3m 以内的油层是最易伤害的，也是影响最大的。因此，认为通过近井 3m 油层，当累积注入量达到 $\lambda_{1/2}$ 时，吸水能力下降一半。

3m 油层的孔隙体积倍数为：

$$PV = \pi(r^2 - r_w^2)h\phi = \pi(9 - r_w^2)h\phi \tag{6-32}$$

吸水能力下降至 α 时的累积注入量为：

$$Q_\alpha = \pi(9 - r_w^2)\lambda_\alpha h\phi \tag{6-33}$$

假设吸水能力下降至 α 的时间为 T_α，T_α 可由下式确定：

$$T_\alpha = \frac{\pi(9 - r_w^2)\lambda_\alpha h\phi}{q_0} \tag{6-34}$$

式中 q_0 为注水井平均注入量。

因此，由实验研究得出的吸水能力随累积注入量的变化关系可转化为吸水能力随时间的变化关系，即可表示为 $f = (d, c, t_\alpha, r_c)$。一旦水质指标确定，则 $f = f(T_\alpha)$ 的关系就确定了。

2. 水质标准优化目标函数的确定

水质标准分级的优化决策，是以经济效益为目标，优化注水水质标准。因此以注水总成本 M_t 作为水质标准优化目标函数，研究水质标准分级优化决策方法。

注入水水质是决定开发油田经济效益的关键因素之一。水质标准过宽对油藏不利，过严则增加水处理费用，降低经济效益。如何掌握水质标准的宽严程度，如何针对具体油藏、具体注水工艺、具体水质处理技术、具体的增注措施等条件，确定实时（不同开发阶段）的水质标准，是砾岩油藏提高开发效果至关重要的研究课题。

水质标准分级的经济优化决策，就是针对具体油藏的具体情况，在实验研究和经济评价的基础上，确定出具体的注水水质标准。

不同水质标准下，吸水能力下降到其半衰期的累积注水量由下式求出：

$$Q_\alpha = \int_0^{T_\alpha} f(t) \mathrm{d}t \tag{6-35}$$

式中，T_α 为吸水能力下降到 α 的时间，$T_{0.5}$ 定义为吸水能力下降至地层初始吸水能力的 50% 时所经历的时间；$f(t)$ 为吸水能力下降趋势曲线拟合方程，它与注水水质、地层孔渗特性、注水压力、油藏开发阶段都有关系。

当地层吸水能力下降至相应水质标准下的半衰期后，往往需要进行增注措施。增注措施后，地层吸水能力得到恢复或提高。对于不同的增注措施，恢复的水平往往不一样，实际计算中必须考虑这一因素。吸水能力恢复的具体数值，可根据增注效果预测得到。

以 X、Y、Z 分别表示机杂含量、机杂粒径、含油量三指标，1、2、3、4 分别表示 A_1、A_2、A_3、B_2 四级标准，用 W 表示水处理成本。比如，$W(X_2, Y_3, Z_4)$ 表示机杂含量采用 A_2 级标准、机杂粒径采用 A_3 级标准、含油量采用 B_2 级标准的水处理成本（元/m^3）。

在这样的假设条件下，可得到采用某一水质标准时，吸水能力降至其半衰期时的水处理总成本为：

$$M_\alpha(i,j,k) = W(X_i, Y_j, Z_k) \times Q_\alpha = W(X_i, Y_j, Z_k) \times \int_0^{T_\alpha} f(t)\,\mathrm{d}t \tag{6-36}$$

其中 i，j，k 的取值范围为 1~4，分别表示 A_1、A_2、A_3、B_2 四级标准。

设一次水力压裂的作业费用为 M_{Frac}，有效期为 D_{Frac}，作业后吸水能力下降至半衰期的累积注水量为 Q_{Frac}；一次酸化的作业费用为 M_{Acid}，有效期为 D_{Acid}，作业后吸水能力下降至半衰期的累积注水量为 Q_{Acid}；一次洗井作业费用为 M_{Wash}，有效期为 D_{Wash}，作业后吸水能力下降至半衰期的累积注水量为 Q_{Wash}。又假设某区块的配注要求为 $V_{\mathrm{p}}\,\mathrm{m}^3/\mathrm{d}$，现在，假设要求注水 n 年，按配注要求，总注水量为：

$$Q_{\mathrm{tt}} = V_{\mathrm{p}} \times n \times 365 \tag{6-37}$$

在某一水质标准下，假设地层吸水能力降至半衰期后必须进行增注措施。在总注水量小于 Q_{tt} 之前，可能需要进行多次增注措施。

不考虑增注措施、开发阶段对吸水能力的影响，即假设 Q_α 保持不变，则要完成 n 年的注水量 Q_{tt}，需要进行的增注措施作业次数为（以酸化作业为例）：

$$N_{\mathrm{c}} = (Q_{\mathrm{tt}} - Q_\alpha) / Q_{\mathrm{Acid}} \tag{6-38}$$

如果不考虑注水本身的费用，那么求出增注措施次数后，采用某一水质标准完成 n 年注水任务的总费用为：

$$M_{\mathrm{t}} = W(X_i, Y_j, Z_k) \times Q_{\mathrm{tt}} + N_{\mathrm{c}} \times M_{\mathrm{Acid}} \tag{6-39}$$

上式中，$W(X_i, Y_j, Z_k)$、Q_{tt}、M_{Acid} 是常数，不同开发阶段、不同注水油层对水质评价的影响反映在增注措施次数 N_{c} 上。在实际计算中，由于增注措施次数 N_{c} 不可能无限大，可通过一步步判断来确定注水总量是否以达到总注水量 Q_{tt}，从而考虑每一阶段吸水能力的变化情况。

当考虑吸水能力的变化时，可用下式计算增注作业次数：

$$N_{\mathrm{c}} = \frac{Q_{\mathrm{tt}} - Q_\alpha}{\sum\limits_{i=1}^{N_{\mathrm{c}}} \int_0^{T_{\alpha i}} f_i(t)\,\mathrm{d}t} \tag{6-40}$$

上式中 $f_i(t)$ 表示进行第 i 次增注作业时地层的吸水能力变化函数，它与注水水质、开发阶段有关。

同样，考虑吸水能力变化后，采用某一水质标准完成 n 年注水任务的总费用为：

$$M_{\mathrm{t}} = W(X_i, Y_j, Z_k) \times Q_\alpha + W(X_i, Y_j, Z_k) \times \sum_{i=1}^{N_{\mathrm{c}}} \int_0^{T_{\alpha i}} f_i(t)\,\mathrm{d}t + N_{\mathrm{c}} \times M_{\mathrm{Acid}} \tag{6-41}$$

利用上式就求出了采用不同水质指标时完成 n 年注水任务的总费用。比较不同分级标准、不同水质指标组合下的 M_t 值，找出 M_t 值最小的水质指标组合，就得到了最优的水质指标。

第六节　七中东八道湾组水质调控应用实例

水质指标分级调控决策技术研究，应以研究区块的地质、流体、开发资料为基础。任何水质标准的制定与优化，都必须考虑该水质标准与地层岩石和地层流体的适应性。因此，研究七中东八道湾的地质、开发及流体资料，对最终水质标准的确定具有重要意义。

一、七中东八道湾组地质、开发特征分析

七中东八道湾组油藏位于克拉玛依油田第七断块油藏的中东区，北以克乌大断裂为界，与六中区相接；南以百碱滩南断裂为界，与八区为邻；西以大侏罗沟断裂为界（按岩性划界与七西区八道湾组相邻）；东与530井区八道湾组相邻一条狭长的断块油藏，东西长 9.6km，南北宽 0.7~2.1km。

截至 1998 年 12 月，油田共有油水井 113 口，其中采油井 74 口（自喷井 8 口、抽油井 66 口），注水井 37 口。日产液 1213t，日产油 315t，综合含水 74%，日注水 1923m³。累积产油 561.29×10^4t，累积产水 494.38×10^4t，累积注水 1432.6×10^4t，采油速度 0.62%，采出程度 23.8%，可采采出程度 62.1%，剩余可采采油速度 3.56%，压力保持程度 92%。油藏已处于中高含水、高采出程度开采阶段。

油藏工程研究表明：油田地层压力保持水平较高，油田注采系统较为完善。为了保持油田稳产，搞好注水过程中的储层保护、制定合适的水质指标仍然是保证油田"注够水、注好水"的重要内容之一。

二、七中东八道湾组储层特征

1. 储层岩性

储层岩性自下而上为砾岩到细砂岩，小层内部大多含底砾岩，具有正旋回特征。在东区顶部多为泥岩、泥质粉细砂岩，中下部多为细砂岩，含砾状砂岩。岩石成分以变质岩为主，矿物成分石英最多，占 70%~90%，其次为长石或变质岩屑，含白云母碎片和丰富的植物碎屑，并夹有煤线，层理多为薄层片状或斜交层理，层厚 1~5mm，多数出现在泥质粉细砂岩中，偶见于干裂。中区以灰色泥岩、砂质泥岩为主，并有虫孔虫迹。粒度区间分布宽，砾径 5~50mm，最大达 130mm，粒度中值 26mm，砾砂泥混杂堆积，分选系数 2~4。胶结物以泥质为主，含量为 11.77%，钙质次之。

2. 储层物性

八道湾组油层孔隙结构复杂，微裂缝发育，油藏平均埋深 886m。有效孔隙度自下而上由 11.7% 上升到 21.1%，平均为 20.05%；渗透率由 $35.4 \times 10^{-3} \mu m^2$ 上升到 188.7 $\times$

$10^{-3}\mu m^2$，平均空气渗透率为 $157.7 \times 10^{-3}\mu m^2$。八$_4$ 层有效厚度为 $4.95m$，有效孔隙度为 21.1%，有效渗透率为 $188.7 \times 10^{-3}\mu m^2$；八$_5$ 层有效厚度为 $12.32m$，有效孔隙度为 19.0%，有效渗透率为 $141 \times 10^{-3}\mu m^2$。

渗透率的非均质性和高低对油田的产能有较大影响，它控制着剖面上和平面上的油水运动规律。在平面上，渗透率受沉积相带控制，分带性强，中区中部及东区南部有效渗透率低于 $50 \times 10^{-3}\mu m^2$，中区的西部、东部高达（$150 \sim 200$）$\times 10^{-3}\mu m^2$，东西物性较南北方向好。在剖面上，渗透率的分布受岩性及胶结物的控制。八道湾比较完整的 8 口检查井渗透率分布检查统计结果（表6-9）显示，八$_4$ 砂岩内部的渗透率差异比八$_5$ 砾岩内部的差异小。

表6-9 渗透率分布类型及变异系数

层块 ＼ 内容	渗透率分布类型	平均渗透率 $10^{-3}\mu m^2$	渗透率变异系数 V_k
八$_4$	$\Gamma(X)$	146.25	0.951
八$_5^1$	$\Gamma(\sqrt{X})$	168	1.53
八$_{4+5}$	$\Gamma(\sqrt{X})$	213.75	1.79

总体来说，主力油层八$_4$ 与八$_5$ 渗透率差异大，八$_4$ 层的粒度和物性参数均呈正韵律，八$_5$ 层岩性呈正韵律而物性参数呈反韵律的特点。主力油层八$_4$ 与八$_5$ 层自下而上泥质、钙质含量减少，有效渗透率变化由 $79 \times 10^{-3}\mu m^2$ 上升到 $188.7 \times 10^{-3}\mu m^2$，平均空气渗透率为 $138 \times 10^{-3}\mu m^2$，渗透率级差 25 倍，变异系数 0.951。八$_4$ 层均质性好于八$_5$ 层。

三、七中东八道湾组注入水水质控制现状分析

目前，七中东八道湾组共有注水井 37 口，日注水 $1923m^3$，已累积注水 $1432.6 \times 10^4 m^3$，采油速度 0.62%，采出程度 23.8%，可采采出程度 62.1%，剩余可采采油速度 3.56%，压力保持程度 92%。油藏已处于中高含水、高采出程度开采阶段。

克拉玛依油田的注水水源主要由五种：地面淡水、地面生活污水、油田污水、地下污水及地下碱化淡水。而采油二厂七中东八道湾组油田所用的注入水有三种，即地面淡水、原油污水和生活污水或是三种水源水的混合物。注入水主要为油田污水，水处理设施主要有二厂生活污水处理站和 81 号污水处理站。其注水工艺基本流程如图 6-14 所示。

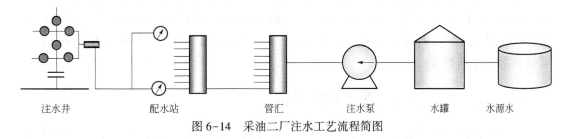

注水井 　　配水站 　　管汇 　　注水泵 　　水罐 　　水源水

图 6-14 采油二厂注水工艺流程简图

三种水源水即地面淡水、原油污水和生活污水的矿化度分别为 $198mg/L$、$8444mg/L$

和 1970mg/L。水型都为 $NaHCO_3$，它们的主要离子含量分析结果见表 6-10。

表 6-10　水源水离子含量分析结果

水源	分析日期	离子含量，mg/L							矿化度 mg/L
		CO_3^{2-}	HCO_3^-	Cl^-	SO_4^{2-}	Ca^{2+}	Mg^{2+}	$Na^+ + K^+$	
地面淡水	1997 年	11.4	150	32	/	30	2	47	198
原油污水	1997 年	90	854	4467	120	54	12	3265	8444
生活污水	1997 年	28	240	326	830	126	39	502	1970
地层水	1995 年	34.42	403.95	3967.7	93.00	14.23	4.01	2772.88	7087.48

　　三种水源水的常规水质分析结果见表 6-11。从表中可以看出，水源水中原油污水水质较差，污水中悬浮物的含量较高，最高达 180mg/L，原油污水含油量也高达 240mg/L，硫化氢的含量达 26mg/L，二氧化碳的含量达 112mg/L。水源共同的特点是细菌含量较高，其中腐生菌（TGB）含量在 $10^4 \sim 10^6$ 数量级之间，硫酸盐还原菌的含量在 $10^3 \sim 10^6$ 数量级之间；滤膜系数太低，最低达 0.8，最高也只有 13；腐蚀速率也远远高于部颁标准要求。由上述分析可知，水源水的处理应以污水处理为主。

表 6-11　三种水源水的常规水质分析结果

水源	日期	悬浮物 mg/L	ΣFe mg/L	含油 mg/L	O_2 mg/L	H_2S mg/L	CO_2 mg/L	TGB 个	SRB 个	滤膜系数	腐蚀速率 mm/a
地面淡水	1997 年	5	0.3	0	0.5	3.5	4	10^6	10^4	8	0.5124
	1998 年	3	0.3	0	0.5	0	7	10^4	10^3	13	0.08
	1999 年	3	0.4	0	0.5	0	5	10^4	10^3	11	0.11
原油污水	1997 年	161	2.3	223	0.05	26	112	10^5	10^6	0.8	0.0239
	1998 年	169	1.5	235	0.05	20	94	10^6	10^6	0.9	0.028
	1999 年	180	1.2	240	0.05	17	74	10^5	10^6	0.8	/
生活污水	1997 年	7.4	0.3	0	0.4	7	12	10^4	10^4	4	0.195
	1998 年	15	0.3	0	0.4	5	11	10^5	10^5	3	0.2387
	1999 年	10	0.8	0	0.4	4	8	10^5	10^5	5	/

　　1996 年污水处理站流程全部投运后，进行了沉降、过滤、杀菌、缓蚀及阻垢剂处理，其中净水剂投加量为 300mg/L、助凝剂为 60mg/L、杀菌剂为 60mg/L、缓蚀剂 40mg/L 和阻垢剂 10mg/L。但目前污水处理除了加入缓蚀剂 40mg/L 和阻垢剂 10mg/L 外，只进行了常规的沉降处理，没有进行精细过滤及含油处理。因此，目前水质处理存在很多问题，没有达到部颁标准要求。

四、注水强度控制与吸水能力分析

　　根据八道湾组油藏储层的特点，特别是砾岩中发育微裂缝、界面孔，八₄砂岩中发育微层理，因此油藏对水驱油速度比较敏感。室内用弱亲水岩心（细砾岩，原油黏度

20mPa·s）两层合注分采实验［高渗层为（1500~2000）$\times 10^{-3}\mu m^2$，低渗层为（400~500）$\times 10^{-3}\mu m^2$，层间无窜流］，结果表明：驱油速度越高，采收率越低，不同的驱油速度对注水采收率有较大影响。同时八道湾组水驱油实验资料说明，以孔隙通道为主的岩心，水驱油效果较好，当注入 2 倍孔隙体积时，采收率为 33.5%；而微裂缝或层理比较发育的岩心，水驱油效果差，当注入 2 倍孔隙体积时，采收率只有 17.2%，两者相差一半。实验及现场试验证明：对于微裂缝、微层理发育的八道湾组油层，要提高其采收率，控制注水强度在破裂压力以下注水是十分重要的。另外，储层存在一定的速敏性，为防止储层内部微粒运移伤害地层，控制其注水强度也是合理的。

五、注入水水质控制存在的问题

注入水水质控制既要保护好油层，保证注水正常进行；又要满足经济上可行、可操作性强的实际要求。七中东八道湾组虽然物性较好，发育有微裂缝，但水质标准参照碎屑砂岩油藏注水水质部颁标准执行，相对显得粗糙。水质处理存在不少问题，水质标准没有考虑具体储层的油层保护要求。主要存在的问题有：

（1）悬浮物控制指标（固相颗粒和含油量）依据不充分，没有根据七中东八道湾组油层具体孔喉特征及相应评价实验来确定。

（2）污水含油量和悬浮物颗粒含量较高，但水质处理系统效率较低。目前只有常规的沉降处理杀菌和阻垢处理，全程处理和部分处理相比没有显示出应有的效果。研究表明，粒径在 $10\mu m$ 以下的胶体颗粒或乳化油滴（$10~100\mu m$）很难用重力法分离。目前系统中没有加入絮凝剂，$10~100\mu m$ 的微粒如果没有足够的沉降时间，也不易分离出来。

（3）腐蚀性溶解气含量较高（H_2S 平均含量为 19mg/L，CO_2 平均含量达 90mg/L），这些腐蚀性气体的同时存在将带来严重的系统腐蚀和地层堵塞问题。

（4）硫酸还原菌（SRB）和腐生菌（TGB）含量严重超标，平均值分别为 2.62×10^6 个/mL、4.6×10^5 个/mL。这将给系统带来严重危害，它不但会带来系统的腐蚀问题，其腐蚀产物和菌尸本身也产生地层堵塞问题。

（5）系统化学处理程序即"三防"措施（即防腐、防菌和防垢）和水质监测管理需完善。水分析数据缺乏不利于发现问题、及时处理。

（6）水质控制方案没有充分考虑注水过程中储层保护的严格要求。

第七节　注入水水质指标配伍性设计

针对七中东八道湾组注入水水质控制现状和存在的问题，结合该储层孔喉的特点，拟定重点开展系统防腐、地层防堵的工作思路，具体如下：

（1）注入水与储层的配伍性研究：地层敏感性评价实验（水敏、速敏等）；悬浮物含量与粒径与储层伤害的关系；原油含量和粒径与储层伤害的关系；注入水与地层水的配伍性。

（2）地面系统防腐防垢研究：三种注入水的配伍性研究；H_2S、CO_2 及 O_2 对系统的腐蚀评价；细菌（SRB 和 TGB）的监测与评价。

（3）配伍性指标设计：配伍性注水水质指标设计；水质指标的合理性检验；配伍性注水水质保证体系要求。

一、七中东八道湾组注入水配伍性实验研究

根据七中东八道湾组的储层、流体特征分析及注入水特性分析可知，七中东八道湾组注水过程中储层伤害主要是悬浮物堵塞、乳化油堵塞、腐蚀性溶解气（H_2S、CO_2 等）对系统的腐蚀及其腐蚀产物带来的堵塞和细菌（SRB、TGB）腐蚀及其产物带来的伤害。弄清了这些注水过程中可能存在的伤害类型，就明确了储层保护的工作方向。下面将根据潜在伤害因素的伤害机理分析结果，有针对性地通过配伍性实验定性或定量评价这些伤害因子对储层的伤害程度，为制定适合储层的水质指标提供依据。

1. 储层敏感性评价试验研究

根据七中东八道湾组的储层注水过程中储层潜在伤害机理分析可知，油藏岩石敏感性排序为：速敏、水敏、盐敏、酸敏、碱敏和压力敏感，其中酸敏、碱敏不强，下面根据具体室内实验进行验证。实验岩心来源于 78000 井、T8815 井和 T8816 井八道湾组油层取心。

1）速敏评价实验

实验结果表明，七中东八道湾组储层速敏较弱，临界流速大于 5.0mL/min。由图 6-15 可以看出，速敏试验曲线的变化都随流量的增加而增大，最后趋于稳定。这表明在低流速时易流动的微粒与流体一起流动，并在孔喉处堆集。随流速进一步增加，在流速剪切力的作用下，堆集在孔喉处的细小的黏土微粒被冲散，且被流体从岩心中带出，使渗透率变大（利用长岩心可以更为深入地评价微粒对岩心的伤害）。这也说明当流速超过某一临界流速时，随注入速度的增加，注水造成的速敏伤害程度几乎不再增大。

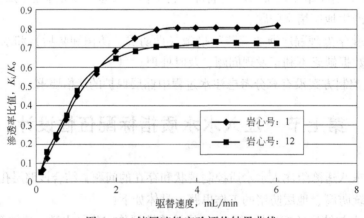

图 6-15　储层速敏实验评价结果曲线

2）水敏评价实验

水敏性是指当与储层不配伍的外来流体进入储层后引起黏土膨胀、分散、运移，从而

导致渗透率下降的现象，水敏性评价实验的目的是了解这一膨胀、分散、运移的过程及最终渗透率的伤害程度，其结果还可为盐敏性评价实验选定盐度范围。水敏评价实验主要是研究水敏性矿物的水敏性，故驱替速度必须低于临界流速。此时岩心渗透率的降低才可以认为仅是由黏土矿物水化膨胀引起的。

实验结果数据见表6-12，结果表明，七中东八道湾组储层水敏伤害程度为中等，渗透率平均伤害程度为49%左右。因此，注水作业中必须采取措施，防止水敏伤害发生。

表6-12　水敏评价结果数据表

岩心号	模拟地层水			次模拟地层水			去离子水		
	压力 MPa	流量 mL/s	渗透率 K_W $10^{-3} \mu m^2$	压力 MPa	流量 mL/s	渗透率 $K_{0.5w}$ $10^{-3} \mu m^2$	压力 MPa	流量 mL/s	渗透率 K_w^* $10^{-3} \mu m^2$
2	0.199	0.043	23.673	0.233	0.043	19.969	0.317	0.043	14.67
4	0.572	0.008	1.496	0.673	0.008	1.218	1.502	0.008	0.594
备注	水敏指数 $I_w = (K_W - K_w^*)/K_W$　　$I_W = (23.673 - 14.670)/23.673 = 0.38$　　　　　　　　　　　　　　　　　水敏程度：中等								
	水敏指数 $I_w = (K_W - K_w^*)/K_W$　　$I_W = (1.496 - 0.594)/1.496 = 0.6$　　　　　　　　　　　　　　　　　　水敏程度：中等								

3）盐敏评价实验

盐敏即矿化度敏感性，是砂岩储层敏感评价的重要指标之一，通过矿化度敏感性评价实验可以观察储层对所接触流体矿化度变化的敏感程度，从而获得渗透率明显下降的临界矿化度（或称临界盐度）。实验数据如图6-16所示。

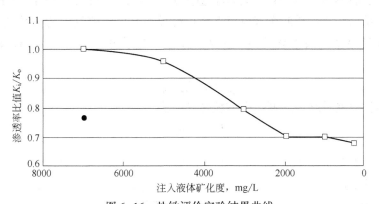

图6-16　盐敏评价实验结果曲线

从图中可以，注入水的临界矿化度约为5000mg/L。图中实心圆点代表矿化度从高到低实验结束后重新回到地层水矿化度下所测得的地层水渗透率。很明显由于水敏引起的渗透率下降是很难恢复的，恢复程度仅为8.9%。同时也发现，逐步降低矿化度的渗透率最终下降程度比水敏实验结果要低，渗透率伤害指数为0.32，而水敏实验水敏指数平均为0.5。

4）酸敏评价实验

不同的地层，应有不同的酸液配方，配方不合适或措施不当，不但不会改善地层的状况、提高或恢复注水井的吸水能力，反而会使地层受到伤害，酸敏与酸化是两个不同的概念。酸敏实验主要评价酸化液进入地层后与地层中的酸敏矿物发生反应，产生沉淀或释放出微粒使地层渗透率下降的程度。实验结果如图6-17所示。

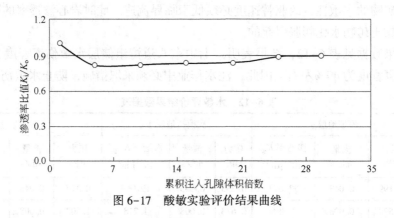

图6-17　酸敏实验评价结果曲线

2. 固相颗粒对地层伤害的实验评价

注入水中悬浮固相的含量及大小是影响注入水水质的重要指标，是造成地层伤害的重要因素。从储层保护的观点出发，要求机杂浓度、中值颗粒粒径越低约好。但要求越高，对精细过滤设备要求就越高，投资越大。因此必须考虑水质指标的可操作性。为了获得七中东八道湾组注入水固相颗粒与孔隙喉道的配伍关系，设计了系列室内实验，以考察不同颗粒粒径、浓度对具有孔隙性、不同渗透率性能的岩心的伤害程度，利用正交组合设计实验原理，获取岩石渗透率伤害程度与颗粒粒径、浓度及岩石渗透率的相互关系，为油层保护提供操作依据。

根据实验结果，获得了低伤害情况下微粒粒径与储层孔隙喉道的关系图（图6-18）。不容易产生喉道堵塞的最小颗粒粒径下界（d_{min}）与喉道（$d_{core-throat}$）存在一定的相关性，即：

$$d_{min} = f_1(d_{core-throat}) \tag{6-42}$$

即不容易产生储层喉道堵塞的颗粒中值粒径d应满足：

$$d \in (0, d_{min}) \tag{6-43}$$

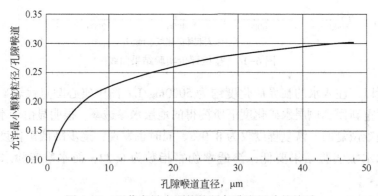

图6-18　无伤害最小颗粒粒径与孔喉尺寸的关系

根据前面的分析，七中东八道湾组主流孔隙喉道在$7 \sim 14\mu m$之间，平均值在$10\mu m$左右。从图6-16中可以看出，喉道在$7 \sim 14\mu m$之间对应的低伤害固相颗粒粒径下界在

1.37~3.22μm 之间，对应的低伤害固相颗粒粒径与喉道直径之比大约在 1/4.3~1/5.1 之间。对于七中东八道湾组油层，综合考虑孔隙喉道与微裂缝的要求，避免储层伤害的固相颗粒粒径的下限是 1/4.7。

由此知道七中东八道湾组储层对应的低伤害固相颗粒粒径上界在 1.37~3.22μm 之间，综合考虑油层非均值性情况，对应此范围的、将伤害程度控制在 15% 以内的颗粒浓度应控制在 8mg/L 以下，最好是小于 5mg/L。当悬浮物含量大于 5~8mg/L 时，岩心的伤害程度加大。另外，控制颗粒粒径大于 10μm，颗粒浓度小于 50mg/L，伤害可控制在 30% 以内。

3. 注入水含油对储层伤害的评价实验

根据前面的研究结果可知，注入水中含油是引起七中东八道湾组储层伤害的原因之一。根据储层具体情况制定合理的水质含油量量指标也是重要评价项目之一。

设计了系列室内实验，以考察不同油珠粒径、浓度对具有孔隙性、不同渗透率性能的岩心的伤害程度，利用正交组合设计实验原理，获取岩石渗透率伤害程度与油珠粒径、浓度及岩石渗透率的相互关系，为油层保护提供操作依据。

实验结果表明，油珠的大小和浓度都会对地层造成伤害，只是油珠的浓度比其尺寸对渗透率伤害的影响要大得多。对于七中东八道湾中低渗储层，注入水含油对其储层渗透性能的影响可归纳如下：

（1）油珠浓度和粒径一定时，渗透率越小油珠伤害越严重，说明低渗透岩心更容易受到油珠伤害。

（2）油珠浓度和渗透率一定时，油珠粒径越小伤害越严重。油珠尺寸较小时其尺寸的影响较大，油珠较大时对伤害程度的影响力减弱。

（3）油珠浓度对伤害程度的增加具有明显的贡献作用。浓度越大伤害越严重。

（4）不论渗透率多大，随油珠尺寸的增加伤害程度降低（但幅度不大）。当油滴粒径很大时，不论是高渗透率还是低渗透率，其伤害程度基本相同。这与前人研究结果一致。

（5）油珠粒径大于 10μm，控制油珠浓度小于 15mg/L 伤害率可控制在 20% 以内；控制油珠浓度小于 10mg/L 时，伤害率可控制在 15% 以内。

（6）油珠粒径大于 20μm，控制油珠浓度小于 30mg/L 伤害率可控制在 30% 以内；油珠粒径大于 40μm，控制油珠浓度小于 30mg/L 伤害率可控制在 20% 以内。

事实上，只要注入水中含油，完全控制含油不伤害储层是难以做到的，只有在经济许可的条件下尽可能地控制含油对储层的伤害。研究表明，胶体颗粒粒径一般在 10μm 以下，乳化油滴粒径一般在 10~100μm。根据上述实验研究结果，对于七中东八道湾中低渗注水储层，将注入水含油量控制在 10mg/L 是适宜的。另外如果油珠粒径大于 40μm，控制油珠浓度大于 30mg/L 伤害率也可控制在 20% 以内，方案也是可行的。

4. 腐蚀评价实验

注入水的来源有三种，即地面淡水、原油污水和生活污水，它们的矿化度分别为 198mg/L、8444mg/L 和 1970mg/L，水型都属于 $NaHCO_3$ 水型，虽然油田注入水矿化度不高，但原油污水中所含的腐蚀性溶解气（含氧低于 0.5mg/L）含量太高（H_2S 平均含量为 19mg/L，CO_2 平均含量达 90mg/L）。

回注水的腐蚀危害是众所周知的，影响腐蚀的因素很多，首先是各种溶解气体如 O_2、H_2S、CO_2，另外还有温度、pH 值、Cl^- 和矿化度等。在七中东八道湾注入水中，可能存在的腐蚀因素包括 H_2S、溶解二氧化碳、Cl^-，这些腐蚀性介质的同时存在将带来严重的系统腐蚀和地层堵塞问题，对可能给系统带来腐蚀的因素进行评价对于制定合理水质指标、完善系统的防腐措施十分重要。

1）含盐量对系统的腐蚀评价

在七中东八道湾注入水中，地面淡水、原油污水和生活污水总的矿化度取决于三种水注入时的配比关系，但不会高于原油污水矿化度 8444mg/L（按 1997 年 5 月资料），Cl^- 含量不会高于 4467mg/L。

采用标准 NaCl 盐水做不同浓度下金属挂片腐蚀实验，为了排除其他因素的影响，实验用液采用亚硫酸钠除氧。实验温度控制在 30℃（取井底温度高限），结果见表 6-13。结果表明，注入水 Cl^- 在 4000mg/L，腐蚀速率为 0.03mm/a。由于实际注入水混合后 Cl^- 含量还要低于该值，溶解氧的含量不高，因而注入水矿化度不会引起系统的严重腐蚀问题。

表 6-13　含盐量腐蚀挂片实验结果

指标	NaCl 浓度，mg/L				
	1000	2000	4000	6000	8000
腐蚀速率，mm/a	0.0115	0.0203	0.0316	0.0387	0.0412

2）溶解氧含量对系统的腐蚀分析

七中东八道湾注入水水源水中（清水）的含氧量低于 0.5mg/L，估计溶解氧本身不会带给系统严重的腐蚀伤害，但当混合注入水中还含有大量 H_2S、CO_2 和 Cl^- 时，将使氧的腐蚀进一步加剧。

3）硫化氢含量和二氧化碳对系统的腐蚀评价

七中东八道湾注入水水源水中硫化氢平均含量为 19mg/L，CO_2 平均含量达 90mg/L，水中的硫化氢、二氧化碳与金属发生化学反应而产生腐蚀。其腐蚀产物及微生物、悬浮物沉积在钢铁表面造成许多小的覆盖闭合环境，形成氧浓差电池，也有利于细菌的繁殖。

注入水中含硫化氢给系统带来的腐蚀是十分严重的，其腐蚀产物硫化铁还会造成严重的地层堵塞。硫化氢的来源一是本身油气产出的附属产物，二是由于水中存在的硫酸还原菌的产物。

实验采用挂片实验，在模拟地层水中加入不同量的硫化钠以模拟含量不同的硫化氢，实验在常温（30℃）下进行，实验结果见表 6-14。

表 6-14　硫化氢含量腐蚀挂片实验结果

指标	硫化氢浓度，mg/L					
腐蚀速率 mm/a	5	10	15	20	25	30
	0.063	0.224	0.482	0.636	0.79	0.826

CO$_2$的腐蚀机理主要是由于碳酸氢根分解使水中的氢离子增加而产生氢的去极化作用，另外游离的CO$_2$也能溶解设备和管道的保护膜，从而引起金属的腐蚀。CO$_2$在分压较低的情况下所造成的腐蚀并不强，但通常造成点腐蚀。有资料认为当CO$_2$量达到700mg/L以上时，腐蚀才会较为严重，但一般注水中的CO$_2$含量远低于此。

4）注入水中的细菌伤害分析

根据水源水的常规水质分析结果，七中东八道湾组油田三种水源共同的特点是细菌含量较高，其中腐生菌（TGB）含量在$10^4 \sim 10^6$数量级之间，硫酸盐还原菌（SRB）的含量在$10^3 \sim 10^6$数量级之间，污水中SRB和TGB含量严重超标，平均值分别为2.62×10^6个/mL、4.6×10^5个/mL。这将给系统带来严重危害，它不但会带来系统的腐蚀问题，其腐蚀产物和菌尸本身也产生地层堵塞问题。

就油田注水系统而言，在考虑微生物的有害活动中，首要的问题是其引起的系统腐蚀和其带来的注水井、管线和设备（如过滤器）的堵塞问题。细菌的控制应使细菌杀灭或不致繁殖为最终目标。实际上，任何水系统（不论淡水或盐水）都含有细菌，存在细菌的数量、种类、活性决定了他们的危害程度，也决定了有效控制这些细菌的方法。

总的来讲，注水系统中应严格控制这类细菌的含量。由于七中东八道湾组油田污水处理除了加入缓蚀剂40mg/L和阻垢剂10mg/L外，没有进行杀菌处理，由细菌引起的系统腐蚀和堵塞问题是不容忽视的。

二、注入水及其与地层水的配伍性评价

结垢是由水的热力学条件改变或不相容的水混合后产生化学难溶性沉淀。这些沉淀或悬浮于水中或附着于设备、管线内壁，并易于堵塞孔喉；而且水垢的沉积会加剧设备或管线的局部腐蚀，在短期内穿孔而被破坏。对地面水处理系统来说，如果注入水只是单一水源，那么地面系统一般不会有结垢问题；但如果注入水是几种水源的混合，且几种水是不相容的，那么地面系统的结垢是不容忽视的。因此，不但要评价地面系统注入水本身的结垢趋势，还要评价注入水与地层水之间的配伍性。

由于注入水和地层水都含SO$_4^{2-}$、Ca^{2+}，考察注入水与地层水配伍性、判断是否相容，是避免产生无机垢沉淀、给系统和地层带来更多的腐蚀和堵塞的重要基础工作之一。

评价的方法有两种，一是室内实验评价，二是模型预测。

1. 注入水本身的结垢趋势预测

七中东八道湾油田注入水由三种水组成，即原油污水、生活污水和清水。在地面条件下单独注入和与其他水混合后注入水的结垢趋势预测见表6-15。

表6-15　水源水地面结垢预测

注入水类型	离子含量，mg/L							饱和指数	
	CO_3^{2-}	HCO_3^-	Cl^-	SO_4^{2-}	Ca^{2+}	Mg^{2+}	$Na^+ + K^+$	SI_{CaCO_3}	SI_{CaSO_4}
清水（A）	11.4	150.0	32.0	0.0	30.0	2.0	47.0	-0.7800	
原油污水（B）	90.0	854.0	4467.0	120.0	54	12.0	3265.0	-2.7000	-2.75

续表

注入水类型	离子含量，mg/L							饱和指数	
	CO_3^{2-}	HCO_3^-	Cl^-	SO_4^{2-}	Ca^{2+}	Mg^{2+}	Na^++K^+	SI_{CaCO_3}	SI_{CaSO_4}
生活污水（C）	28.0	240.0	326.0	830.0	126	39.0	502.0	−0.0700	−1.35
混合水 D（8B+2C）	77.6	731.2	3638.8	262.0	68.4	17.4	2712.4	−0.1557	−2.28
混合水 E（6B+4C）	65.2	608.4	2810.6	404.0	82.8	22.8	2159.8	−0.0747	−1.98
混合水 F（1A+8B+1C）	75.94	722.2	3609.4	179.0	58.8	13.7	2666.9	−0.2080	−2.50
混合水 G（3A+5B+2C）	54.02	520.0	2308.3	226.0	61.2	14.4	1747.0	−0.1924	−2.32
混合水 H（4A+6B）	58.56	572.4	2693.0	72.0	44.4	8.0	1977.8	−0.3166	−2.97

软件预测结果表明：在地面条件下，三种注入水本身及其不同配比混合水的 $CaCO_3$ 饱和指数均小于 0，$CaSO_4$ 的饱和指数也全都小于 0，即不结垢。这说明地面条件下注水系统是不会结垢的。

2. 注入水与地层水混合后的结垢趋势预测

上面八种情况下的注入水与地层水 1∶1 混合后，在地层条件下的结垢预测结果见表 6-16。

表 6-16　注入水与地层水 1∶1 混合后地下结垢预测

注入水类型	离子含量，mg/L							饱和指数	
	CO_3^{2-}	HCO_3^-	Cl^-	SO_4^{2-}	Ca^{2+}	Mg^{2+}	Na^++K^+	SI_{CaCO_3}	SI_{CaSO_4}
A+地层水（1∶1）	22.91	276.98	1999.85	46.50	22.12	3.01	1409.94	−0.7042	−3.4000
B+地层水（1∶1）	62.21	628.98	4217.35	106.50	34.12	8.01	3018.94	−0.4121	−2.9800
C+地层水（1∶1）	31.21	321.98	2146.85	461.50	70.12	21.51	1637.44	−0.1988	−1.9500
D+地层水（1∶1）	56.01	567.58	3803.25	177.50	41.32	10.71	2742.64	−0.3320	−2.6600
E+地层水（1∶1）	49.81	506.18	3389.15	248.50	48.52	13.41	2466.34	−0.2736	−2.4300
F+地层水（1∶1）	55.18	563.08	3788.55	136.00	36.52	8.86	2719.89	−0.3830	−2.8300
G+地层水（1∶1）	44.22	461.98	3138.00	159.50	37.72	9.21	2259.94	−0.3844	−2.7100
H+地层水（1∶1）	46.49	488.18	3330.35	82.50	29.32	6.01	2375.34	−0.4820	−3.1100

软件预测结果表明：在地层条件下各种情况的 $CaCO_3$ 的饱和指数和 $CaSO_4$ 的饱和指数都小于 0，不结垢。这说明系统中注入水与地层水 1∶1 混合后不会有结垢问题。

根据上述的室内实验研究和模型预测可知，七中东八道湾油田地面注入水系统结垢趋势不明显，注入水与地层水混合后结垢趋势同样不明显。但水处理系统必须根据最新的水分析数据资料，结合现场实际得出更为准确的结论，注意各注入水源最后的混合比例。同时也应该注意到，克拉玛依油田公用一个水处理站，水源水的处理不仅影响到七中东八道湾组油层、也会影响到其他油层组，因此是否进行防垢处理必须结合其他区块的注水水质要求来统一考虑。

三、配伍性注水水质控制指标设计

水质标准具较强的针对性，它必须是在对具体的水源、具体的油藏全面分析以后，提出不伤害储层、经济上可行、易于操作的注入水水质指标。中国石油天然气集团有限公司颁布的水质标准不具有普遍的适应性，只是总体的、全局概念上的约束与规范。

水质标准的制定主要应考虑两方面的问题，即系统的腐蚀问题与系统和注水井的堵塞控制问题。因此必须弄清注入水与储层岩石、储层流体的相互作用及可能导致的储层伤害。水处理系统的腐蚀堵塞问题与很多因素有关。七中东八道湾油田注入水中可能引起腐蚀的因素见表6-17。由于注入水处理系统日处理量很大，因而改变水的矿化组成是不切实际的，因此注入水水质中腐蚀控制指标应以控制腐蚀性气体指标为主。

表6-17 七中东八道湾油田注入水中引起系统腐蚀的主要因素

七中东八道湾	地面系统腐蚀因素						
	矿化度	溶解气			水的温度	细菌	结垢
		O_2	H_2S	CO_2			
注入水状况	—	—	—	—	—	—	—

"—"表示七中东八道湾油田注入水中存在的可能伤害地层因素，也是水质控制主要考虑的内容。

注入水中引起堵塞的主要因素见表6-18。

表6-18 七中东八道湾油田注入水中引起系统堵塞的主要因素

七中东八道湾	引起地层堵塞因素						
	水敏 盐敏	速敏	应力敏感	悬浮物		含油量	细菌及其 腐蚀产物
				浓度	粒径		
注入水与地层 配伍性因素	—	—	—	—	—		

八道湾组油层主力油层八$_4$层主要为粒间孔，喉道主要类型为中孔—中（粗）喉；八$_5$层孔隙为粒间孔、界面孔和微裂缝，喉道类型主要为中孔—细中粗喉兼有。由于孔隙直径偏粗而连通喉道偏细，喉道已成为制约油层渗透性能的主要因素，保护储层的配伍性注水水质标准设计应以孔喉的保护为主。

配伍性水质指标高限设计严格按照室内配伍性实验研究结果，从高标准严要求出发，按照油层保护的技术思路，以配伍程度好、伤害低、增注洗井作业频度低为目标进行设计，兼顾操作的可行性要求。

1. 悬浮物粒径

配伍性实验结果表明，对七中东八道湾油藏来说，颗粒粒径与喉道之比小于1/4.7（约2.13/10）对控制储层伤害是有效的，大于3.5/5（约7/10）孔隙喉道的颗粒不会进入储层，因而颗粒粒径在1/4.7~3.5/5倍孔隙喉道或裂缝开度时最容易伤害储层。根据储层孔喉特征，按照1/4.7底限设计，得到七中东八道湾油田各油层组注水时对悬浮物粒径的要求（表6-19）。并以易于操作的原则，综合考虑各层组的要求，推荐整个油田水处理要求达到悬浮物粒径应小于3μm。

表6-19　七中东八道湾组储集层孔隙喉道特征及悬浮物粒径要求

层位	主要孔隙类型	孔隙直径 μm	喉道中值 μm	主流喉道直径 μm	悬浮物粒径 μm
八$_1^3$	粒间孔、粗中孔—中喉、中细孔—细喉	1~400	1.14~2.73	6.0~8.29　（7.54）	1.28~1.76
八$_4$	粒间孔—界面孔、中孔—中喉、中孔—细喉	10~400	0.28~0.82	10.9~15.11（13.74）	2.32~3.21
八$_5^{1-1}$	粒间孔—界面孔—微裂缝、中孔—细中喉				
八$_5^{1-2}$	界面孔—晶间孔—微裂缝	1~400	0.23~0.66 （0.375）	9.5~13.08（11.89）	2.02~2.78
八$_5^{1-3}$	界面孔—溶孔—微裂缝、中喉				

2. 悬浮物浓度

根据悬浮物正交实验结果，当颗粒粒径在1~4μm之间，要将伤害程度控制在15%以内，必须使颗粒浓度控制在7~8mg/L以下，最好是小于5mg/L。当悬浮物含量大于5~8mg/L时，岩心的伤害程度加大。因此要求悬浮物浓度小于5mg/L。

3. 含油量

根据含油量正交实验结果，油珠粒径大于10μm，控制油珠浓度小于15mg/L伤害率可控制在20%以内；控制油珠浓度小于10mg/L时，伤害率可控制在15%以内。当油珠粒径增大时，该伤害还可进一步降低。由于乳化油滴粒径一般在10~100μm之间，因此要求含油量小于10mg/L是可行的。

4. 溶解气含量

腐蚀性溶解气不但给系统带来严重的系统腐蚀问题，其腐蚀产物还会给造成地层的严重伤害，根据注入水的矿化度及腐蚀挂片实验结果，指标推荐为：

溶解氧含量：小于0.5mg/L；

二氧化碳含量：小于10mg/L；

硫化物含量：小于10mg/L。

5. 平均年腐蚀率

平均腐蚀速率小于0.076mm/a。

由分析可得七中东八道湾油田注水水质推荐指标，见表6-20。

表6-20　七中东八道湾油田注水水质推荐标准

序号	水质项目	单位	技术指标	
			配伍性低限设计	部标准法
1	悬浮物浓度	mg/L	<5	<2
2	悬浮物粒径	μm	<3	<1.5
3	含油量	mg/L	<10	<6
4	溶解氧含量	mg/L	<0.5	<0.5

续表

序号	水质项目	单位	技术指标	
			配伍性低限设计	部标准法
5	硫化物含量	mg/L	<10	<10
6	二氧化碳含量	mg/L	<10	<10
7	硫酸还原菌	个/L	<10	<10
8	腐生菌	个/L	<100	<100
9	与地层水的相容性		—	—
10	与地层岩石的配伍性		—	—

第八节 注入水水质指标调控分析

一、合理调控幅度确定

注入水水质调控的目的是在水质控制指标和增注措施之间寻求一个以技术经济评价为目标的平衡点，旨在基本满足注水的前提下控制注水成本，提高注水开发效益。

水质控制指标的调控是以指标与储层伤害的定量关系为基础，该关系已经从正交实验获得。各水质控制指标的幅度应以该指标对储层伤害程度的单因素敏感度来确定，敏感性强的指标幅度可小些，敏感性弱的指标幅度可大一些。

以目前水源水的水质指标为基本值，各控制指标的敏感性分析如下。

图 6-19 表示悬浮物浓度对吸水能力的影响，从图中可以看出，浓度的敏感性是比较明显的，随着浓度的增加，敏感性减弱。因此，在机杂浓度小于 8mg/L 时，调控幅度应小一些；在机杂浓度大于 8mg/L 时，调控幅度可大一些。

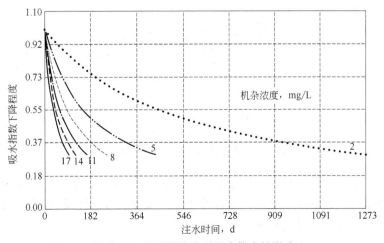

图 6-19 悬浮物浓度对吸水能力的影响

图 6-20 表示悬浮物粒径对吸水能力的影响。从图中可以看出，粒径的敏感性也是比较明显的，随着粒径的增加，敏感性减弱。因此，在机杂粒径小于 5μm 时，调控幅度应小一些；在机杂粒径大于 5μm 时，调控幅度可大一些。

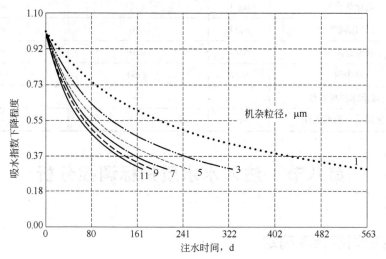

图 6-20　悬浮物粒径对吸水能力的影响

图 6-21 表示乳化油浓度对吸水能力的影响。从图中可以看出，乳化油浓度的敏感性是比较明显的，随着乳化油浓度的增加，敏感性减弱。因此，在乳化油浓度小于 15mg/L 时，调控幅度应小一些；在乳化油浓度大于 15mg/L 时，调控幅度可大一些。

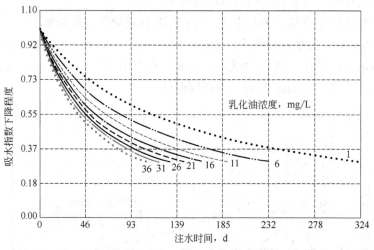

图 6-21　乳化油浓度对吸水能力的影响

图 6-22 表示油层渗透性能在给定水质指标下对吸水能力的影响。从图中可以看出，油层渗透率的敏感性是比较明显的，随着渗透率的增加，敏感性减弱。因此，对于渗透率比较高的储层，调控幅度可大一些。

根据以上分析，结合克拉玛依油田的实际情况，考虑到调控幅度与水处理设备性能指标的适应性，确定水质指标调控幅度如图 6-23 所示。其中细菌的调控幅度是结合部颁标准和油田的实际操作经验确定的。

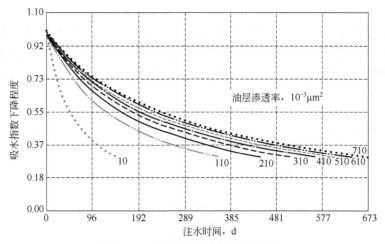

图 6-22　渗透率对吸水能力的影响

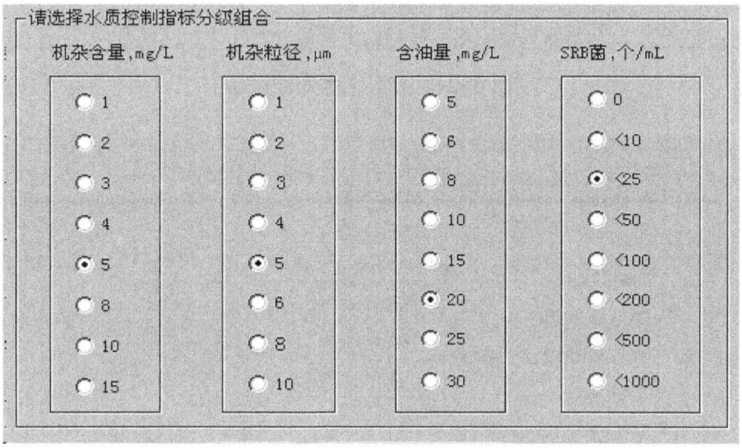

图 6-23　水质指标调控幅度

二、水质方案的选择

为了评价不同水质指标组合对注水成本的影响，在注水水质配伍性评价的基础上，结合上述调控幅度，选择了四套不同的水质指标方案（表 6-21）。

表 6-21　水质指标方案

方案	悬浮物含量 mg/L	悬浮物粒径 μm	油含量 mg/L	SRB 含量 个/L
方案 1	5	3	10	10
方案 2	2	2	6	10
方案 3	8	3	15	10
方案 4	10	4	20	10
方案 5	15	5	30	10

三、水处理方案

根据选择的水质指标方案，确定与之相适应的水处理方案。根据水质现状调查和配伍性实验评价结果，系统必须考虑的水处理措施有：过滤、除油、防腐或缓蚀、杀菌、防膨。结合水质指标方案，确定不同的水处理设备，结果如图6-24至图6-27所示。

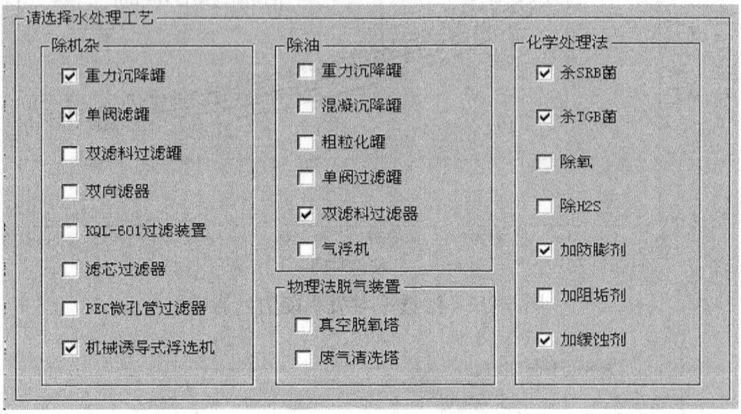

图6-24　方案1水处理设备

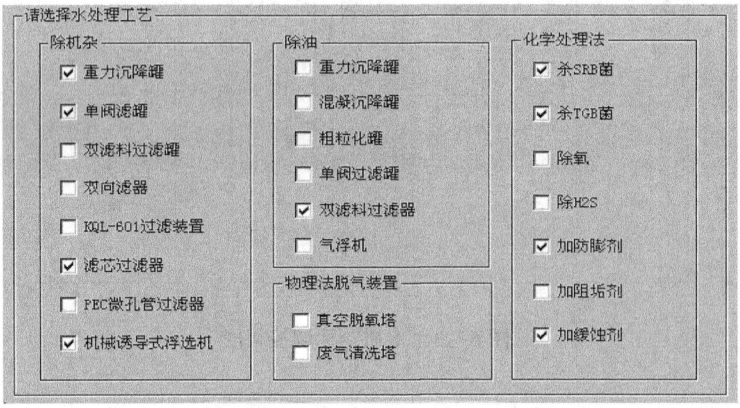

图6-25　方案2水处理设备

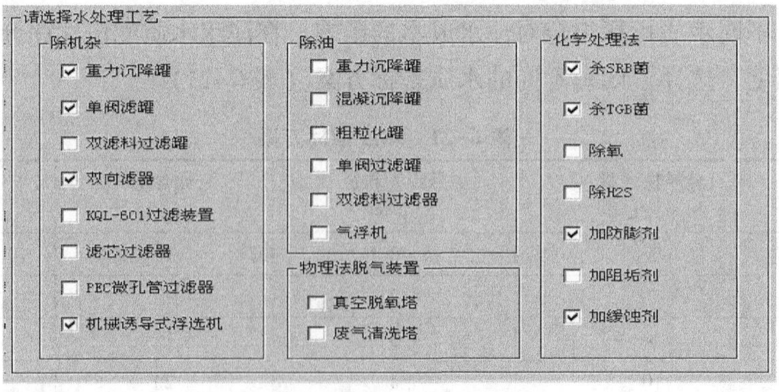

图6-26　方案4水处理设备

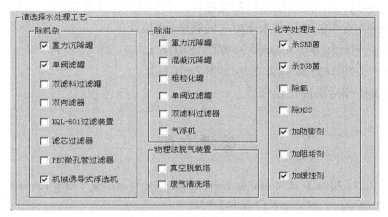

图 6-27　方案 5 水处理设备

其中方案 3 水处理设备同方案 1。

四、水质调控经济评价结果

根据前面选定的水质指标方案及其相应的水处理方案，结合增注措施和吸水能力预测模型，利用研制开发的注入水水质调控决策软件，获得评价结果（表 6-22）。

表 6-22　水质调控决策分析结果输出（评价注水年限：10 年）

	方案 1	方案 2	方案 3	方案 4	方案 5
悬浮物含量，mg/L	5	2	8	10	15
悬浮物粒径，μm	3	2	3	4	5
油含量，mg/L	10	6	15	20	30
SRB 含量，个/L	<10	<10	<10	<10	<10
水处理总量；$10^4 m^3$	3517	3517	3517	3517	3517
年固定资产占用费，万元	119	119	119	119	119
年物理处理费，万元	391	474	391	381	289
年化学处理费，万元	608	608	608	608	608
年水处理总成本，万元	998	1082	998	989	896
年增注总费用，万元	91	34	150	229	414
年完成配注总费用，万元	1101	1128	1160	1230	1322
$1m^3$ 水处理成本，元	2.1557	2.3335	2.1557	2.1360	1.9380
$1m^3$ 水配注成本，元	2.3497	2.4069	2.4753	2.6246	2.8217
七中东八道湾年增注周期，d	76.7	126.0	52.4	44.7	38.2
530 克下组年增注周期，d	69.3	108.0	47.7	41.5	36.3

表中 $1m^3$ 水处理成本表示将水源来水处理达到水质方案要求所需的费用，$1m^3$ 水配注成本表示不但包含水处理费用，还包含完成配注要求必需的增注费用。

从上表可以看出，水质指标要求越高，水处理费用越高，年增注费用越低。但并不是水质指标越严越好，也不是水质指标越宽越好。水质调控决策的依据是每方水的配注成本的高低，表中配注成本的排序和水质要求的顺序分别为：

  配注成本：方案 5>方案 4>方案 3>方案 2>方案 1。

  水质要求：方案 5<方案 4<方案 3<方案 1<方案 2。

  因此，方案 1 相对来说比较合适。

参考文献

［1］ Barkman J H, Davidson D H. Measuring Water Quality and Predicting Well Impairment［J］. Journal of Petroleum Technology, 1972, 24（7）：865-873.

［2］ Vetter O J, Kandarpa V, Stratton M, et al. Particle Invasion Into Porous Medium and Related Injectivity Problems［J］. Spe International Symposium on Oilfield Chemistry, 1987.

［3］ Donaldson E C, B. A. Baker, Carroll H B. Particle Transport In Sandstones［C］// Society of Petroleum Engineers. Society of Petroleum Engineers, 1977.

［4］ Gruesbeck C, Collins R E. Entrainment and Deposition of Fine Particles in Porous Media［J］. Soc. Pet. Eng. AIME, Pap.; (United States), 1982, 22：6（6）：847-856.

［5］ Baghdikian S Y, Sharma M M, Handy L L. Flow of Clay Suspensions Through Porous Media［J］. SPE Reservoir Engineering, 1989, 4（2）：213-220.

［6］ Bouhroum A, Liu X, Civan F. Predictive Model and Verification for Sand Particulates Migration in Gravel Packs［C］// SPE Annual Technical Conference and Exhibition. 1994.

［7］ Bigno Y, Oyeneyin M B, Peden J M. Investigation of Pore-Blocking Mechanism in Gravel Packs in the Management and Control of Fines Migration［J］. Proceedings of the Spe International Symposium for Damage Control Society of Petroleum Engineers.

［8］ Eltvik P, Skoglunn T, Settari A. Waterflood-Induced Fracturing：Water Injection Above Parting Pressure at Valhall［C］// Spe Technical Conference & Exhibition. 0.

［9］ Smart B, Macgregor K W, Somerville J M. Fines Migration Within a Stressed Proppant Bed Detected Using a Linear Flow Cell. Society of Petroleum Engineers, 1991.

［10］ 赵福麟. 采油用剂［M］. 东营：石油大学出版社. 1997.

［11］ 谭文彬，等. 油田注水开发的决策部署研究［M］. 北京：石油工业出版社，2000.

［12］ 陈玉英，刘子聪. 百色油田注入水的化学处理［J］. 油田化学. 11（2）：135~138.

［13］ 何晓东，熊燕莉. 轮南油田回注水水质指标现状分析与评价［J］. 天然气工业，2000（4）：72-76, 2.

［14］ 陈玉英，刘子聪. 百色油田注入水的化学处理［J］. 油田化学，1994（2）：135-138.

［15］ Brigitte B, Esperanza S, Thiez P. Control of Formation Damage by Modeling Water/Rock Interaction［C］// SPE Formation Damage Control Symposium. 1994.

［16］ Ershaghi I, Hashemi R, Caothien S C, et al. Injectivity Losses Under Particle Cake Buildup and Particle Invasion［C］// Society of Petroleum Engineers. 0.

［17］ Vetter O J, Kandarpa V, Stratton M, et al. Particle Invasion Into Porous Medium and Related Injectivity Problems［J］. Spe International Symposium on Oilfield Chemistry, 1987.

［18］ Eleri O O, Ursin J R. Physical Aspects of Formation Damage in Linear Flooding Experiments［J］. SPE Formation Damage Control Symposium.

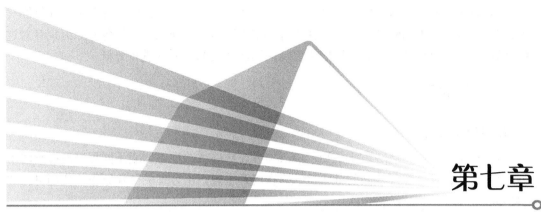

第七章

注水井增注技术

注水开发是最经济的提高采收率的技术手段，在国内外进行了广泛应用。注够水、注好水是油田稳产的基础。相对于中高渗油藏来说，低渗油藏的难点是注水困难，存在注水启动压力高，渗流阻力大；储层敏感性强，注水井能量扩散慢，注水压力不断上升；吸水能力低，且吸水能力不断下降等。从而导致低渗油气藏的注水开发效果不佳，地层能量得不到有效的补充，油井产量下降快，油层动用状况差。在低渗油藏的水驱过程中，一般都要出现注入能力降低的现象。注水过程许多因素影响注入速率和注入压力，如注入指数、岩石和流体的特性、井的几何特性、运移比等，但是操作效率和地层伤害是主要影响因素。操作效率取决于如下几个因素：能量供给、井口、海上平台条件、设备设计、泵效率及操作人员的熟练程度。地层伤害是由地层细颗粒的运移、盐的沉淀、水中固相或油相堵塞孔喉造成的，这些颗粒全部保留在油藏岩石的孔隙中，并形成滤饼，使渗透率降低，注水能力下降。

目前低渗透油藏主要采取注水开发，但低渗透油藏特殊的孔隙结构及注水伤害等，导致注水困难、波及系数降低、采收率减小。目前增强注水主要有物理方法与化学方法，主要包括常规压裂增注、酸化增注等技术，但均存在有效期短、费用较高、二次伤害等问题，新创新的物理法增注技术有波处理油层技术、磁场处理油层技术，电场处理油层技术以及其他物理法增产增注技术。

为此，针对注水井的增注，本章介绍的主要技术有压裂增注技术，酸化增注技术及物理法增注技术。

第一节 注水井欠注原因分析

油田注水的主要目的就是为了保证油田的油层可以以一个正常的开采运行状态。目前，我国的大部分油田已经经历了长时间的开采工作，随着开采工作的持续进行，油层里面的石油含量逐渐降低，油田注水井欠注问题正逐步成为油田注水的焦点问题之一。因此，油田注水井欠注原因分析具有非常重大的意义。欠注层伤害的原因分为内因和外因两种，内因就是指储层本身所固有的伤害因素，如含有某些敏感性矿物成分及地层流体固有的伤害特性等；外因指钻井、完井、注水等外来因素引起的地层伤害的各种原因。针对这样的情况，本节研究注水井欠注原因主要从内因和外因两个方面进行分析。

一、内部因素

1. 储层特征分析

对于注水井而言，储层黏土矿物、储层物性、储层敏感性等因素不同程度地影响注水的状况。因此，只有综合全面的分析这些内在因素才能得出合理的欠注原因，找到可行的治理办法。

1）黏土矿物分析

分析储层黏土矿物成分及其所占体积分数，找出可能引起储层敏感的主要矿物。

2）储层物性的影响

一般认为相对均质模型突进系数小于2，变异系数小于0.5；非均质模型突进系数为2~3，变异系数为0.5~0.7；严重非均质模型突进系数大于3，变异系数大于0.7。对于非均质模型和严重非均质模型，欠注现象很严重。因此，物性是影响注水的一个很重要因素。层内和平面的非均质性也影响注水效果，而且随着注水时间的推进，物性因素的影响程度还会越来越大。因而，在注水过程中对外在因素的要求就会越来越高，正所谓要注"好"水。

3）储层敏感性因素的影响

储层敏感性伤害是造成储层欠注的主要潜在因素。储层敏感性分析是研究储层伤害机理、保护储层或减小储层伤害的重要技术。储层敏感性强，注水井能量扩散慢，注水压力不断上升，欠注现象严重。

储层速敏性的大小主要与储层岩石矿物中各种成分的胶结程度、孔隙孔喉的分布和流体种类及其流速大小有关。通常颗粒胶结疏松、喉道弯曲、润湿性流体和流速高易将岩石颗粒冲刷下来，堵塞孔隙孔喉，降低储层的渗透率。

储层盐敏性的大小与进入储层的流体的盐度有关，通常注入流体的盐度高于储层流体的盐度，不会导致储层岩石的盐敏性发生，但也有可能引起黏土的收缩、失稳和脱落。但是当较低盐度的流体进入地层，并与储层岩石矿物接触时，黏土具有的离子交换特性，使黏土中的离子朝进入水中的方向移动，黏土表面净负电荷增加，导致黏土颗粒之间因静电排斥作用而膨胀和分离，引起孔隙空间和吼道收缩，从而发生盐敏。注入淡水时岩石的渗透率与注入地层水时岩石的渗透率之比称为盐敏系数，其值越小，表示岩石盐敏性越严重。

储层水敏性的大小主要与岩石矿物中水敏性黏土矿物的含量有关，蒙脱石遇水后体积膨胀，使流动喉道缩小，而高岭石遇水后易分散运移，从而随着注入水流动造成堵塞，使储层的渗透率急剧下降。

储层酸敏性的大小与储层中的酸敏感矿物酸的类型和浓度有关，通常与储层中的绿泥石和绿蒙混层的含量直接相关，其含量越高，越易导致储层的酸敏，形成絮状胶体，堵塞储层的孔隙孔喉，使渗透率降低。砂岩的胶结物以泥岩为主，一般泥质含量为 6% ~ 21%。构成泥质的黏土矿物主要为绿泥石和伊利石，其含量占黏土矿物总含量的 60% ~ 70%，其次是蒙脱石—绿泥石混合层和蒙脱石—伊利石混合层，结合流动实验，证明储层存在中等的酸敏性。

4）润湿性

对储层岩石进行润湿性分析，如果储层岩石为亲油型界面，而亲油型界面是不利于水驱的，就会产生大量的毛细管压力叠加，最后形成巨大的水驱阻力（即贾敏效应的叠加）。

2. 地层流体的潜在伤害

地层流体的特性是造成地层伤害的主要潜在因素。地层流体是指地层中的油、气、水，其中，地层水与地层伤害的关系最为密切，其次是原油。

例如渤南油田五区九砂组油藏为轻质油—稀油油藏，其中原油具有"一高二低"的特征，即低密度、低黏度、高凝固点。地层水总矿化度较高，平均 10000mg/L，水型为 $NaHCO_3$ 型。一方面，高矿化度的 $NaHCO_3$ 型水，在地层的温度场和压力场发生变化时，由于难溶的碳酸钙和碳酸镁及碳酸铁等溶解度低的物质的溶解度变化，势必会引起难溶物质的析出，产生无机垢，当注入水与地层水不配伍时，也会引起各种垢的沉积，造成渗流通道的堵塞，渗透率下降。另一方面，随着地层的大量注水，近井地层的温度场会由于冷水的不断注入而降低，由于原油中的凝固点高，在井筒的递变温度场中，原油中的石蜡等高凝固点的物质会逐渐在近井地带和井筒中析出，产生有机垢，造成渗透率下降，有机垢和无机垢共同作用，加重地层阻塞，严重影响地层的吸水能力。

二、外部因素

1. 注水流体分析

1）注入水水质分析

对注入水水样进行化验分析，验证其是否合格。当不合格水质注入地层时，在注入端及储层中将形成滤饼，使储层连通性变差甚至堵塞孔隙喉道，导致储层的吸水能力下降，同时注水压力上升，引起欠注。注入水的水质不达标不仅会伤害到储层，同时对注水管柱也会有很大的影响。

（1）悬浮固体颗粒的影响。在注水开发过程中，如果注入水水质不符合要求，悬浮固体颗粒随之侵入地层，在孔隙吼道处形成堵塞，造成地层伤害。杂质含量越高，颗粒直径越大，对地层伤害越严重。而固相颗粒侵入后使油层渗透率下降的幅度与岩石的孔隙结构有关。Barkman、Davidson 和 Abrams 等人研究表明悬浮物固相颗粒侵入储层遵循如下规律：①颗粒粒径>1/3 的地层孔喉直径，地层表面形成外滤饼；②1/7 地层孔喉直径<颗粒粒径<1/3 的地层孔直径，可侵入地层产生桥堵，形成内滤饼；③颗粒粒径<1/7 地层孔喉直径，可自由通过地层。如果悬浮物粒径大于 1/7 地层孔喉直径，较容易形成滤饼，从而造成近井地带地层堵塞。

（2）腐蚀产物堵塞。注入水与设备和管线的腐蚀产物（如氢氧化铁及硫化亚铁等）会造成堵塞；注入水中所带的细小泥沙等杂质会堵塞地层。

（3）细菌堵塞。注入水中所带的细小微生物（如硫酸盐还原菌、铁菌等），除了它们自身有堵塞作用外，它们的代谢产物也会造成堵塞。当过滤器和地层被腐生菌产生的荚膜黏液堵塞时，用酸化及一般解堵方法不能解堵，黏液附在设备内壁会形成浓差电池，形成有利于硫酸盐还原菌及铁细菌生长的局部厌氧环境，导致点蚀。

2）配伍性分析

分析采出水的矿化度、硬度及水型，如果注入水与地层水不配伍，注入水进入地层后容易结垢生成沉淀，堵塞地层。

2. 井筒

（1）井筒腐蚀结垢。随着注水时间延长，注入水尤其是污水易造成井筒腐蚀及结垢，或在作业过程中带入井筒的固体脏物可能堵塞水嘴，都将导致井筒堵塞，注水管网、注水管柱结垢，注水井吸水指数下降，注水压力升高，严重时注不进。

（2）套损套变。根据国内外油田套管损坏资料，套管损坏基本类型有套管变形、套管破裂、套管错断、腐蚀穿孔和密封性破坏等几种。

3. 钻停、测压及修井措施

钻停、测压及各种修井措施引起的欠注量占全部欠注量的比例很大，但这部分因素是不可避免的。为了弥补此类情况导致的欠注，后期主要采取补水措施，同时严格制定统一的补水制度，并进行定期核查，确保每一口井的配注完成率。

比如安塞油田杏 48−30 井，7、8 月份因钻停停注 45d，实际日配 $30m^3$，累积欠注 $45 \times 30 = 1350 (m^3)$。后期补水制度为：每天按之前配注的 10% 进行补水，补水量为 $30 \times 0.1 = 3.0 (m^3/d)$，实际日注 $33m^3$。补够 $1350m^3$ 水需要的天数为 $1350/3.0 = 450 (d)$。在此期间，每月单井实际日注随时按照日配注+补水量进行调整，瞬时流量按照实际日注进行调节，并要确保每天的三次资料录取，发现问题及时维护治理。

4. 生产参数不合理

注水井压力、流量、温度、射孔参数等生产参数的不合理也会导致注不进水，欠注现象严重。对注水井生产参数进行在线监控，不断调整和优化，以达到增注的目的。

5. 管理因素分析

严格执行相关注水管理标准。定期开展水质化验、注水井洗井、干线冲洗及清罐等工作，最大程度降低人为管理因素导致的欠注现象。

第二节　压裂增注技术

一、注水井压裂增注机理

注水井压裂后，注入水从原来的井底流向油层的径向流变为从井底线性地流向裂缝，然后是再从裂缝中径向地流入油层的线性流。裂缝的产生使得注入水渗流面积增大，并且裂缝中的渗透性远远大于油层的渗透性，所以注入水从井底流向裂缝，再从裂缝中流向油层的流动阻力，远远小于注入水从井底径向地流入油层的阻力。因此，在注入条件相同的情况下，注水井经过压裂后的注入量将大幅度提高（视频7-1、视频7-2）。

视频7-1　压裂技术　　　　　　视频7-2　水力压裂工作原理

二、注水井压裂选井依据

（1）物性差造成欠注的水井；

（2）污染造成欠注的水井；

（3）油水井连通较好的欠注井；

（4）其他增注措施达不到增注目的的井；

（5）裂缝方向有利于提高波及系数的水井。

三、注水井压裂增注技术分类

1. 水力压裂技术概述

水力压裂技术是利用地面高压泵组，将高黏液体以大大超过油层吸收能力的排量泵入井中，在井底附近地层产生裂缝，将带有支撑剂的携砂液挤入裂缝中，从而在井底附近地层内形成一条具有一定长度、宽度和高度的高导流能力的填砂裂缝。由于改变了井底附近流体的渗流状态，提高了油层的渗流能力，从而达到增产、增注的目的。水力压裂示意图如7-1所示。

压裂前流体从地层流向井底的形态，如图7-2所示。有以下两个特点：

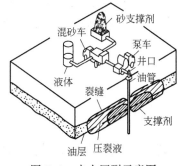

图7-1　水力压裂示意图

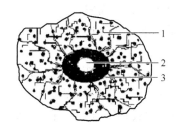

图7-2　压裂前地层渗流示意图
1—地层；2—井眼；3—污染带

（1）流体流动过程复杂。拟径向流过程中，越靠近井底，渗流面积越小，渗流阻力越大。

（2）污染带和井底周围应力的集中，使近井地带的渗透率降低，井筒附近的渗流阻力增加。

结论：水力压裂前，由于各种阻力的影响，近井地带的渗透能力较差。

1）压裂后流体从地层流向井底的流动形态如图7-3所示，压裂后，地层流体将经历四种不同的渗流阶段：

（1）拟径向流阶段：在供油边界，地层流体向井底流动以拟径向流为主。

（2）地层线性流阶段：只能在裂缝导流能力很高时才能出现。

（3）双线性流阶段：流体靠近裂缝时线性流入裂缝，裂缝中的流体线性流入井底。

（4）裂缝线性流阶段：该流动阶段时间短，实际意义不大。

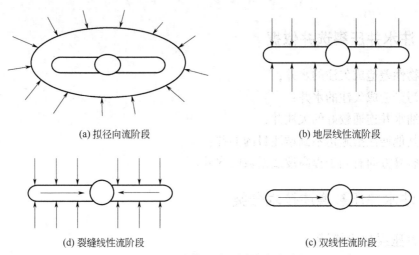

（a）拟径向流阶段　　　　　　　　　（b）地层线性流阶段

（d）裂缝线性流阶段　　　　　　　　　（c）双线性流阶段

图7-3　地层流体四种不同的渗流阶段

由此看出水力压裂结果，改变了渗流区的渗流方式，获得了双线性流动模式，提高了近井地带的渗透能力。

2）压裂施工参数的确定

（1）油层破裂压力的计算。

油层破裂压力是指油层被压开的瞬间被压裂层位所受的压力。它取决于油层深度、岩石强度、渗透率、油层原始裂缝发育情况及压裂所使用的液体性质等，可以用理论公式计算，也可以用经验公式估算。

目前常用的经验公式为：

$$p_{破} = \beta^2 H \tag{7-1}$$

式中　$p_{破}$——油层破裂压力，MPa；

H——压裂油层中部深度，m；

β——油层破裂压力梯度，MPa/m，它是由压裂工艺统计资料而得的经验常数。

（2）施工排量的确定（先确定地层吸液量 $Q_{吸}$，满足 $Q_{排} > Q_{吸}$）。

经验公式：

$$Q_{吸} = \frac{q}{\Delta p} \cdot \Delta p_{破} \frac{B}{\rho_o} \frac{1}{1400} \tag{7-2}$$

式中　$Q_{吸}$——地层的吸液量，m^3/min；

q——压裂前油井的稳定日产量，t；

Δp——压裂前的地层压力与井底流动压力之差，MPa；

$\Delta p_{破}$——破裂压力与压前地层压力之差，MPa；

B——原油体积系数，m^3/m^3；

ρ_o——地面原油密度，kg/m^3。

地面排量按 $Q_{排} > Q_{吸}$ 来确定。

（3）地面泵压的计算。

确定地面泵压的目的是为了在满足裂缝需要的压力和排量的基础上，充分发挥设备的能力，减少使用设备的台数。压裂时地面泵压可由下列公式估算：

$$p_{泵压} = p_{井口} = p_{破} + p_{摩阻} + p_{局损} - p_{液柱} \tag{7-3}$$

式中　$p_{泵压}$——地面泵压，MPa；

$p_{井口}$——井口压力，MPa；

$p_{摩阻}$——压裂液在管柱内流动时的摩阻压力降，MPa；

$p_{局损}$——井下工具对流体的局部阻力损失，MPa；

$p_{液柱}$——井筒内液柱压力，MPa。

（4）压裂车台数的确定。

压裂时所需总功率为：

$$P_p = \frac{p_{泵压} \cdot Q}{\eta_1 \eta_2 \eta_3} = \frac{1}{\eta} \cdot p_{泵压} \cdot Q \tag{7-4}$$

压裂车台数为：

$$n = \frac{P_p}{P'_p} \tag{7-5}$$

式中　P_p——压裂时所需的总功率，W；

p'_p——每台压裂车的发动机功率，W；

Q——压裂时泵的排量，m^3/s；

η_1——发动机工作效率，取 $60\% \sim 80\%$；

η_2——泵的上水效率，取 $50\% \sim 95\%$；

η_3——发动机工作时受海拔高度影响后的效率；

η——功率因数，%；

n——所需压裂车台数。

2. 分层压裂技术

以往的长井段笼统压裂目的层段较长，一次施工不能压开尽可能多的油层，部分油层改造不彻底，已经不适应压裂工作的需要。而分层压裂层段跨度小且比较集中，压裂目的层比较明确，一次施工能过压开较多的油层，能有效改造差油层，因此推广分层压裂工艺技术对于提高二、三类油层的动用程度，提高压裂的整体效果，具有重要意义。具体根据分层方式不同，分层压裂可以分为限流分层、投球暂堵分层、卡单封分层、卡双封分层等方式，下面分别加以论述。

1）限流分层压裂工艺技术

限流法分层压裂是一种完井压裂技术，主要用于未射孔的新井或新层，其特点是射孔方案必须满足压裂施工要求，主要针对压裂层跨度较大、目的层段各个小层之间物性及厚度存在明显差距的新井或新层。

限流法分层压裂技术应用实例：文南油田文 72-387 井新投压裂。

基本地质情况：井段 3359.4～3436.5m，分析该井的基础资料发现，小层比较分散，物性差异大，油层跨度 77.1m，跨度较大，每个小层较薄，大部分在 1.0m 左右，上隔层厚度为 25.4m，岩性为泥砂岩，下隔层厚度为 18.7m，岩性为纯泥岩，论证后决定采用限流分层压裂方式。

根据该井的套管组合及井口情况、地面压裂设备功率情况，初步确定该井射孔方式采用 89-1 枪型射孔，采用 $\phi89\text{mm}$ 油管注入，施工过程中可以监测井底压力，同时可以减少顶替量，降低施工风险，井口采用 700 型井口。确定射孔方案及施工排量的过程如下：

（1）初步设定注入排量为 $4.0\text{m}^3/\text{min}$。

（2）根据文南油田破裂压力梯度上限值计算井底处理压力：

$$p_B = 0.02 \times 3430 = 68.6(\text{MPa})$$

（3）计算油管沿程摩阻：根据油管尺寸初步设定排量、压裂液性能参数，查相应曲线模板，得出沿程摩阻梯度为：0.665MPa/100m，有：

$$\Delta p_f = 0.665 \times 34.3 = 22.8(\text{MPa})$$

（4）设定井口压力为 70MPa。

（5）孔眼摩阻计算：

$$\Delta p = p_s - p_B + p_h - \Delta p_f = 70 - 68.6 + 0.105 \times 10^3 \times 9.8 \times 3430 \times 10^{-6} - 22.8$$
$$= 14.6(\text{MPa})$$

式中　p_s——井口压力，MPa；

　　　p_B——破裂压力，MPa；

　　　p_h——压裂液压力，MPa；

　　　Δp_f——沿程摩阻，MPa。

（6）计算破裂压力最大差值：

$$(0.02 - 0.018) \times 3430 = 6.86(\text{MPa})$$

因为 14.6MPa>6.86MPa，即孔眼摩阻大于破裂压力最大差值，所以此井口最大压力可行。

（7）计算射孔总孔数：

$$n = \sqrt{\frac{2.25 \times 10^{-10} Q^2 \rho}{\Delta p D^4 \alpha^2}} = \sqrt{\frac{2.25 \times 10^{-10} \times 4.0^2 \times 1050}{14.6 \times 0.01^4 \times 0.82^2}} = 24.83(\text{孔})$$

式中　Q——流量，m^3/min；

　　　ρ——密度，kg/m^3；

　　　D——孔径，m；

　　　α——系数。

设计射孔孔数为 25 孔，根据每个小层的厚度、相对位置、油层物性等资料，综合考虑，每个小层的详细孔数分配见表 7-1。

表 7-1　油层详细孔数分配

序号	32	33	34	35	36	37	38	40
厚度，m	1.1	1.0	0.9	1.2	1.1	0.7	0.6	2.4
孔数	4	4	3	3	3	2	2	4

现场施工，破裂压力 67.2MPa，停泵压力 43.8MPa，一般排量 4.03m³/min，施工压力范围 51.2~69.7MPa，施工顺利，压后日产油 8.5t，日产气 933m³。

2）投球暂堵分层压裂技术

一次压裂施工中，由于井况、隔层、井斜等因素导致实施机械卡封分层时目的层各个小层之间存在明显的物性差异，受层间非均质的影响，存在明显的高渗与低渗的差别，为了保证压开高渗层的同时压开低渗层，在压裂液中加入一部分蜡球或塑料球暂时封堵高渗层，从而压开低渗层。

投球暂堵分层压裂的主要原理是利用高低渗透层之间吸水能力明显不同，在压裂液中加入塑料球封堵高渗透层，压开低渗透层，达到一次施工中同时压开高渗和低渗的目的，油井投产后，塑料球随压裂液返排而带出，对地层和裂缝不会造成污染。

3）卡单封分层压裂工艺技术

压裂目的层上部存在已经射开的油层，在井况及隔层条件满足卡封条件下，利用封隔器密封油套环空，压裂时压裂液从油管注入地层，达到分层压裂的目的。如果目的层上部和下部都存在已经射开的油层，配套使用桥塞、丢手封隔器等配套工具，可以实现封上压下、封两头压中间的分层目的。其管柱结构如图 7-4 所示。

4）卡双封分层压裂工艺技术

卡双封分层压裂是一种利用封隔器，实现压裂层段内进一步分层的一种压裂方式，适用于目的层段上部有需要分层保护的油层，或需要卡封保护上部套管的油井，压裂目的层段内油层跨度相对较大，各个小层之间进一步划分为明显的两套层段。

卡双封分层压裂通过封隔器分层压裂管柱来实现，运用封隔器和喷砂器将压裂目的层分开，实现分层压裂的目的，压裂管柱如图 7-5 所示。

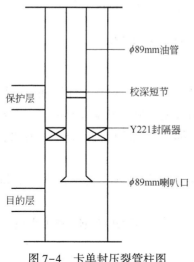

图 7-4　卡单封压裂管柱图

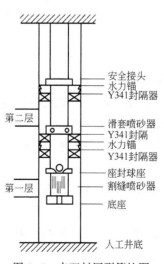

图 7-5　卡双封压裂管柱图

3. 多缝加砂支撑压裂技术

多缝加砂支撑压裂技术利用一次压裂作业造成 3~6 条高导流能力的填砂裂缝来提高储层的产液能力，基本原理是使用爆炸脉冲压裂能在井筒周围地层产生多条放射状短裂缝的特性，首先在近井带造成短缝后，改造其地应力场，然后利用暂堵性压裂液依次压开并延伸原爆炸短缝后再填砂支撑。它是常规水力压裂和爆炸压裂的有机结合，克服了常规水力压裂受地应力控制、水力压裂裂缝具有的单一性问题，以及爆炸裂缝短且不能支撑、导流能力低的弱点，保留发扬了水力压裂作用距离远、导流能力高和爆炸压裂不受地应力控制可形成多条放射状短缝的优点，实现了储层压裂的多缝支撑，达到全方位改造储层的工艺目标。

1）技术背景

国内外与多缝相关的技术主要是暂堵转向压裂，该技术通过暂堵剂的封堵作用提高缝内净压力，迫使压裂裂缝转向或沟通天然裂缝。虽然该项技术研究时间较长，但并未成熟，形成多缝存在不确定性。近年来，国内一些专家提出了"缝网压裂"的概念，但仅属于探索性研究，并未形成成熟的技术。

研究表明，射孔方位和最大主应力方向呈一定夹角条件下裂缝会转向，由此得到启发：利用定向射孔控制裂缝起裂方位，实现裂缝硬转向。

2）压裂工艺程序

根据该技术的研究思路，设计了如图 7-6 所示的压裂工艺程序，其中关键环节为定向射孔和分段压裂。

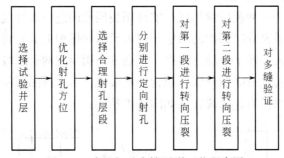

图 7-6　多缝加砂支撑压裂工艺程序图

3）技术优势

多缝加砂支撑压裂技术之中，裂缝转向半径随着射孔方位增加而增加；裂缝转向半径随着水平应力差增加而减小；对转向半径的影响程度，射孔方位大于水平应力差；射孔方位与最大主应力方向夹角越大，破裂压力越大；随应力差增加，破裂压力增加。其技术优势主要如下：

（1）多缝压裂技术可以在层内形成多缝，达到了进一步提高泄油面积的目的，从而实现增产。

（2）多缝压裂工艺除提高单井产量外，还可通过提高油藏横向动用程度减小井网密度，从而降低低渗透油田开发成本。

4. 低渗油层的优化压裂技术

美国 L. K. Britt 等人通过对低渗透油藏油井压裂效果进行分析研究认为，$(1 \sim 10) \times 10^{-3} \mu m^2$ 的低渗油层的最佳水力压裂裂缝形态是具有高导流能力的短裂缝。用二维三相模型模拟研究了压裂对五点井网注水采油的影响，模拟结果表明，当考虑的不利定向裂缝长度超过井距的 25% 时，采收率会降低。应用西得克萨斯州地层的物性模拟研究了压裂对二次采油的影响，模拟结果表明，对注采井进行压裂产生高导流能力的短裂缝，使五点法注水开发效果最佳，即最佳裂缝为导流能力高的短裂缝。这一模拟结果已由西得克萨斯州 North Cowden 和 Anton Irih 两开发区的油田实例所证实。

5. 改变应力的压裂技术

美国 L. R. Warpinski 等人在科罗拉多州的多井试验场研究了改变应力的压裂。所谓改变应力的压裂，是对某井的地层进行水力压裂时因受邻井原有压开缝产生的应力扰动的影响，使该井的新压开缝重新取向，也即当新压开缝延伸进入已发生应力扰动的区块后而产生重新取向。这种压裂极适用于天然裂缝性低渗透镜范围小的区块，因这种压裂的裂缝与天然裂缝不平行，可交汇更多的天然裂缝，故而造短的裂缝能够使井有更大的产率。当然为实施改变应力的压裂必须克服若干困难，如井距问题，可采用斜井、水平井等来弥补（视频 7-3）。该工艺技术还有待发展。

视频 7-3　水平井压裂

6. 整体优化压裂技术

整体优化压裂技术的总体目标是使整个油气获得最佳的开发效果，是把整个油气藏作为一个研究单元，并对油气藏的各参数进行覆盖研究。在此基础上，考虑在既定井网条件下不同的裂缝长度、导流能力场的产量和扫油效率等动态指标的变化，从中优选出最佳的裂缝尺寸和导流能力，并进行现场实施与评估研究，以不断完善整体优化压裂方案。研究的手段包括实验室试验、裂缝模拟、油气藏数值模拟、试井分析、现场测试、质量控制和现场实施与监测等。

7. 同井同层重复压裂技术

目前国内外主要在以下三个方面取得了重要进展：

（1）选井选层技术。综合应用数据库、专家经验、人工神经网络技术和模糊逻辑等技术，开发了重复压裂选井选层的模型。

（2）重复压裂前储层地应力场变化的预测技术。国外已研制成模型，可预测在多井（包括油井和水井）和变产量条件下的就地应力场的变化，研究结果表明，就地应力场的变化主要取决于与油水井的距离、整个油气田投入开发的时间、注采井别、原始水平主应力差、渗透率的各向异性和产注量等。与井的距离越小、投产投注的时间越长、原始水平主应力差越小、渗透率各向异性程度越小、产注量越大，越容易发生就地应力方位的变化；而最佳的重复压裂时机，即就地应力方向发生变化的时机，且变化越大，时机越好。

（3）改变相渗特性的压裂液技术。通过加一种改变润湿和吸附特性的化学药剂，达到增加产油量和减少含水的目的。已有该压裂液成功应用的报道，这对中高含水期的重复压裂而言，尤具吸引力。

8. 深井、超深井压裂技术

深井、超深井压裂技术主要在塔里木及华北等油田中应用。经过多年的发展，已在井深超过 6000m 的地层中获得成功应用。主要的技术要点有：（1）耐高温并具有延迟交联作用的压裂液体系研制；（2）中密高强度陶粒支撑剂评价与优选技术；（3）岩石的弹塑性研究与模拟；（4）支撑剂段塞技术。

9. 低伤害压裂技术

低伤害压裂技术是近些年随低伤害或无伤害压裂材料的发展而建立起来的一种新型压裂工艺设计技术。在内涵上已不仅限于压裂过程中的储层伤害和裂缝伤害，还包括在设计、实施及压后管理过程中，只要未能真正获得与油气藏匹配的优化支撑缝长和导流能力，就认为已造成了某种程度的伤害。因此，低伤害压裂技术的实质就是从压裂设计、实施，到压后管理等方面，尽最大可能获得优化的支撑缝长和导流能力。

10. 连续油管压裂技术

针对多层油藏和小井眼的压裂酸化改造，国外于 20 世纪 90 年代初研究开发了连续油管压裂酸化技术，目前该项技术主要用于陆上多层油气藏和小井眼的改造。

四、注水井压裂设计参数优化

1. 压裂液优选

注水井增注与油井增产的主要区别在于，注水井压裂增注之后注水方向与压裂时液体流向地层滤失方向一致，而油井增产措施之后储层流体流动方向与压裂液滤失方向相反。这一区别给注水井压裂液带来了降滤失添加剂和滤饼上的处理难度，这也是其不同于普通油井压裂液的地方。对压裂液分析和评价，优选性能优良、符合地层条件的压裂液。

2. 支撑剂优选

支撑剂对压裂施工后的增注效果和有效期起着主要作用，裂缝导流能力的大小是评价与选择支撑剂的最终衡量指标。同一种支撑剂，粒径越大，抗压强度越低；粒径越小，抗压强度越大。但在一定破碎条件下，粒径越大，导流能力越高；粒径越小，导流能力越低。

3. 注水井压裂裂缝参数优化

注入水在驱油过程中，油层内为油水两相流动，此时用单相流模型预测的注水量变化不能满足地层条件，因此需要用油水两相渗流模型预测注水井压裂后油、水井生产动态的变化规律，同时注水井压裂后对油井生产动态的影响程度也是注水井压裂裂缝参数优化的条件之一，因此需要结合注采井生产动态优化裂缝参数。

油藏模型：

$$\frac{\partial}{\partial x}\left[\propto\left(S_{\mathrm{w}}\right)\frac{\partial p}{\partial x}\right]+\frac{\partial}{\partial y}\left[\propto\left(S_{\mathrm{w}}\right)\frac{\partial p}{\partial y}\right]+q=C_{\mathrm{e}}\frac{\partial p}{\partial t} \tag{7-6}$$

裂缝模型：

$$\frac{\partial}{\partial x}\left(\frac{K_f}{\mu_o}\frac{K_{mf}}{B_o}\nabla p_f\right)+q_o=\frac{\partial}{\partial t}(\phi\rho_o S_o) \tag{7-7}$$

$$\frac{\partial}{\partial x}\left(\frac{K_f}{\mu_w}\frac{K_{mf}}{B_w}\nabla p_f\right)+q_w=\frac{\partial}{\partial t}(\phi\rho_w S_w) \tag{7-8}$$

$$S_o+S_w=1.0 \tag{7-9}$$

其中

$$\partial(S_w)=K\left(\frac{K_{ro}(S_w)}{\mu_o}+\frac{K_{rw}(S_w)}{\mu_w}\right) \tag{7-10}$$

$$f(S_w)=\frac{K_{rw}(S_w)}{K_{rw}(S_w)+\dfrac{\mu_w}{\mu_o}K_{ro}(S_w)} \tag{7-11}$$

式中　p——地层或裂缝内任一点的压力，kPa；

　　　S_w——地层或裂缝内任一点的含水饱和度，%；

　　　K——地层渗透率，$10^{-3}\mu m^2$；

　　　$K_{rw}(S_w)$、$K_{ro}(S_w)$——水相和油相相对渗透率，$10^{-3}\mu m^2$；

　　　ϕ——孔隙度，%；

　　　q、q_o、q_w——单元体内总液流量、油流量、水流量，cm^3/s；

　　　C_e——综合压缩系数，kPa^{-1}；

　　　K_f、K_{mf}——裂缝、基质渗透率，$10^{-3}\mu m^2$；

　　　ρ_o、ρ_w——油、水密度，g/cm^3；

　　　μ_o、μ_w——地下油和水的黏度，$MPa\cdot s$。

边界条件：对于不同类型的井网，可以建立不同的边界条件。

$$p\big|_{i=0}=p_i \tag{7-12}$$

$$S_w\big|_{i=0}=S_{wi} \tag{7-13}$$

式中　p_i——原始地层压力，kPa；

　　　S_{wi}——原始地层含水饱和度，%。

根据以上模型进行注水井裂缝长度、裂缝宽度及导流能力等相关参数的优化和设计。

第三节　酸化增注技术

酸化是油（气）、水井重要的增产增注措施之一。它是利用酸液的化学溶蚀作用及向地层挤酸时的水力作用，解除油层堵塞，扩大和连通油层孔隙，恢复和提高油层近井地带的渗透率，从而达到增产增注的目的。

一、酸化机理

酸化的工作对象是油气层，油气层是具有一定数量的油、气储集空间和渗透性能的岩层。常见的油气层是砂岩层和碳酸盐层，这两种岩层的储集空间具有不同的结构特征。

砂岩地层由碎屑颗粒（砂粒）和一部分胶结物胶结而成。碎屑颗粒（砂粒）的主要成分是石英、长石、矿物颗粒和各种碎屑，胶结物主要是由黏土、二氧化硅、金属氧化物、硫、氯化物、碳酸盐岩和非结晶的硅铝酸盐矿物组成。一般黏土胶结的砂岩较疏松，二氧化硅胶结的砂岩较致密。

砂岩油层渗透率降低，往往是地层伤害、堵塞造成的。因此，砂岩油藏的处理一般采用盐酸与氢氟酸的混合酸土酸或其他能够生成氢氟酸的酸液。

1. 酸与矿物间的化学反应

盐酸与碳酸盐岩矿物及铁质矿物反应，生成可溶性盐类，可以排出地面，从而提高井底附近的渗透率。其简单反应式如下：

$$CaCO_3(方解石)+2HCl \longrightarrow CaCl_2+H_2O+CO_2 \uparrow \tag{7-14}$$

$$CaMg(CO_3)_2(白云石)+4HCl \longrightarrow CaCl_2+MgCl_2+2H_2O+2CO_2 \uparrow \tag{7-15}$$

$$FeCO_3(菱铁矿)+2HCl \longrightarrow FeCl_2+H_2O+CO_2 \uparrow \tag{7-16}$$

$$Fe_2O_3+6HCl \longrightarrow 2FeCl_3+3H_2O \tag{7-17}$$

$$FeS+2HCl \longrightarrow FeCl_2+H_2S \uparrow \tag{7-18}$$

盐酸和氢氟酸与石英、黏土矿物中硅酸盐类反应，其化学反应比较复杂：

$$SiO_2(石英)+4HF \longrightarrow SiF_4(四氟化硅)+2H_2O \tag{7-19}$$

$$Na_2SiO_4+8HF \longrightarrow SiF_4+4NaF+4H_2O \tag{7-20}$$

$$2NaF+SiF_4 \longrightarrow Na_2SiF_6 \tag{7-21}$$

$$SiF_4(四氟化硅)+2HF \longrightarrow H_2SiF_6 \tag{7-22}$$

$$SiO_2(石英)+4HF \longrightarrow SiF_4(四氟化硅)+2H_2O \tag{7-23}$$

$$NaAlSi_3O_8(钠长石)+14HF+2H^+ \longrightarrow Na^++AlF_2++3SiF_4+8H_2O \tag{7-24}$$

$$KAlSi_3O_8(正长石)+14HF+2H^+ \longrightarrow K^++AlF_2+3SiF_4+8H_2O \tag{7-25}$$

$$Al_4(Si_4O_{10})(OH)_8(高岭石)+24HF+4H^+ \longrightarrow 4SiF_4+4AlF_2+18H_2O \tag{7-26}$$

$$Al_4(Si_8O_{20})(OH)_4(蒙皂石)+40HF+4H^+ \longrightarrow 8SiF_4+4AlF_2+24H_2O \tag{7-27}$$

$$CaCO_3(方解石)+2HF \longrightarrow CaF_2 \downarrow +H_2O+CO_2 \uparrow \tag{7-28}$$

$$CaMg(CO_3)_2(白云石)+4HF \longrightarrow CaF_2 \downarrow +MgF_2 \downarrow +2H_2O+2CO_2 \uparrow \tag{7-29}$$

为了防止 CaF_2 和 MgF_2 沉淀的发生，一般在施工时首先泵入一定量盐酸作预处理液。

2. 反应产物的沉淀

酸化，尤其是砂岩酸化过程中最主要的问题就是酸岩反应的沉淀将产生伤害，在有氢氟酸的砂岩酸化过程中，地层中的一些沉淀是不可避免的。然而，对井的伤害主要取决于沉淀的数量和位置，这些因素可以通过合理的酸化设计得到控制。

砂岩酸化中最普遍的沉淀是氟化钙（CaF_2）、硅胶 [$Si(OH)_4$]、氢氧化铁 [$Fe(OH)_3$] 和酸渣。氟化钙是氢氟酸与方解石反应的产物，是高度不溶的，因此一旦碳酸盐与氢氟酸反应就会产生氟化钙沉淀，在盐酸、氢氟酸系统考虑采用足够的盐酸前置液可以阻止氟化钙沉淀。

在砂岩酸化中硅胶的沉淀不可避免，为了使硅胶产生的伤害最小化，以相对高的排量注入是较为有利的。除此之外，在施工完成之后残酸应立即返排，因为短期的关井将在井筒周围引起大量的硅胶沉淀产生。

当铁离子存在时，如果 pH 值大于 2，它们将以 $Fe(OH)_3$ 的形式从残酸溶液中沉淀出来。如果在残酸中出现大量的铁离子，应加入铁离子稳定剂阻止 $Fe(OH)_3$ 的产生。

在某些油藏中，原油与酸接触将产生酸渣，原油与酸的简单混合实验表明，当原油与酸接触时有形成酸渣的趋势。当酸渣成为需要解决的问题时，采用芳香族溶剂或表面活性剂可以用于防止沥青质沉淀。

二、酸液及添加剂

酸液及添加剂的合理使用，对酸处理效果起着重要作用，随着酸化工艺的发展，国内外现场使用的酸液种类和添加剂类型越来越多。酸液作为一种通过井筒注入地层并能改善储层渗透能力的工作液体，必须根据储层条件和工艺要求加入各种化学添加剂，以完善和提高酸液体系性能，保证施工效果。

酸液和添加剂的选择应符合以下几个要求：一是能与油气层岩石反应并生成易溶的产物；二是加入化学添加剂后，配制的酸液的化学和物理性质都可以满足施工要求；三是同地层矿物、流体配伍；四是施工安全、方便。

目前，添加剂品种和类型都在不断改进。最常用的主要添加剂有缓蚀剂、表面活性剂、防膨剂、铁离子稳定剂、稠化剂、助排剂、破乳剂、缓速剂、互溶剂和转向剂等。

酸液体系是酸化技术的核心部分，目前常用的酸液可分为无机酸、液体有机酸、粉状有机酸、混合酸或缓速酸等。对于中、高渗油田水井通常使用土酸、有机酸或土酸有机酸酸化来达到解堵增注的目的；对于低渗透油层油井水井则主要以有机酸酸化为主，均取得了较好的效果。

1. 常规土酸体系

土酸是砂岩酸化中最常用的酸液体系，即盐酸与地层中铁、钙质矿物的反应、氢氟酸与地层中的硅酸盐如石英、黏土、泥质等的反应。典型的配方为：9%～12%HCl+0.5%～3%HF+添加剂。常规土酸酸化解堵的优点在于溶蚀能力强，解堵、增注效果较好，动用设备少，施工成本适中，原料来源广；其缺点是酸液有效作用距离有限，腐蚀严重，易生成酸渣，引起二次伤害。

2. 氟硼酸体系

氟硼酸是一种缓速酸，它进入地层后能缓慢水解生成，可以解除较深部地层的堵塞。氟硼酸与岩石反应的速度比常规土酸慢，对岩石的破坏程度比土酸小，酸化作用距离较远。

3. 有机土酸体系

有机土酸由盐酸、氢氟酸、乙酸及多功能添加剂组成。有机土酸是弱酸，电离常数比盐酸小得多。在盐酸足量的情况下，有机土酸几乎不参与反应；当盐酸与储层矿物反应消耗后，有机土酸才与储层矿物缓慢反应，从而使氢氟酸的反应活性延长，增加了酸液的穿透距离，达到提高酸化效果的目的。有机土酸适用于解除因黏土膨胀、微粒运移造成的油层堵塞。

4. 固体硝酸体系

固体硝酸酸化解堵增注技术是针对二次加密注水井及低渗透注水井而研究的一项酸化解堵增注技术。此类井油层有效厚度小、黏土含量高，在开发过程中，由于各种因素堵塞，使地层近井地带渗透率下降，导致注水井吸水能力差、吸水层比例低。固体硝酸与其他添加剂有机结合产生协同效应，使工作液具有强酸性和强氧化性，与地层反应生成可溶性硝酸盐，可有效解除因钻井液、机械质、黏土伤害及有机质污染等造成的储层堵塞，不产生二次沉淀，对黏土矿物具有选择性溶解作用，并具备较好的黏土防膨性和稳定性，其防膨性比常规土酸高数倍。

5. 乳化酸

在乳化剂存在下，酸与油形成乳化酸。在稳定状态下，油外相将酸与岩石表面隔开，当达到一定条件后，乳化液被破坏，释放酸液，与岩石产生反应，从而达到使得酸液深穿透的目的。

6. 泡沫酸

泡沫酸实际上是一种酸外相的乳化酸，只是以酸为外相，气体为内相构成。不仅具有乳化酸的特点，而且还具有密度小、黏度大和机械强度等性能，进入地层后，其扩散能力低、滤失量小。另外，泡沫酸与地层矿物反应后，气体游离于液体中，一方面覆盖在地层岩石表面，进一步延缓酸岩反应；另一方面，可将反应产物及时清除，从而为后来的酸液清除障碍，并在返排时携带反应产物流出井外。气体使得酸液体积增大，可增加酸液波及面积，且降低耗酸量。泡沫酸一般适用于灰岩油井、重复酸化的老井及液体滤失性大的低压油层（视频7-4）。

视频7-4　泡沫酸酸化技术

7. 微乳酸

微乳酸是国外一种比较新颖的缓速酸（油包酸型微乳酸），其黏度很低，但其扩散速度比盐酸溶液低得多；并且由于是其以均相方式存在，故而稳定性远远优于乳化酸；酸颗粒更加细小，返排更加容易。微乳酸典型的酸液成分包括十二烷、盐酸溶液、阳离子表面活性剂及丁醇。微乳酸在北海低渗白垩灰岩的酸化中取得了较好的增产增注效果。

8. 多氢酸

多氢酸酸液体系是一种多元中强酸体系，在酸化过程中能逐渐释放 H^+，可以保持溶液的 pH 值在小范围变化，并且由于酸液体系的初始值较高，可减缓对管材和设备的腐蚀速率；多氢酸酸液体系具有缓速和水湿特性，对黏土的溶蚀率低，可实现地层深部解堵；多氢酸离解速度慢，与砂岩作用反应速度慢，具有良好的防垢和分散性能，可抑制硅酸盐在近井地带沉淀，有效避免解堵过程中的二次伤害。现场实验结果表明，多氢酸解堵增注效果明显。

三、酸化施工作业

酸化施工时应考虑以下几点：一是确定地层伤害的类型；二是液体的选择，即酸液的类型、浓度和用量；三是添加剂，即酸化过程中的其他化学剂，用于保护油管和提高酸化效果；四是泵注程序，即设计注入排量和注入流体的顺序；五是酸的分布和转向，提高酸与地层接触的范围。

制定合理的酸化工艺措施，必须准确判定施工井的伤害程度和伤害类型。固体颗粒对孔隙空间的堵塞、孔隙介质的机械破坏或物理风化、乳状液的生成、相对渗透率的变化等流体效应，都可引起地层的伤害。一般来讲，油水井在钻井和生产期间导致的伤害情况有钻井伤害、完井伤害、生产伤害、注入伤害等几种。

了解了地层伤害的类型后，通过对施工井地质结构、油层内黏土矿物种类、储层矿物成分、胶结物含量、油藏流体特性等进行调查分析，判定施工井存在以上哪一种或几种伤害，然后制定合理的酸化措施。

1. 酸化施工作业流程

1）收集基本数据

基本数据包括完井基本数据、全井数据、酸化层段数据、以往注水及措施情况和配酸数据等。

2）酸液用量的计算

酸液用量可根据处理半径、油层厚度和油层有效孔隙度来确定。其计算公式如下：

$$V = \pi (R^2 - r^2) h \phi \qquad (7-30)$$

式中　V——酸液用量，m^3；

　　　R——酸化半径，m；

　　　r——钻头半径，m；

　　　h——油层射开厚度，m；

　　　ϕ——油层有效孔隙度，%。

3）酸液用料的检测

酸化施工用盐酸、氢氟酸、硝酸、缓蚀剂、表面活性剂、防膨剂、稠化剂、助排剂、破乳剂及互溶剂等原材料及现场施工配制的酸液都需要严格检测，每一种用料检测都参照相应标准执行。

4）酸液类型确定及选择施工工艺参数

根据施工井伤害情况，选择适应不同井层条件的酸液类型，确定施工压力、排量和关井反应时间等施工工艺参数。

（1）施工压力。基质酸化挤酸压力不能超过地层破裂压力，由于酸化会降低地层的强度，酸的浓度和用量存在一个上限，泵入过程包括处理液和转向剂顺序和每一步的注入排量，设计方案可利用油田先前施工得到的经验规律。

（2）施工排量。为满足各种流体类型的特定目的，可采用室内实验优化确定排量。

（3）反应时间。不同酸液的关井反应时间根据室内岩心试验结果确定。

2. 酸化施工工艺

酸化工艺作为增产增注措施自应用于现场以来，为了满足不同改造对象和措施作业的要求，得到了不断完善和发展，形成了不同的类型酸化工艺。注水井酸化主要是进行基质酸化。为了满足不同的储层特性、污染类型及增产的实际需要，目前发展了多种砂岩酸化工艺，不同的工艺其不同之处主要体现在处理液和工序上。按其注入处理液的类型及能否实现深穿透可分为常规酸化和深部酸化技术，不同的工艺其注液顺序也不同。

1）常规土酸酸化

常规土酸酸化用常规土酸作为处理液的酸化工艺，是使用时间最早，也是最为典型的砂岩酸化工艺。该酸化工艺用液包括：前置液（preflush fluid）、处理液（treating fluid）、后置液（overflush fluid）和顶替液（displacement fluid），一般注液顺序为：注前置液→注处理液（土酸）→注后置液→注顶替液。

（1）前置液。

一般用 3%～15%HCl 作为前置液，具有以下作用：

① 前置液中盐酸把大部分碳酸盐溶解掉，减少 CaF_2 沉淀，充分发挥土酸对黏土、石英、长石的溶蚀作用；

② 盐酸将储层水顶替走，隔离氢氟酸与储层水，防止储层水中的 Na^+、K^+ 与 H_2SiF_6 作用形成氟硅酸钠、钾沉淀，减少由氟硅酸盐引起的储层污染；

③ 维持低 pH 值，以防 CaF_2 等反应产物的沉淀；

④ 清洗近井带油垢（加些高级溶剂清洗重烃及污物）。

（2）处理液。

在每一个施工中处理液（土酸）主要实现对储层基质及堵塞物质的溶解，沟通并扩大孔道，提高渗透性。

（3）后置液。

后置液的作用在于将处理液驱离井眼附近，否则，残酸中的反应产物沉淀会油气产能。一般后置液采用 5%～12%HCl，NH_4Cl 水溶液或柴油。

（4）顶替液。

顶替液一般是由盐水或淡水加表面活性剂组成的活性水，其作用是将井筒中的酸液顶入储层。

2）砂岩深部酸化工艺

砂岩深部酸化是为获得较常规酸化工艺更深的穿透深度而开发的工艺，其基本原理是注入本身不含 HF 的化学剂进入储层后发生化学反应，缓慢生成 HF，从而增加活性酸的穿透深度，解除黏土对储层深部的堵塞，达到深部解堵目的。其主要包括自生酸酸化（SHF）工艺、自生 HF 酸化（SGMA）工艺、缓冲调节土酸（BRMA）工艺、氟硼酸（HBF4）工艺及磷酸酸化工艺等。

酸化工艺还可以按照作业原理分为解堵酸化和深穿透酸化；按施工压力分为基质酸化（包括普通酸化、强排酸酸化和二级酸化）和压裂酸化；按酸化对象分为笼统酸化和分层酸化；按作业方式分为动管柱酸化和不动管柱酸化；按施工所用酸液体系分为土酸酸化、新型土酸酸化、乳化酸酸化、胶束酸酸化、稠化酸酸化、缓速酸酸化、热化学酸化、防酸敏土酸酸化、硝酸酸化（粉末硝酸酸化和液体硝酸酸化）和聚合物解堵。

酸化主要施工工序包括：探砂面、冲砂压井；起原井、下酸化管柱；洗井；试压；挤酸；替挤；关井反应；残酸返排等。

四、酸化施工井的效果分析

酸化施工井效果分析可分施工前、施工时和施工后三个阶段。每一阶段的分析对施工的成功和增产与增注措施的经济效果都是非常重要的。

1. 施工前

增产增注作业前，可进行系统试井，测量油藏压力、渗透率和表皮系数。表皮系数为正值表示井筒有伤害，改善时表皮系数为负值，当井未伤害时表皮系数等于零。目前常通过井史资料及油水井生产情况、连通状况、依靠选井选层原则，确定伤害类型，采取相应解堵措施。

2. 施工中

最近几年，已开发了确定处理过程中表皮系数变化的技术，目前常利用施工曲线检查施工是否达到工艺要求。

解堵现象在施工曲线上的反应特点是：施工初始期，在一定排量下，挤酸压力会上升到一定值，然后压力突降，呈解堵反应。这种曲线表明酸化起到了沟通裂缝的作用，酸化效果一般比较理想。如果施工初始到结束，在一定排量下，挤酸压力一直上升，一般施工效果不明显。

3. 施工后

酸化后，井投入生产就需做详细记录，若油井增产幅度较高，水井增注，则初步表明酸化成功。同时应对油井返排液进行取样分析，在最后分析中，增产带来的收入在除去增产费用之后可接受，则认为施工是成功的。

第四节　物理法增注技术

在油田注水过程中，由于注入水中的微小颗粒及细菌被带入地层，造成堵塞，使注水量下降。常规的油层改造措施（如压裂、酸化等）作业成本高，不能满足低渗透油田增注需要。物理法处理油层技术是近几年来在油田上应用的一项解堵增注新工艺，具有工艺简便、作业成本低、有利于提高低产低渗油田开发的经济效益等优点。

矿场应用的物理法增注技术主要有磁增注技术、超声波增注技术、水力振动解堵增注技术。

一、磁增注技术

1. 磁增注机理

注水井注入量下降的主要原因是注入水中存在的堵塞物造成油层孔道堵塞，降低了油层的渗透性。磁增注就是应用磁场对注入水进行处理，减少不利因素的危害，恢复油层渗透性，增加注水量。试验表明，注入水经过磁场处理后，发生一系列有利于增注的变化，增注是这些变化综合作用的结果之一。

1）增溶作用

当注入水流过磁场时，一方面，水及水中各种物质在磁场的作用下，一部分氢键被破坏，部分缔合状态的水分子被拆散为单个水分子，单个水分子间的相互作用力减小，分子的化学活性增强，表现之一是对溶质表现出较大的溶解力。另一方面，难溶物质在磁场中也受到磁场的作用，这种作用使溶质分子受到不同程度的极化而产生一个附加偶极，在结构上更接近于极性水分子。根据结构相似较易溶解的原理，这些难溶物经磁场处理后，在水中的溶解度将增大。

对碳酸钙等几种物质的测定表明，磁化水比未磁化水溶解能力增大 15%~50%，磁化水中悬浮颗粒的粒径大小和形态均发生了明显的变化。

磁化水溶解能力的增大能使已经堵塞的油层孔隙中的堵塞物和油层中的黏土矿物部分溶解，在一定程度上对油层孔道起着疏通的作用。

2）抑制黏土膨胀和分散

磁化水溶解能力增大，使水中悬浮的固体颗粒溶解，增大了水中离子浓度。特别是带电荷多的 Ca^{2+}、Mg^{2+} 阳离子浓度增大，能有效抑制油层中黏土矿物的膨胀和分散。因为黏土由一些微小的粒晶组成，其基本结构单元为片状，带负电、相互排斥。水中离子进入这些结构单元，与黏土晶格上的 Na^+ 发生交换作用，减少了黏土的结构单元之间和晶粒之间的斥力，则可抑制黏土的膨胀与分散。Ca^{2+}、Mg^{2+} 等高价阳离子浓度越大，这种作用越显著。

将相同体积的同样岩心分别浸泡于磁化水和未磁化水中 5d，结果表明，浸入在未磁化水中的岩心膨胀率为 19.4%，而且岩心有松散现象，放在磁化水中岩心的膨胀率仅为 11.4%，且岩心完整，无松散现象。

3）抑制细菌生长

实验测定磁化水中的细菌比未磁化水中少 60%~70%，因此减轻了微生物新陈代谢产物对油层孔道的堵塞。

4）界面能降低

试验数据表明，注入水经磁场处理后表面张力降低 6.3%~20%，润湿减少 21.1%~23%，改善了水在油层中的流动性，使其易于注入地层。

5）降低腐蚀产物的堵塞

现场挂片试验证明，磁化水对注水系统的腐蚀速度比未经磁处理的情况低，未磁化水对试片的腐蚀速度为 141.68μm/a，而磁处理水为 121.92μm/a，降低 19.76μm/a，减少了腐蚀产物对油层的堵塞。同时，注入水流经磁场时，水中的铁性物质被吸附，减少了水中堵塞物，起到一定的净化水的作用。

2. 磁增注工艺

1）磁增注装置结构

为了从水中分离出含铁化合物的机械杂质，人们设计了过滤器型的磁装置，直接安装在注水管线上。

该装置的结构如图 7-7 所示。带法兰的导磁型的圆柱形外壳 1 与抗磁心轴 2 相连接。在抗磁芯轴 2 上有导磁帽 3 加固，在导磁帽 3 上借助于螺纹连接抗磁杆 4，在抗磁杆 4 上装有磁元件5，磁元件5的各异性极彼此对着。为了延长使用期限，在磁元件表面用聚合物涂料保护起来。在磁元件之间安装抗磁的轴套6，起固定作用。带有磁元件5的抗磁杆4加固在导磁帽3上，成45°～120°的角度分布，角度与磁元件的数量及外壳1的外径有关。角度、磁元件数、杆和外壳的直径之间比例关系列在表7-2中。导磁帽3和杆布置在轴上，因为要保证磁元件之间的间隔，上下两帽之间的距离不能超过5～15mm的范围。同时抗磁杆4，每个下面的导磁帽相对上面的导磁帽要小一些。这样的抗磁杆4的分布可以在整个外壳包围的体积内建立起多梯度磁场。这样，不仅仅是磁极平面可以有效地利用，而且磁元件的侧表面也可以有效地利用。

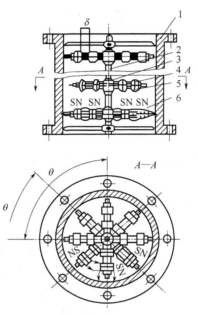

图7-7　磁增注装置结构图

1—外壳；2—抗磁心轴；3—导磁帽；4—抗磁杆；5—磁元件；6—轴套

表7-2　角度、外壳直径、杆数、磁元件数的关系

固紧角，(°)	外壳直径，mm	在帽上的杆数，个	磁元件数，个
45	300～400	8	2～4
60	200～350	4	2～3
90	150～200	6	1～2
120	100～150	3	1

在不均匀的磁场中投向磁元件粒子体积 V，起作用的力为：

$$\partial F_x = XB \frac{\partial B}{\partial x} \partial V \tag{7-31}$$

$$\partial F_y = XB \frac{\partial B}{\partial y} \partial V \tag{7-32}$$

$$\partial F_z = XB \frac{\partial B}{\partial z} \partial V \tag{7-33}$$

式中　X——粒子的容积磁化率；

　　　B——磁场感应矢量。

磁通势下的作用力（有质动力的力）为：

$$F_M = 0.5XV\nabla B^2 \tag{7-34}$$

质点偏转到该磁场的梯度方向并固着在磁极表面。

为了有效地分离出铁（二价铁）和顺磁粒子，即磁特性大不相同的粒子，必须在容积内建立最大的磁场感应梯度强度。因此，在杆上安装磁元件时极间距离递减为 $\sigma = 25 \sim 1.5\text{mm}$。在这种状态时，垂直于两极表面的感应场分布为：

$$B_y = B_o \text{e}^{\frac{n}{\sigma}y} \tag{7-35}$$

式中　B_o——在磁元件表面的磁感应强度；

　　　B_y——距离为 y 时磁极上面的磁感应强度；

　　　$\dfrac{n}{\sigma}$——非均质性系数；

　　　σ——极距。

使用圆柱形的由 $A1NiCuCO_{24}$ 硬磁材料制成的永久磁铁作为磁元件，当两极之间的间隙为 1.5mm 时，最大磁感应强度达到 0.23T，磁场强度达到 184kA/m。

2）磁增注工艺

注水井注入水的磁化装置是由电磁或永久磁铁制成的磁装置。该装置安装在井口管线上或者是安装在丛式泵站的出口管线上。图 7-8 是磁装置安装在井口的流程图。穿过旁通管线，磁装置相互平行地安装着。水从丛式泵站沿注入管线 14，通过打开的阀门 13（水的压力是用压力计 9 来计量）到达磁装置 8。在此用非均质磁场净化机械杂质。然后，被净化过的水通过打开的阀门 4 与 3 沿井身 1 和油管 2 向井底输送。同时球阀 6 和阀门 11 及 12 关闭。含铁化合物杂质逐渐积累在磁元件表面导磁装置区段，水力摩阻增加。由标准压力计 5 反映出压力差的增加。沉淀物的积累最后使磁极"短路"。磁场强度和杂质分离效率降低。从球阀 7 与 10 取样来检查机械杂质的量可以查明水净化效率低的原因及时间。为了还原磁元件表面，阀门 4 半封闭 5~6min，而球阀 6 打开，在 0.3~0.6MPa 的压差下排放，在水压头下沉；沉淀物通过球阀 6 的堵头从磁元件上冲走，还原过程结束后，水仍按原先的流程注入。

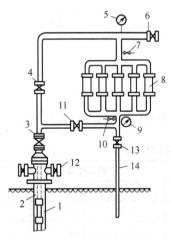

图 7-8　注水井井口装备流程图
1—井身；2—油管；3,4—阀门；5—压力计；6,7,10—球阀；8—磁装置；9—压力计；11,12,13—阀门；14—注入管线

根据磁增注机理，其增注效果是水流经磁场处理后，发生溶解能力增大、流动性变好、抑制微生物生长、降低腐蚀速度等多种有利于增注的综合作用。这些状态改变是渐变的、微小的，不像压裂、酸化、洗井等常用增注措施那样，在短期内表现出注水量成倍增

加的效果，而是缓慢地、渐变地增加。现场试验表明，采用磁增注后注水井一般要在1~3个月后才见效，而且注水效果是逐步增加的。因此，在评价磁增注效果时，在评价时间和评价方法上都应考虑磁增注的这一特点。

二、超声波增注技术

1. 超声波增注机理

超声波增注是用超声波对注入水进行处理，声波与注入水耦合，提高水的溶解能力，使水中物质的结晶变小，同时由于超声波能产生空化效应，能使注入水的表面张力下降，毛细管现象减少，流动性增强，注入水以波动形式输出，对地层产生冲击，在一定程度上解除地层伤害，从而起到增注的作用。

1) 超声波的增溶性能

介质在水中的溶解主要是水分子与离子或有极性的分子相互作用的结果。这些离子在水中与水的结合状态，如图7-9所示。在离子周围水分子的排列可分为四层结构。

图中A层为化学水化层，该层的水分子直接与离子作用，水分子在离子电场作用下完全定向，并与离子牢固结合。结合的水分子数目不受温度的影响，可随离子一起运动。B层为物理水化层，该层与离子的相互作用较弱，只有部分分子随离子运动，其分子数随温度等外界条件变化而变化。C层为无序层，也称过渡层。它将有序的A、B层与液相中的分子分开，与离子有很弱的作用。D层为液相水层。在此结构中，A层只有单层水分子，这层的介质水通过静电和化学键的作用，各层

图7-9 水中的离子或极性分子与水的结合状态

的水分子相互交换，即不是完全稳定的。当经过超声波处理后，离子周围的水化层各分子间水分子脱离水化粒子的势力范围，成为自由水，这样就增大了介质的溶解度。

2) 超声波处理对结晶的影响

通过对钠、钙、镁等盐类的结晶显微分析，发现其形态大小有明显变化。这是由于超声波作用后，粒子的水化层变薄，当达到临界条件时，容易形成晶核，晶核同时生长，最终形成细长的结晶。如水中的$CaCO_3$经过超声波作用后，形状由原来的四方晶体转化为不规则的无棱晶体，其体积减小为原来的$10^2 \sim 10^3$倍。

3) 超声波的空化效应

空化效应就是指经超声波处理后弥漫于液体中的气泡，在随液体流动的过程中，气泡不断破灭，从而产生冲击和振动，使注入水以波的形式输出，不断冲击地层，使地层结构发生疲劳损坏，在一定程度上解除了地层伤害，达到增注的作用。

由于超声波具有增溶、抗结晶和能产生空化效应三种作用，能增加对地层孔隙中可溶物质的溶解，增大地层孔隙，水中所含离子更难析出，结晶体减小，减轻了对地层的次生堵塞，同时由于空化效应的作用，易使地层结构发生疲劳破坏，产生微裂缝，起到了疏通渗流孔道和解堵增注的作用。

2. 超声波增注工艺

超声波增注装置由声波发生器、压电换能器和传输电缆三大部分组成。其性能指标如下：

（1）供电电源：220V±15%，频率50Hz；

（2）输出功率：500~1000W，可调；

（3）工作方式：连续长期在线工作；

（4）控制方式：自动定时切换；

（5）耐介质温度：0~100℃；

（6）耐介质工作压力：大于20MPa；

（7）处理流量：$10m^3/min$。

其现场安装工艺流程如图7-10所示。现场试验表明，在相同的注入压力下，注水量均增高。

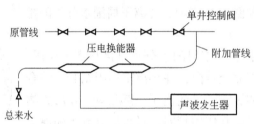

图7-10 超声波增注的现场安装工艺流程图

由于超声波是一个缓进渐趋平稳的过程，因此，由超声波处理产生的增溶结晶和空化效应是一个缓变的过程，决定了它不可能像酸化、压裂等措施那样见效快。另外，该技术可防止地层次生堵塞，持续时间较长。

三、水力振动解堵增注技术

1. 水力振动解堵机理

振动来自物质的运动，固体物质的机械运动也会产生振动，并在周围介质中以波的形式传播，流体的运动也会产生振动，也能以波的形式在介质中传播。

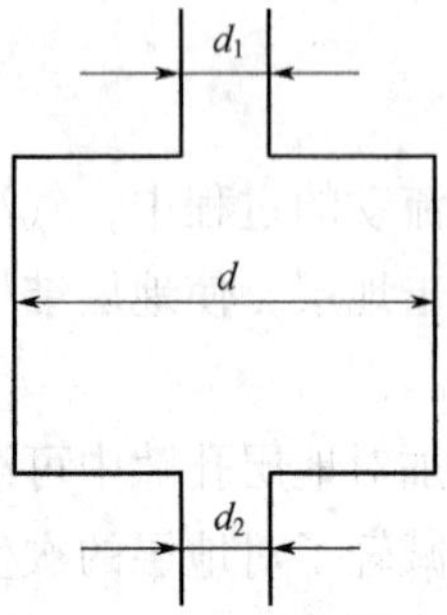

腔形结构体在外力作用下会诱发周期性剧烈的自激振荡，产生辐射波。水力振荡器即采用Helmholtz轴对称空腔，使其在射流作用下产生高频压力脉冲振荡。图7-11是Helmholtz空腔示意图。

如果一股稳定的连续高压射流由喷嘴d_1射入，穿过轴对称腔室后，经喷嘴d_2喷出，腔内径d比射流直径大得多，因此腔内流体的流速远小于中央射流速度，在射流与腔内流体的交接面上存在剧烈的剪切运动。

射流剪切层内的有序轴对称扰动与喷嘴d_2的边缘碰撞时，产生一定频率的压力脉冲。在此区域内引起涡流脉动。剪切层的内在不稳定性对扰动具有放大作用，但这种放大是有选择的，仅对一定

图7-11 Helmholtz水力
振动器示意图

频率范围的扰动有放大作用。经过放大的扰动向下游运动，再次与喷嘴 d_2 的边缘碰撞，又重复上述过程。碰撞产生扰动的逆向传播实际上是一种反馈现象。因此上述过程构成了一个信号发生、反馈、放大的封闭回路。从而导致剪切层的大幅度振动，甚至波及射流核心，在腔内形成一个脉冲压力场，从喷嘴 d_2 喷出的射流速度、压力均呈周期性变化，从而形成脉冲射流。射流直接冲击地层，使堵塞油层的物质松动、脱落，从而达到解堵增注的目的。

2. 水力振动的参数选择

1）水力振动解堵的数学模型

在油层需要解堵的井段，由振动器形成的具有一定能量和频率的振动波通过射孔井段的孔隙通道在井液中向油层深部传递。其振动能量的损失主要有三个方面：一是液体的内摩擦；二是振动能量转变为热能的损失；三是液体与孔道壁摩擦而造成的能量损失。前两者与后者相比是相当小的，因此采用水动力学连续性方程：

$$-\frac{\partial p}{\partial x} = \rho\,\frac{\partial u}{\partial l} + \rho\alpha u^2 \tag{7-36}$$

$$-\frac{\partial p}{\partial t} = C\rho\,\frac{\partial u}{\partial x} \tag{7-37}$$

式中　p——静水压力，MPa；

　　　u——速度，m/s；

　　　x——振动波传播距离，m；

　　　t——时间，s；

　　　ρ——液体密度，kg/m^3；

　　　C——液体中的声速，m/s；

　　　α——系数，一般流动中，$\alpha = 1.05 \sim 1.1$，工程计算中取 $\alpha = 1$。

对于孔隙介质，水力阻力系数 A 为：

$$A = 2\mu\phi\sqrt{\phi/K}/v_\phi \tag{7-38}$$

孔隙通道的水力半径 δ，对于圆形通道有：

$$\delta = 0.5r = A/S \tag{7-39}$$

式中　μ——液体运动黏度，m^2/s；

　　　ϕ——岩石孔隙度；

　　　v_ϕ——渗流速度，m/s；

　　　K——岩石渗透率，m^2；

　　　A——液流截面，m^2；

　　　S——被润湿的周长，m。

对于水力振动波可以近似地简化为谐波，则：

$$u = U e^{j}\omega^{i} \tag{7-40}$$

式中　U——振动波的位移振幅，m；

　　　ω——振动波的频率，Hz。

将式(7-38)、式(7-39)、式(7-40)代入式(7-36)和式(7-37)，应用傅里叶变换，求微分得：

$$-\omega^2 U + jn\omega U = C^2 \frac{\mathrm{d}^2 U}{\mathrm{d}x^2} \tag{7-41}$$

$$n = \frac{v_\phi}{2r}\sqrt{\phi/K} \tag{7-42}$$

边界条件为：当 $x=0$、$U=U_0$ 时，$\mathrm{d}U/\mathrm{d}x=0$。$U_0$ 为孔隙通道入口处由水力振动器激发的交变位移振幅。

利用拉普拉斯变换和代数运算，可得式(7-41)的解为：

$$U_{(x)} = U_0\sqrt{\sin^2 ax + \cos^2 bx} \cdot \exp(-\tan ax \cdot \tan bx) \tag{7-43}$$

由于 $U_{(x)}/U_0 = p(x)/p_0$，则：

$$p(x)/p_0 = \sqrt{\sin^2 ax + \cos^2 bx} \cdot \exp(-\tan ax \cdot \tan bx) \tag{7-44}$$

其中 $a = \frac{\omega}{C\sqrt{2}}\sqrt{1+\left(\frac{n}{\omega}\right)^2}$，$b = a+1$。

2）水力振动的参数选择

（1）振动频率的选择。根据上面推导的数学模型，以某油田为例，取各项平均值；运动黏度取 $654000\mu m^2/s$，平均孔隙喉道半径取 $1.38\mu m$，振动波在液体中的传播速度取

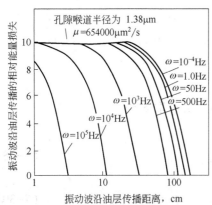

图7-12　不同振动频率下 $p_{(x)}/p_0$
与 X 的关系

$1500m/s$。则不同振动频率下 $p_{(x)}/p_0$ 同 x 的关系如图7-12所示。可以得出：当振动频率大于 10^5Hz 时，振动波向地层渗入的有效深度不超过3cm；当振动频率在 $10^4 \sim 10^5Hz$ 时，振动波向地层渗入的有效深度为 $3\sim10cm$；当振动波在 $10^4 \sim 10^3Hz$ 之间时，渗入地层的有效深度为 $10\sim30cm$；当振动频率小于 $100Hz$ 时，渗入地层的有效深度大于 $100cm$。可见振动频率越高，能量越集中，有效波渗入深度越小；振动频率越低，有效波渗入深度越大。针对具体的水井，应根据其伤害的深度来选择振动频率。该油田的压裂数据表明其伤害的深度为 $10\sim100cm$ 之间，因此，其振动频率可选择为 $10^2 \sim 10^4Hz$ 之间。

（2）振动压力的选择。振动压力包括振动器激发出的最高压力和最低压力，其大小一方面由振动器本身结构所决定，另一方面由注水泵的出口压力和井深所决定。但最高压力不得超过地层的破裂压力，以免造成新的油层伤害。

（3）振动工作液的选择。从数学模型表达式可看出：①工作液的黏度与 n 及 a、b 成正比，与 $p_{(x)}/p_0$ 成反比，因此，工作液黏度越小，相对振动能量损失 $[1-p_{(x)}/p_0]$ 就越小；②工作液的密度越小，振动波在工作液中的传播速度越大，从而 a、b 的值变小。所以工作液的选择应该是黏度和密度越小越好。选择注入水为工作液最好，一边振动解堵，

一边继续注水。

（4）作业井的选择。一般当油层埋藏较深、油层压力较高、射孔井段与油层井段一致时，振动解堵效果最佳。如果用注入水作工作液，油层压力必须高于静水柱压力，这样，被振开的堵塞物才有可能从油层流到井筒而被举升到地面。

3. 水力振动解堵的施工要求

水力振动解堵可单独作为增注措施应用，也可同酸化解堵一起使用，即先酸化后振动。振动解堵工艺施工步骤如下：

（1）起出井中所有的管柱，冲砂至人工井底；

（2）依次下入单流阀、水力振动器和封隔器至油层顶部；

（3）用水泥车开始振动，从油层顶部开始每 2m 振动 10min，待振动完油层底部后彻底反洗井，把振动下来的堵塞物洗出井筒；

（4）起出振动管柱，按设计要求下入注水管柱。

水力振动解堵技术是一项解除井壁堵塞比较经济而有效的方法。选择具有不同振动频率和振幅的水力振动器，以及确定工作液性能是决定解堵效果的关键。

参考文献

［1］ Barkman J H, Davidson D H. Measuring water quality and predicting well MPairment ［J］. Journal of Petroleum Technology, 1972, 253：865~873.

［2］ Abrams A J. Mud design to minimise rock iMPairment due to particle invasion ［A］. SPE5713, 1977.

［3］ 周莉，杨敏，马俊杰，等.吴起作业区欠注井治理对策 ［J］.中国石油和化工标准与质量, 2013（13）：146~147.

［4］ 孙风平，杜建省，马传斌，等.临南油田欠注井原因分析及治理对策 ［J］.内蒙古石油化工, 2011（3）：45~46.

［5］ 王鸿勋.水力压裂原理 ［M］.北京：石油工业出版社, 1987.

［6］ 王鸿勋、张士诚.水力压裂设计数值计算方法 ［M］.北京：石油工业出版社, 1998.

［7］ 雷群."缝网压裂"一种新的提高低/特低渗透油气藏改造效果的技术方法探索研究 ［A］/2008 年低渗透油气藏压裂酸化技术新进展 ［C］.北京：石油工业出版社, 2008.

［8］ 王志云.氮气泡沫在油气井排液中的应用 ［J］.科技信息, 2009（35）：1056-1057.

［9］ Acha, 张文玉. 低压井的泡沫压裂 ［J］.油气田开发工程译丛, 1989（10）：22-26.

［10］ 朱建峰，李志航，管保山.液氮伴注压裂工艺技术研究与应用 ［J］.低渗透油气田, 1999（3）：74-76.

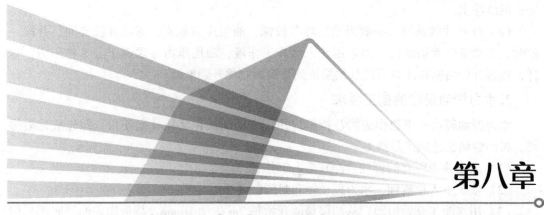

第八章
油田注水系统运行优化技术

随着我国各主力油田相继进入中高含水期，注水开发已经成为应用最为广泛的提高原油采收率的措施之一。研究者也开始关注油田注水系统的运行优化问题，并取得了一些积极的成果。油田注水系统运行优化可以让注水井达到设计注水压力和注水流量，以保证油田的高产、稳产。如何通过注水开发来保证油田的长期高产、稳产，即通过控水达到稳油的目的，是中高含水期油田维持高产稳产的重要方针之一。为了达到这一目标，必须控制注水系统的运行参数，保证注水压力和注水流量在允许的范围之内波动。通过优化，注水系统的运行状况和地层压力情况都得到了明显的改善，而且注水管网运行优化有效地降低了注水系统能耗。这充分说明注水系统运行优化对于保证油田的高产、稳产具有重要的意义。

第一节　油田注水系统的组成

在油田的开发工作当中，国内外应用最广泛的方法便是注水法，同时注水法也是最常用的二次采油方法。一次采油使油藏的开采达到了经济上的极限产量，或者为了实现进行高速采油的目的，就需要在一次采油中的某一个阶段进行驱替介质的注入，通过将质量合格的水注入油藏来保持油层的压力。

油田注水所需要的地面系统中包括三个组成部分，分别是注水泵站、管网及注水井口。注水地面系统在建设过程中必须要满足良好的使用功能，同时也必须要符合工艺条件，而且还需要达到减少运营管理成本及高经济效益的目的。

一、油田注水系统简介

油田注水系统主要由注水站、配水间、注水井和连接它们的注水管道组成，一个典型的油田注水系统如图 8-1 所示。

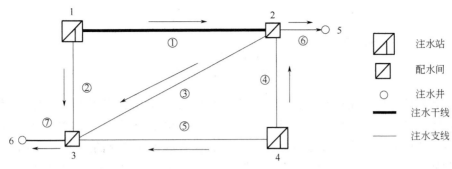

图 8-1 油田注水系统示意图

由于注水井井网的布置形式、注水压力、注水量及注水水源特点的差异，有不同的注水工艺流程可供选择，最常用的主要有以下三种：

（1）单干管多井配水流程（图 8-2）：从注水站到配水间只有一条注水干线，配水间为多井式配水间。注入水经注水站注水泵升压后通过注水干线输送到配水间，最终注入注水井内。

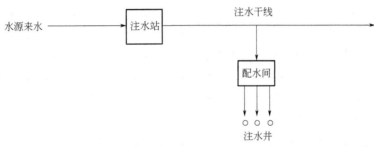

图 8-2 单干管多井配水流程图

（2）单干管单井配水流程（图 8-3）：注入水经注水站升压后，由高压阀组分配给单井干管，由单井干管流进单井配水间，在单井配水间调节、计量后输送到注水井并最终注入地层。

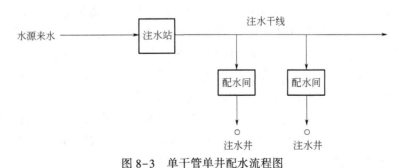

图 8-3 单干管单井配水流程图

（3）小站配水流程（图 8-4）：注入水在小站中经过升压、调节、计量后直接注入注水井。其主要特点是没有注水干线，因此可以用低承压管道代替高压管道，从而节省管道投资。

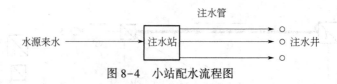

图8-4　小站配水流程图

　　油田采集期间使用注水的方法十分普遍，多使用到二次油田开发内。长期开采致使油田达到经济限量后，为提高油田的产量就要在一次采油完成后通过注水的方式驱替介质，补充能量。油田注水作为一项系统性的工程，需将质量达到要求的水注入油层内，以增大油层的压力。由于油的密度小于水，所以就能直接将地层的原油驱替到生产井内，原油采收的效率也大大提高。注入期间需要重视水质的稳定和质量，从而达到保护油层的目的。

二、注水管网优化模式

　　油田地面注水管道作为系统性复杂工程，从注水资料的给定到资料的开发均能对管网布局进行系统性优化。之前给出的优化设计模式中，有两个主要的函数，函数中不仅有连续变量也有离散变量，离散变量发生变化后主要的变量值集中在0~1之间，所以整个变量范围内求解难度非常大。研究若发现注水的油田较大，就能判定管网的规模与组合数有直接联系，由于计算的工作量正在持续增大，甚至很多时候极难满足求解需求。研究中为降低求解的难度，减少必要的工作量，可以借助分层优化方式，在剔除部分肯定不能使用的组合以后，较常使用的注水管网是两级管网，以及注水泵站持续到配水间的注水干线和配水间持续到注水井的注水支线。

　　多级目标优化期间，不能要求每个目标更优，只能实行部分目标，这里提及的有效解可以被看成是妥协解或者可接受解。有效是使用尚可，但是不能代表唯一，在本文的给定模型中，由于各个级别的子网节点数量 M 是作为设计变量而存在的，所以这就能增大可解的数目，为决策带来更多的选择机会。

　　油田地面注水系统由各个部分构成，可以被看成是一项极为庞大且复杂的动力系统，也可以被看成是大型的流体网络系统。通常情况下注水站是整个系统的源点之一，配水间或者注水站通常作为阱点存在，相交的注水管线直接的连接点是节点，点与点连接的注水管是整个管道的支路。油田注水系统与地面注水系统的差距主要是介质的流向有所不同。地面集输系统，介质通常为油或者气，主要是从生产井逐步向其他分站点流进，最后全部汇总到联合站，在联合站内经过处理以后，才能逐步向外进行输送。油田的地面注水系统所输入的介质水需要流经离心注水泵后，对其进行加压，使其内动力增大，然后再逐步由注水的支线输送到注水井口做好配注。从工艺角度考虑问题，油气集输系统能将各个井口中不同的压力系统集中到油气站内，然后将所有的介质压力集中在同一压力系统下。地面的注水系统能将类似的介质分配到同一类配水间内，结合境内压力的不同适度调整介质，或是降压或是增注，从而能让工艺要求达到预期规定。

　　由此可见，开展地面注水系统优化时，能借用地面集输系统的优化方法，生成管网拓扑结构，优化现有的参数系统，最终实现管网的优化。油田地面注水系统中的配水间与注水井的第一级管网相连接时所使用的结构一般情况下为拓扑结构，在这种结构中一个配水间要同时为多少口注水井进行配水要根据注水井压力和相关工艺来确定经济效能。理论上一个配水间要合理的对多口井进行配水工作，理想数量为 3~8 口，这就形成了一种放射形的管网结构，如图 8-5 所示。

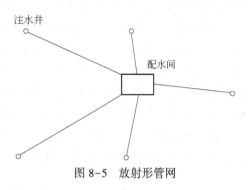

图 8-5　放射形管网

配水间的布置方法有两种：第一种，将配水间与原油集输计量站组建到一起；第二种，根据实际情况优化布置。其中相对合理的布置方法是根据实际情况对配水间位置进行确定的，同时根据集输系统的要求来调整配水间位置。

当确定了配水间的具体数量之后，便要确定最初的站位，这时可以通过人为设定或者其他方式设定。譬如利用伪随机数法，在需要注水的油田区块内，利用计算机的随机发生器确定多个均匀分布的坐标点，以此作为配水间初始坐标。

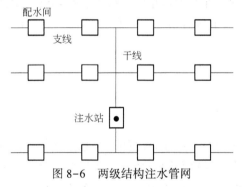

图 8-6　两级结构注水管网

三、注水线路的优化

注水系统由以下几部分组成：（1）注水站；（2）配水间；（3）井口装置及连接注水站；（4）配水间；（5）井口的管网。一般情况下注水管网采用两级结构，第一级为配水间连接注水井管网的放射状结构，第二级为离心注水站连接配水间的主干线管网，这种管网一般采用如图 8-6 所示结构。

四、确定支干交点

在注水区块内的注水井数量及需要注入的水量为已知的参数，采用图 8-7 所示注水流程。

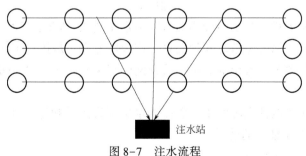

图 8-7　注水流程

由于油田地面注水系统是一项较为复杂的工作，除了确定整体的注水管网模式及注水的线路模式外，还需要确定支干的交点，只有确定了支干的交点才能使注水活动更加合理。将井点设置在整个支线的重点位置方是最优的设计，在该处能够保证压力差在能够承受的范围之内，还有利于整体管网压力的调整，从而使开采活动更为便利。

　　研究油田地面注水系统的规划技术，分解油田注水系统的优化策略，然后了解配水间、注水井两者的从属关系，在优化配水间位置的同时，可以进一步优化离心注水泵。对两者的约束需要借助于井式和注水半径的优化，通过细化两者，能更好地确定注水间的位置。研究中曾提出为实现配水间与注水井管网的投资最小化，使用目标优化模型的方式。布置离心注水站的时候充分考虑离心注水站与配水间两者的优化问题，并将注水管道的主要管段投资看成是其实施的最小目标，用以确定管网基础，从而能实现管网参数优化目标，满足投资少管网运行效率低的要求。

第二节　管网模型的建立与求解

　　在油田注水系统优化过程中，为了了解管网中各组成部分之间的相互关系，需要对管网进行一定程度的抽象，在忽略次要因素的基础上，考虑尽可能多的主要因素，建立起描述管网特性的数学模型，该过程称为管网建模过程。在管网模型的基础上，根据管网中已知的部分运行参数，通过求解管网模型，得到管网中所有节点、管段全部运行参数的过程，就是管网模型的求解过程。

一、管网模型的选择与建立

1. 管网模型简介

　　注水管网模型建立的目的是描述管网中节点压力与管段流量之间的关系。在使用管网模型进行一般性管网计算时，节点流量、管段长度、管径和阻力系数等条件均为已知，需要求解的是各管段的流量和各节点的压力。而在管网优化过程中，人们所关心的仅仅是注水系统中各节点的压力（特别是注水站节点和注水井节点的压力）。因此，以管网优化为目的建立的管网模型通常不需要考虑管段流量的计算问题。

　　根据拓扑学的知识，对于任何一个环状管网，管段数 G、节点数 M 和整个管网中环的数量 N 之间存在如下的关系：

$$G=M+N-1$$

　　建立和求解管网方程的基本原理是质量守恒定律及能量守恒定律，据此建立连续性方程和能量方程以描述管网各参数之间的关系。连续性方程，是指对于任意节点，流向该节点的流量必定等于从该节点流出的流量；若管网中有 M 个节点，可以据此写出 $M-1$ 个独立方程。

　　能量方程则表示管网任意环路中各管段的水头损失的总和等于 0。若整个管网中有 N 个环，就可以写出 N 个独立的能量方程。

2. 三种常用的管网模型

　　依据模型建立时着眼点的不同，可以将常用的管网模型分为三类：管段模型、节点模型和环路模型。

（1）管段模型。管段模型着眼于管网中的管段，是以管段流量为未知数所建立起来的管网模型。因此，对于一个含有 G 个管段的管网系统，需要 G 个独立方程才能求解。为此，列出 $M-1$ 个独立的节点连续性方程和 N 个环路能量方程，即共有 $M+N-1$ 个方程。由于 $G=M+N-1$，方程总数恰好等于方程中未知数的个数，所以可以求解出全部管段的流量。然后再根据管段的流量和选定的参考节点的压力求出管网中各个节点的压力。管段模型思路清晰，易于编程，有利于上机计算；但由于该方法将管段流量作为未知数求解，导致管段模型的方程总数是三种模型中最多的。

（2）环路模型。环路模型建立的指导思想是优先满足节点的连续性方程，再通过不断的环路流量校正来保证每一个环路都能够满足能量方程。建立环路模型时，首先要按照连续性方程的要求分配初始流量，此时各管段流量显然无法满足环路能量方程（即环路中各管段水头损失之和不为0）。再使用校正流量 Δ 来调整各管段中的流量。若某一管段压降过小，则在该管段中增加 Δ；反之，则减少 Δ。由于在不同方向上所增减的流量都是 Δ，所以校正流量的引入不会破坏节点的流量平衡方程。不断进行这种调整，直至所有管段的流量同时满足连续性方程和能量方程为止。在得到管段流量后，通过引入参考节点压力，就可以计算得到所有节点的压力。环路模型中只有 N 个独立方程，是三种模型中最少的；但是，在进行流量校正过程中，只考虑了单个环路中流量对压降的影响，忽视了邻环之间的相互影响，造成算法收敛缓慢，从而极大影响了计算的效率。

（3）节点模型。节点模型是在假定初始节点压力的情况下，通过连续性方程迭代求解各节点的压力，再根据管段两端的压力差求出该管段的流量，最后通过管段流量和参考节点压力求解所有节点压力的过程。对于含有 M 个节点的注水管网系统，有 $M-1$ 个独立的节点方程，引入边界条件后就可以组成封闭的方程组，从而通过迭代解出 M 个节点的节点压力。

3. 管网模型的选择

综合比较上述三种常见管网模型，可以看出，只有节点型模型可以直接解出节点压力，而其余两种模型都需要在先求出管段流量的基础上根据摩阻计算公式计算节点压力。管段模型由于同时考虑了管段的流量和环路的压降，具有很好的收敛性，但其所需要的方程总数是所有模型中最多的。环路模型有最少的方程数，但在流量调整过程中仅着眼于单个环路而忽略了不同环路之间的相互影响，造成算法收敛速度极慢。节点模型则在收敛速度和方程总数之间保持了恰当的平衡，从而取得了较好的求解效率。综合考虑以上各种因素，决定选用节点模型建立管网模型。

4. 节点数学模型及节点方程的建立

对于节点数学模型的建立可以由管元模型来进行推导。

1）管元数学模型及管元方程的建立

使用有限元方法可以将注水系统看成是由一系列单元（管元）组成、管元之间是以节点相连的系统。在管网的正常运行过程中，管道始终处于稳定流动状态。在这种情况下，无论是单管还是与管网相连的管段都可以用能量守恒定律和质量守恒定律导出的代数方程来表述。如图 8-8 所示为任意管段（即管元）i，与此管元相连的节点为 k 与 j，其长段为 L_i。

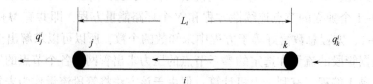

图 8-8　管元数学模型

管元 i 的能量方程为：

$$\Delta H = H_K - H_j \tag{8-1}$$

式中　ΔH——管元 i 的压力损失；

　　　H_K——节点 k 的压力；

　　　H_j——节点 j 的压力。

如果规定注入水由 k 流向 j，则 $H_K > H_j$，用下式计算 k、j 两点之间的水力坡降：

$$\begin{cases} i = 0.00107 \dfrac{v^2}{d^{1.3}} & v \geqslant 1.2 \mathrm{m/s} \\[3mm] i = 0.000912 \dfrac{v^2}{d^{1.3}}\left(1+\dfrac{0.867}{v}\right)^{0.3} & v < 1.2 \mathrm{m/s} \end{cases} \tag{8-2}$$

式中　i——两节点间的水力坡降；

　　　v——管道中注入水的流速；

　　　d——管道内径。

将式（8-2）变形为：

$$\begin{cases} Q = 24.01 \sqrt{\dfrac{d^{5.3}}{L}} (\Delta H)^{-0.5} \Delta H & Q \gg 0.9425 d^2 \\[3mm] Q = 26.01 \sqrt{\dfrac{d^{5.3}}{L}} \left[\left(1+0.68094 \dfrac{d^2}{Q}\right)^{-0.15} (\Delta H)^{-0.5} \Delta H\right] & Q < 0.9425 d^2 \end{cases} \tag{8-3}$$

若令：

$$\begin{cases} K^i = K^0 K^1 = Q = 24.01 \sqrt{\dfrac{d^{5.3}}{L}} (\Delta H)^{-0.5} \Delta H & Q \gg 0.9425 d^2 \\[3mm] K^i = K^0 K^1 = 26.01 \sqrt{\dfrac{d^{5.3}}{L}} \left[\left(1+0.68094 \dfrac{d^2}{Q}\right)^{-0.15} (\Delta H)^{-0.5} \Delta H\right] & Q < 0.9425 d^2 \end{cases} \tag{8-4}$$

则式（8-3）可写成：

$$q^i = K^i \Delta H^i \tag{8-5}$$

式中　Q——管道内注入水流量；

　　　ΔH——两节点间的压降；

　　　L——管道长度；

　　　d——管道内径。

在式（8-4）中，K_o^i 是仅由管道本身所决定的系数，在整个管网计算的过程中不会发生变化，可以在管网初始化过程中完成；K_1^i 是与管道中压降有关的系数，在管网计算过程中不断变化，每次使用前都需要重新计算。式（8-5）提供了通过管元 i 两节点 k、j 之间的摩阻损失来计算流量的方法。设 q_k^i 为 i 流过 k 的流量，q_j^i 为 i 流过 j 的流量，假定由节点流出的流量为正，则：

$$q_k^i = K^i \Delta H^i = K^i (H_k - H_j)$$
$$q_k^i = -K^i \Delta H^i = -K^i (H_k - H_j) \tag{8-6}$$

矩阵形式表示为：

$$\begin{Bmatrix} q_k^i \\ q_j^i \end{Bmatrix} = k^i \begin{bmatrix} +1 & -1 \\ -1 & +1 \end{bmatrix} \begin{Bmatrix} H_k^i \\ H_j^i \end{Bmatrix} \tag{8-7}$$

写成缩写形式为：

$$Q_i = K_i H_i \tag{8-8}$$

其中

$$Q_i = \begin{Bmatrix} q_k^i \\ q_j^i \end{Bmatrix} \qquad H_i = \begin{Bmatrix} H_k^i \\ H_j^i \end{Bmatrix} \qquad K_i = k^i \begin{bmatrix} +1 & -1 \\ -1 & +1 \end{bmatrix}$$

式中　Q_i——管元 i 的节点流量矢量；

　　　H_i——管元 i 的节点压力矢量；

　　　K_i——管元 i 的特性矩阵。

式（8-7）、式（8-8）即为管网模型中管元方程的一般形式。

2）节点数学模型及节点方程的建立

对于管网中的每个节点，进入该节点的流量必然与从该节点流出的流量相等。有三种基本的节点流量（图8-9）：与节点相邻管元的流量 q_{ij}；节点自身的用水量 Q_i（该流量仅针对注水井节点）；节点为水源时对外提供的水量 u_i（该流量仅针对注水站节点）。

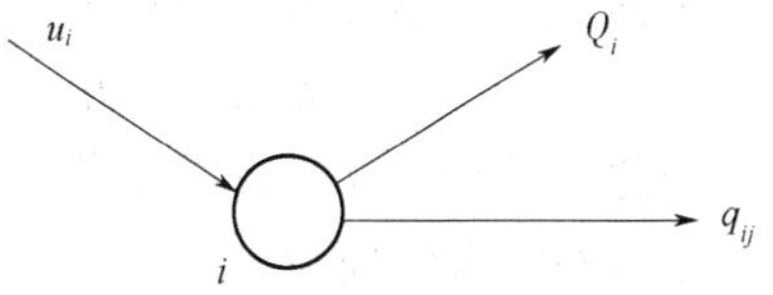

图8-9　节点数学模型

节点流量平衡方程为：

$$u_i - Q_i - \sum_{j \in I_i} q_{ij} = 0 \qquad i = 1, 2, \cdots, N \tag{8-9}$$

式中　I_i——与节点 i 相连的节点的编号集合；

　　　N——管网节点总数。

其中 q_{ij} 由式（8-6）、式（8-8）可得：

$$q_{ij} = K^i (H_i - H_j) \tag{8-10}$$

其中

$$\begin{cases} K^i = K^0 K^1 = Q = 24.01 \sqrt{\dfrac{d^{5.3}}{L}} (\Delta H)^{-0.5} & Q \gg 0.9425 d^2 \\[4mm] K^i = K^0 K^1 = 26.01 \sqrt{\dfrac{d^{5.3}}{L}} \left[\left(1 + 0.68094 \dfrac{d^2}{Q} \right)^{-0.15} (\Delta H)^{-0.5} \Delta H \right] & Q < 0.9425 d^2 \end{cases} \tag{8-11}$$

将式(8-10) 带入式(8-9) 可得：

$$u_i - Q_i - \sum_{j \in I_i} K^i(H_i - H_j) = 0 \quad i = 1, 2, \cdots, N \tag{8-12}$$

将式(8-12) 写成如下的形式：

$$\sum_{j \in I_i} q_{ij} = C_i \tag{8-13}$$

其中

$$C_i = u_i - Q_i \tag{8-14}$$

在注水管网中，存在以下四种类型的节点：

(1) 注水站节点：节点是一座注水站；

(2) 配水间节点：节点是一座配水间；

(3) 注水井节点：节点是一口注水井；

(4) 中间节点：除上述三种节点类型以外的节点。

在注水系统中，各节点的 C 值确定如下：

注水站节点，$C = u$，u 为该注水站的总注水量；

注水井节点，$C = -Q$，Q 为注水井的配注流量；

配水间节点或中间节点，则 $C = 0$。

根据式(8-13)，可写出节点 3 的流量平衡方程：

$$q_3^2 + q_3^3 + q_3^7 + q_3^5 = C_3 \tag{8-15}$$

由管道单元特性方程，并考虑节点流出的流量为正，可得：

$$q_3^2 = -K^2(H_1 - H_3)$$

$$q_3^3 = -K^3(H_2 - H_3)$$

$$q_5^3 = -K^5(H_4 - H_3)$$

$$q_3^7 = +K^7(H_2 - H_6) \tag{8-16}$$

根据上式，整理可得节点 3 的节点方程：

$$-K^2 H_1 - K^3 H_2 + (K^2 + K^3 + K^5 + K^7) H_3 - K^5 H_4 - K^7 H_6 = C_3 \tag{8-17}$$

至此，已经建立了管网中节点单元和管元单元的数学模型。以此为基础，可以建立整个注水管网的数学模型。

对于图 8-1 所示的管网，将每个节点的节点方程写在一起，构成的管网总体方程为：

$$
\begin{bmatrix}
K^1+K^2 & -K^1 & -K^2 & 0 & 0 & 0 \\
-K^1 & K^1+K^3+K^4+K^6 & -K^3 & -K^4 & -K^6 & 0 \\
-K^2 & -K^3 & K^2+K^3+K^5+K^7 & -K^5 & 0 & -K^7 \\
0 & -K^4 & -K^5 & K^4+K^5 & 0 & 0 \\
0 & -K^6 & 0 & 0 & K^6 & 0 \\
0 & 0 & -K^7 & 0 & 0 & K^7
\end{bmatrix}
\begin{pmatrix}
H_1 \\ H_2 \\ H_3 \\ H_4 \\ H_5 \\ H_6
\end{pmatrix}
=
\begin{pmatrix}
C_1 \\ C_2 \\ C_3 \\ C_4 \\ C_5 \\ C_6
\end{pmatrix}
\tag{8-18}
$$

记为缩写形式：

$$KH = C \tag{8-19}$$

式中　K——管网的特征矩阵，为大型稀疏对称矩阵；

　　　H——管网节点压力矢量；

C——管网节点流量输入矢量。

至此，建立了节点数学模型。通过求解该方程组，就可以得到节点的压力和管段的流量。

二、管网模型的求解

由于节点型管网模型中的方程总数 $n-1$ 小于未知数的个数 n，即该方程组是不封闭的，必须通过引入恰当的边界条件的方法使得方程组封闭才能进行求解。

对于注水管网系统，一般可取某一节点（参考点）的压力作为边界条件，在此基础上计算得到的各节点压力值为对于参考点的相对压力值。

根据参考节点压力计算得到的节点压力值不一定能满足所有节点配注压力的要求。所有节点的压力同时增加或减小相同的数值，其结果仍是方程组的解。利用这一性质，以相对于参考节点压力计算得到的各节点压力值为基础，依据注水井配注压力的要求，所有节点的最低允许压力值可按下式计算：

$$h_i^d = h_i + \max_{1 \leq j \leq n} (h_j' - h_j) \tag{8-20}$$

式中 h_i^d——节点最低允许压力值；

h_i——节点 i 相对于参考节点的压力值；

h_j——节点 j 相对于参考节点的压力值；

h_f'——节点 j 的配注压力。

例如，对于一个四阶的方程组：

$$\begin{cases} K_{11}H_1 + K_{12}H_2 + K_{13}H_3 + K_{14}H_4 = C_1 \\ K_{21}H_1 + K_{22}H_2 + K_{23}H_3 + K_{24}H_4 = C_2 \\ K_{31}H_1 + K_{32}H_2 + K_{33}H_3 + K_{34}H_4 = C_3 \\ K_{41}H_1 + K_{42}H_2 + K_{43}H_3 + K_{44}H_4 = C_4 \end{cases} \tag{8-21}$$

将第二个节点作为参考节点，即

$$H_2 = \overline{H}_2 \tag{8-22}$$

式中，$\overline{H}_2$ 为已知节点压力值，带入方程组可得：

$$K_{11}H_1 + 0 + K_{13}H_3 + K_{14}H_4 = C_1 - K_{12}\overline{H}_2$$

$$H_2 = \overline{H}_2$$

$$K_{31}H_1 + 0 + K_{33}H_3 + K_{34}H_4 = C_3 - K_{32}\overline{H}_2$$

$$K_{41}H_1 + 0 + K_{43}H_3 + K_{44}H_4 = C_4 - K_{42}\overline{H}_2$$

写成矩阵形式为：

$$\begin{bmatrix} K_{11} & 0 & K_{13} & K_{14} \\ 0 & 1 & 0 & 0 \\ K_{31} & 0 & K_{33} & K_{34} \\ K_{41} & 0 & K_{43} & K_{44} \end{bmatrix} \begin{Bmatrix} H_1 \\ H_2 \\ H_3 \\ H_4 \end{Bmatrix} = \begin{Bmatrix} C_1 - K_{12}\overline{H}_2 \\ \overline{H}_2 \\ C_3 - K_{32}\overline{H}_2 \\ C_4 - K_{42}\overline{H}_2 \end{Bmatrix} \tag{8-23}$$

以上过程可由计算机通过以下步骤来完成。

设 $\overline{H}_r = H_r$ 则：

（1）令 $K_{rm} = 1(r=m)$；$C_r = \overline{H}_r$，$K_{rm} = 0(r \neq m)$；

（2）令 $C_m = H_r - K_{mr}H_r(m \neq r)$，$K_{mr} = 0(m \neq r)$。

在引入边界条件之后，管网方程组转化成为可求解方程组，可以通过简单迭代法求解。

简单迭代法的求解流程如下：

（1）选定参考点，设定它的参考压力值，预先估计一组初始的节点压力 H^0，确定计算精度要求 ε，令迭代次数 $k=0$；

（2）计算 k 值，生成总体方程组；

（3）引入边界条件，求解总体方程组，得到节点压力 H^{k+1}；

（4）计算 q^{k+1}；

（5）判断精度要求，若满足 $\max\limits_{1 \leqslant m \leqslant N} \left| \sum\limits_{j \in l} q_i^{k+1} - C_i \right| \leqslant \varepsilon$，则转步骤（6）；否则，令 $H^{k+1} = H^k$，转步骤（2）；

（6）根据系统服务的要求修正所有的节点压力值。

从上面的求解流程中可以看出，使用简单迭代法进行管网水力计算的终止条件是节点水力平衡得到满足，即流入节点的流量等于从该节点流出的流量。将针对单个节点的水力平衡约束推广到整个管网系统，可以得到水量平衡约束，即注水站节点的总排量应当等于注水井节点的用水量。在进行注水管网水力计算时，如果在开始计算时水量平衡约束已经得到满足，在计算过程中，随着管段流量的不断变化，节点水力平衡约束总会有得到满足的机会。

但如果计算开始时水量平衡约束无法满足，在水力计算过程中并不会改变注水井节点的流量和注水站节点的流量，即在任何时候都无法满足水量平衡约束。由于水量平衡约束是由水力平衡约束求和得到的，如果水量平衡约束无法得到满足，则在程序运行过程中，总会有部分节点的水力平衡约束无法得到满足，这会导致管网水力计算过程陷入死循环而不收敛。为了避免这种情况的发生，需要保证进行管网水力计算的注水管网满足水量平衡约束的要求。

第三节　油田注水系统运行参数优化方法

为了尽可能地在提高注水井达到配注压力要求的比例的同时降低注水系统的整体能耗，需要对油田注水系统的运行情况进行优化，包括运行参数优化和运行方案优化两个不同的层次。

一、油田注水系统运行参数优化研究现状

油田注水系统运行参数优化是指，在注水泵开泵方案已经确定的情况下，对处于运行

状态的注水泵的排量进行优化。该问题是一个含有等式及不等式约束的大型复杂非线性优化问题。在此优化过程中，优化变量是注水泵的排量，主要通过注水泵出口节流和驱动电动机变频调速来达到改变优化变量的目的。

1. 传统优化方法在油田注水系统运行参数优化中的应用

在油田注水系统运行参数优化领域，早期的研究者普遍使用"压力谷"理论将大型注水管网逐步分解成若干个子系统，并进一步采用大系统分解迭代的方法，解决注水系统中流量和压力分布的问题。

在此基础上将"压力谷"理论用于注水系统运行参数优化的最大障碍在于"压力谷"划分困难。"压力谷"的划分涉及图论、人工智能、模式识别等多方面的内容，虽然曾经有人提出了一种自动划分"压力谷"的方法，但是该划分过程依然存在很大的随意性，很难通过程序实现，从而限制了其在大型注水管网运行优化中的应用。

另外，出于简化模型的考虑，在对注水管网运行参数进行优化时，需要将同一注水站内的所有注水泵作为同一型号注水泵，导致了优化结果与工程实践的偏差，这在一定程度上也限制了该方法的推广。

为此，研究者普遍采用以遗传算法为代表的智能优化方法对注水系统的运行参数进行优化。

2. 遗传算法在油田注水系统运行参数优化中的应用

由于遗传算法在复杂系统优化中的优异表现，很多研究者使用遗传算法进行油田注水系统运行参数的优化，并取得了较好的效果。

在遗传算法编码方面，多数研究者使用浮点数多参数级联编码，并将离心泵排量编码的范围限制在注水泵高效区，从而在编码层次上保证在遗传算法运行的全过程中，注水泵排量约束可以自动得到满足。

选择操作是实现遗传算法"优胜劣汰、适者生存"这一基本原理的关键，所有研究者无一例外都使用了比例选择算子进行选择操作。为了保证当前最优解可以顺利进入下一代种群，部分研究者采用了"最优保存策略"以保证算法的收敛性。但是这一策略的引进也可能使得算法陷入局部最优而造成早熟收敛。

油田注水系统运行参数优化是一个典型的最小化问题，而比例选择算子通常是针对最大化问题所设计的，为了将比例选择算子应用于注水管网运行参数优化，需要引入适应度函数。通过一系列的实践，取得了良好的经济效益，证明了遗传算法用于注水系统运行参数优化的可行性。

二、油田注水系统运行参数优化简介

注水管网的设计阶段，可以从注水系统的拓扑结构和管网组织形式入手，对注水系统进行优化，以减少管网系统的初期投资和运营费用；而对于已有的、管网的拓扑结构与组织形式早已固定的注水系统，只能从系统的运行状态入手，通过调节注水系统的运行状况，提高系统的运行效率，从而减少系统的运行能耗，降低管网运营费用。

油田注水系统的运行优化是通过对注水泵的运行情况进行调整，达到提高泵效、降低泵管压差，从而降低用电费用的目的。现阶段的油田大型注水系统一般是由多个注水站、配水间、注水井及大量的连接它们的管线组成的流体网络系统，该系统的各个组成部分之间相互影响、相互制约，成为一个不可分割的整体，如果仅仅针对注水系统中的某一部分进行优化，对注水系统的节能降耗作用并不明显，在某些极端情况下，甚至可能增加整个注水系统的能耗。因此，只有对整个注水系统进行优化，才能达到最大限度降低注水系统能耗的作用。

本节着重讨论注水管网运行参数优化问题，并为下一节的运行方案优化奠定基础。

三、油田注水系统运行参数优化数学模型的建立

1. 油田注水系统运行参数优化目标函数

在油田注水系统运行参数优化过程中，以注水泵排量为优化变量，注水系统耗电量最小为目标函数，则注水系统运行参数优化的数学模型为：

$$\min \quad f' = \alpha \sum_{i=1}^{N_p} \frac{(p_{oi} - p_{ci}) Q_i}{\eta_{pi} \eta_{mi}} \tag{8-24}$$

式中　f'——注水系统总耗电量；

p_{oi}——第 i 台注水泵的出口压力；

p_{ei}——第 i 台注水泵的入口压力；

Q_i——第 i 台注水泵的排量；

η_{pi}——第 i 台注水泵的效率；

η_{mi}——第 i 台注水泵驱动电动机的效率；

N_p——注水系统中注水泵台数；

α——单位换算系数。

2. 油田注水系统运行参数优化约束条件

在注水管网运行参数优化问题中，需要考虑的主要约束条件如下。

1）水力平衡约束

对于注水管网中的任意节点，根据质量守恒定律，流入该节点的流量必定等于从该节点流出的流量，即：

$$\sum_{j \in I_i} q_{ij} = C_i \tag{8-25}$$

其中

$$C_i = u_i - Q_i \tag{8-26}$$

由于在管网水力计算中，将节点水力平衡约束作为迭代计算的终止条件，所以在整个遗传算法的运行过程中，该约束条件自动得到满足，无须人为干涉。

2）水量平衡约束

水量平衡约束是指所有处于运行状态的注水泵的总排量应等于所有处于工作状态的注水井的注水量之和，即：

$$\sum_{i=1}^{N_p} Q_i = \sum_{j=1}^{N_w} u_j \tag{8-27}$$

式中　u_j——第 j 口注水井的注水量；

　　　N_w——注水系统中注水井的总量。

在交叉算子、变异算子等遗传算子的作用下，遗传算法得到的新个体常常无法满足水量平衡约束的要求，为此，专门设置了注水泵排量调整操作，对解码后的新个体中注水泵的排量进行调整，使其满足水量平衡约束的要求，并对调整后的个体重新编码，放置在新一代种群中参与进化。由于二进制编码存在截断误差，部分个体经过注水泵排量调整操作之后，依然无法满足水量平衡约束的要求，这时需要进行注水泵排量微调，对解码得到的注水泵排量进行映射，使用可行解变化法处理这一约束条件。

3）泵排量约束

注水系统中的每一台注水泵都要在高效区内运行，即：

$$Q_i^{min} \leqslant Q_i \leqslant Q_i^{max} \tag{8-28}$$

式中　Q_i^{min}——第 i 台注水泵高效工作区最小排量；

　　　Q_i^{max}——第 i 台注水泵高效工作区最大排量。

在使用实数编码的遗传算法中，通过对遗传操作中的参数进行限定，可以保证泵排量约束的满足。在二进制编码的遗传算法中，使用搜索空间限定法处理泵排量约束，将遗传算法的搜索空间完全限定在泵排量约束范围内，即可以任意使用遗传操作参数，而不需要担心得到的结果会超出泵排量约束的范围。

4）注水井压力约束

为了达到注水开发的要求，各注水井节点的压力不应小于其最低注入压力，即：

$$p_i \geqslant p_i^{min}, i=1,2,\cdots,N_w \tag{8-29}$$

式中　p_i——第 i 口注水井的节点压力；

　　　p_i^{min}——第 i 口注水井所要求的最低注入压力。

5）注水泵正常运行压力约束

要保证注水泵能够正常工作，需使得该注水泵所在注水站的节点压力及注水泵的出口压力之间满足以下关系：

$$p_{oi}-\delta_i \geqslant p_j, i=1,2,\cdots,N_p \tag{8-30}$$

式中　δ_i——第 i 台注水泵出口到该注水站出口间管线的沿程损失；

　　　p_j——该注水泵所在注水站的节点压力。

6）注水井压力约束和注水泵正常运行压力约束的满足

在注水管网水力计算过程中，可以通过同时升高或降低所有节点压力的方式（即节点压力修正法）来使得注水管网满足系统服务的要求，在遗传算法操作过程中，也可以使用同样的方法来满足约束条件4（注水井压力约束）和约束条件5（注水泵正常运行压力约束）。

为了满足注水井压力约束，经常需要升高所有节点的压力，而在很多情况下，却必须通过降低注水站节点压力的方法来满足注水泵正常运行压力约束。因此，在绝大多数情况下，无法通过节点压力修正的方法来同时满足注水井压力约束和注水泵正常运行压力约束。

一方面，如果注水泵正常运行压力约束条件无法得到满足，会导致部分注水泵无法正常工作，从而严重影响整个注水系统的运行状态。另一方面，即便有部分注水井压力约束条件无法得到满足，其后果也仅仅是这部分注水井无法正常工作，对整个注水系统的影响是有限的。因此，选择使用节点压力修正方法来满足注水泵正常运行压力约束，而通过罚函数法来满足注水井压力约束条件。

3. 油田注水系统运行参数优化数学模型

通过上节所述的操作，在注水系统运行参数优化过程中所涉及的5个约束条件中，条件1（水力平衡约束）和条件5（泵正常运行压力约束）在管网水力计算过程中得到满足，条件2（水量平衡约束）和条件3（泵排量约束）在遗传算法过程中得到满足，优化问题转化为单约束条件下的最优化问题，可以使用外部罚函数法将目标函数式（8-24）和约束条件式（8-29）转化为无约束最优化问题。考虑到注水管网的实际情况，注水井节点压力达不到配注压力对注水系统的影响体现在两个不同的层面。

首先，若某口注水井节点压力远小于设计压力，将导致该口注水井无法正常工作，从而影响注水井附近地层的能量补充。节点压力与设计压力的差值越大，这种消极影响就越明显。这是单井层面的影响。

其次，若某一区块的多口注水井节点压力小于设计压力，将导致大量注水井工作异常，从而影响该区块的能量补充。达不到配注压力的注水井所占的比例越大，这种消极影响就越明显。这是整体层面的影响。

为了同时衡量这两种情况对注水系统运行的影响，使用如下的数学模型将约束优化问题转化为无约束优化问题：

$$\min f = \frac{f'}{P_1} + M P_2 \tag{8-31}$$

其中

$$P_2 = \sum_{j=1}^{N_w} \left[\min(0, p_j - p_j^{\min}) \right]^2 \tag{8-32}$$

式中　f'——无约束目标函数；

　　　f——有约束目标函数；

　　　P_1——注水井未达到配注压力的比例；

　　　M——惩罚因子，随着优化的深入逐渐增大；

　　　N_w——注水系统中注水井总数；

　　　p_j——第j口注水井的节点压力；

　　　$p_j^{\min}$——第j口注水井的配注压力。

在上面的模型中，P_1项衡量的是注水井节点压力达不到配注压力对整个区块的影响，P_2项衡量的是注水井节点压力达不到配注压力对单口注水井的影响。

第四节　油田注水系统运行方案优化方法

一、油田注水系统运行方案优化研究现状

同时对油田注水系统中注水泵的开泵方案和运行中注水泵排量进行的优化称为油田注

水系统运行方案优化，由于该问题同时涉及连续变量优化（注水泵排量）和离散变量优化（开泵方案），所以比运行参数优化更为复杂。

1. 传统优化方法在油田注水系统运行方案优化中的应用

由于该问题自身所特有的多层次性（既有开泵方案优化，也有注水泵排量优化），多数学者倾向于使用二层递阶迭代——约束变尺度法对注水管网的运行方案进行优化。

该方案引入分层优化的思想，在第二层（注水泵排量优化层），在预先给定的开泵方案和注水站初始压力条件下，使用约束变尺度法优化各台注水泵的排量和其他运行参数，再将优化结果送到第一层（注水泵开泵方案优化层），求解系统总体方程组，得到各节点的压力，并根据压力约束条件和注水泵排量调整注水泵开泵方案，进而将修正后的开泵方案和排量送回到第二层，如此循环直到满足要求为止。

约束变尺度法的最大优点是减少了对函数梯度信息的需求，从而特别适用于注水系统优化这类含有等式和不等式约束的非线性多峰复杂函数优化问题。另外，分层优化机制的引入大大降低了优化问题的复杂程度，从而明显提高了计算效率。

然而，在实际生产过程中，注水泵的开泵方案与注水泵排量密切相关，其中任何一个因素的调整都会引起另一个因素的变化。在分层优化的过程中，将注水系统分解为开泵方案和注水泵排量两个层次，人为割裂了优化问题的整体性，很容易使得优化结果陷入局部最优，这一原理上的局限性限制了该方法在实际优化中的应用。

为此，研究者普遍采用以遗传算法为代表的智能优化方法对注水系统的运行方案进行优化。

2. 遗传算法在油田注水系统运行方案优化中的应用

由于注水系统运行参数优化本身就是运行方案优化的一个组成部分，所以大多数研究者在运行方案优化中所使用的遗传算法都是从运行参数优化中发展而来的。

在变异算子的设计上，研究者们并没有单纯地对注水泵的排量和开泵方案进行变异，而是针对注水系统的实际情况，设计了四种全新的变异算子：增开一台注水泵、减少一台注水泵、开停泵两点互换、运行泵附加扰动等。

在运行方案优化过程中，很可能出现这种情况，对于某个确定开泵方案，无论如何调整注水泵的排量，系统的水量平衡约束都无法得到满足，这些个体被称为明显不可行个体。为了避免这种情况的发生，在新个体产生后，立即进行开泵方案可行性判断，舍弃其中的明显不可行个体，以提高计算效率。

使用上述遗传算法，工程师们对一含有 13 座注水站、73 座配水间、521 口注水井的高压注水管网进行优化。优化后注水泵效率平均提高 2.32%，单耗降低 4.25%。

二、油田注水系统运行方案优化数学模型的建立

1. 注水系统运行方案优化目标函数

在注水系统运行方案优化过程中，以注水系统中注水泵的开-停状态及运行中注水泵的排量为优化设计变量，以注水系统的耗电量 f' 最小为目标函数，则注水系统运行方案优化的数学模型为：

$$\sum_{j \in I_i} q_{ij} = C_i \tag{8-33}$$

$$C_i = u_i - Q_i \tag{8-34}$$

由于在管网水力计算中，将节点水力平衡约束（8-33）作为迭代计算的终止条件，所以在整个遗传算法的运行过程中，该约束条件自动得到满足，无须人为干涉。

2. 水量平衡约束

水量平衡约束是指所有处于运行状态的注水泵的总供水量应等于所有处于工作状态的注水井的注水量之和，即：

$$\sum_{i=1}^{N_p} Q_i = \sum_{j=1}^{N_w} u_j \tag{8-35}$$

式中　　Q_i——第 i 台注水泵的排量；

N_p——注水系统中注水泵的总台数；

u_j——第 j 口注水井的注水量；

N_w——注水系统中注水井的总数。

在交叉算子、变异算子的作用下，遗传算法得到的新个体常常无法满足水量平衡约束的要求，为此，专门设置了注水泵排量调整操作，对解码后的新个体排量进行调整，使其满足水量平衡约束的要求，并对调整后的个体重新编码，放置在新一代种群中参与演化。由于二进制编码存在截断误差，部分个体经过注水泵排量调整之后，依然无法满足水量平衡约束的要求，这时需要进行注水泵排量微调，对解码得到的注水泵排量进行映射，使用可行解变化法处理这一约束条件。

3. 泵排量约束

注水系统中的每一台注水泵都要在高效区内运行，即：

$$Q_i^{min} \leqslant Q_i \leqslant Q_i^{max} \tag{8-36}$$

式中　　Q_i^{min}——第 i 台注水泵高效工作区最小排量；

Q_i^{max}——第 i 台注水泵高效工作区最大排量。

在使用实数编码的遗传算法中，通过对遗传操作中的参数进行限定，可以满足泵排量约束。在二进制编码的遗传算法中，使用搜索空间限定法处理泵排量约束，将遗传算法的搜索空间完全限定在泵排量约束范围内，即可以任意使用遗传操作参数，而不需要担心得到的结果会超出泵排量约束范围。

4. 注水井压力约束

为了达到注水开发的要求，各注水井节点的压力不应小于其最低注入压力，即：

$$p_i \geqslant p_i^{min}, i = 1, 2, \cdots, N_w \tag{8-37}$$

式中　　p_i——第 i 口注水井的节点压力；

p_i^{min}——第 i 口注水井所要求的最低注入压力。

5. 泵正常运行压力约束

注水系统要保证注水泵能够正常工作，需使得注水泵的出口压力及该注水泵所在注水站的节点压力之间满足以下关系：

$$p_{oi} - \delta_i \geqslant p_j, i = 1, 2, \cdots, N_p \tag{8-38}$$

式中　p_{oi}——第 i 台注水泵出口压力；

δ_i——第 i 台注水泵出口到该注水站出口间管线的沿程损失；

p_j——该注水泵所在注水站的节点压力。

与上一节的分析类似，在注水系统运行方案优化中，使用节点压力修正的方法来满足注水泵正常运行压力约束，通过罚函数法满足注水泵压力约束条件。

三、油田注水系统运行方案优化数学模型

使用如下的数学模型将约束优化问题转化为无约束优化问题：

$$\min f = \frac{f'}{P_1} + MP_2 \tag{8-39}$$

其中

$$P_2 = \sum_{j=1}^{N_w} \left[\min(0, p_j - p_j^{\min}) \right]^2 \tag{8-40}$$

式中　f'——无约束目标函数；

f——有约束目标函数；

P_1——注水井未达到配注压力的比例；

M——惩罚因子，随着优化的深入逐渐增大；

N_w——注水系统中注水井总数；

p_j——第 j 口注水井的节点压力；

$p_j^{\min}$——第 j 口注水井的配注压力。

在上面的模型中，P_1 项衡量的是注水井节点压力达不到配注压力对整个区块的影响，P_2 项衡量的是注水井节点压力达不到配注压力对单口注水井的影响。

参考文献

[1] 李伟. 水力计算手册 [M]. 北京：中国水利水电出版社，2006.

[2] 王继明. 给水排水管道工程 [M]. 北京：清华大学出版社，1989.

[3] 周雪漪. 计算水力学 [M]. 北京：清华大学出版社，1995.

[4] 高爱华. 油田地面注水系统规划设计及运行优化技术研究 [D]. 成都：西南石油学院，2002.

[5] 刘斌. 油田注水系统数学建模与控制理论研究 [D]. 东营：中国石油大学（华东），2007.

[6] 高胜，郭俊忠，常玉连. 油田注水管网系统的数学模型及其计算方法研究 [J]. 钻采工艺，2001，24（5）：54-56.

[7] 季亚辉，佟艳伟，李树翔，等. 注水系统效率分析与优化设计技术研究 [J]. 中国石油和化工，2008，16：40-43.

[8] 关晓晶，魏立新，杨建军. 基于混合遗传算法的油田注水系统运行方案优化模型 [J]. 石油学报，2005，26（3）：114-117.

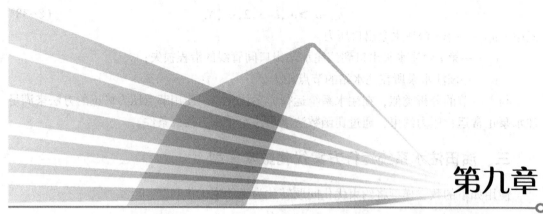

第九章

注水开发效果评价

我国已投入开发的油田，大多数采用人工注水的开发方式，开发效果的好坏会直接影响到石油的采收率及产量的稳定程度，从而影响油田整体开发效果。我国油田储层以陆相沉积储层为主，油层非均质性强，油水系统多变，储层结构复杂。因此，对油田进行注水开发效果评价，不仅能稳定油田产量、提高采收率、保证油田合理高效的开发，而且对于我国宝贵石油资源的利用有着直接的现实意义。

注水开发效果评价的主要目的是研究砂岩油藏内油水运动规律，揭示油藏注水开发的主要矛盾和潜力，为编制油藏年度开发规划、长远开发规划、综合调整方案制定科学合理的技术方法和技术措施，确保砂岩油藏获得最高的、经济合理的水驱采收率。我国注水开发效果评价的研究从 20 世纪 60 年代中后期开始，发展到如今对水驱油藏的开发效果评价包括不同开发阶段水驱采收率的评价、存水率评价、含水率评价、注水波及体积评价等内容。

第一节　水驱采收率评价

一、水驱采收率计算方法

采收率是衡量油田开发效果好坏的关键指标，水驱采收率的计算方法包括经验公式法、相渗曲线法、水驱油效率法、图版分析法、水驱特征曲线法等。

1. 经验公式法

1）俞启泰经验公式

$$E_R = 0.274 - 0.1116\lg\mu_R + 0.09746\lg K - 0.0001802hf - 0.06741V_K + 0.0001675T \quad (9-1)$$

式中　E_R——最终采收率；

　　　μ_R——油水黏度比；

　　　K——平均空气渗透率，$10^{-3}\mu m^2$；

h——油层有效厚度，m；

f——井网密度，口/km²；

T——油层温度，℃；

V_K——渗透率变异系数。

该经验公式的适用范围见表9-1。

表9-1 俞启泰经验公式适用范围

参数	μ_R	K $10^{-3}\mu m^2$	h m	f 口/km²	V_k	T ℃
适用范围	1.9~162.5	69~3000	5.2~35.0	4.2~43.5	0.26~0.92	30.0~99.5

2）陈元千经验公式

$$E_R = 0.058419 + 0.084612 \lg \frac{K}{\mu_o} + 0.3464\phi + 0.003871S \tag{9-2}$$

式中 μ_o——地层原油黏度，mPa·s；

ϕ——平均有效孔隙度；

S——井网密度，口/km²。

该经验公式适用于储层物性较好、均质性较好、黏度相对中等的油藏。

3）长庆油田经验公式

$$E_R = 0.1464 + 0.1226 \left(\frac{K}{\mu_o}\right)^{0.1316} \tag{9-3}$$

2. 相渗曲线法

相渗曲线法即利用实验室相渗曲线测试时所进行的水驱油试验，对岩心的测试结果计算出驱油效率，进而结合谢尔卡乔夫井网密度与采收率的关系式，计算水驱油采收率。

（1）首先对油藏实验所测相渗曲线分层分别进行归一化处理。对油水相渗曲线归一化处理的过程如下对多条要处理的油水相渗曲线，用下式拟合：

$$S_{wd} = \frac{S_w - S_{wi}}{1 - S_{wi} - S_{or}} \tag{9-4}$$

$$K_{rw} = \alpha_1 S_{wd}^m \tag{9-5}$$

$$K_{ro} = \alpha_2 (1 - S_{wd})^n \tag{9-6}$$

式中 S_{wd}——相对含水饱和度；

m、n、α_1、α_2——相应的拟合系数。

求出多条相渗曲线的 m、n、α_1、α_2，然后平均得出 m、n、α_1、α_2，即可得到拟合公式，即归一化后的油水相渗曲线计算式 $K_{rw} = \alpha_1 S_{wd}^m$，以及 $K_{ro} = \alpha_2 (1 - S_{wd})^n$。然后在已知的多条相渗曲线的平均束缚水饱和度 S_{wi}、平均残余油饱和度 S_{or} 值下，给定一系列 S_w，即求解出平均油水相渗曲线。

（2）在得到归一化后的相渗曲线后，利用含水率 f_w 与含水饱和度 S_w 的关系，计算岩样的平均含水饱和度 $\overline{S}_w$：

$$\overline{S}_w = S_w + \frac{1-f_w}{f_w} \qquad (9-7)$$

$$\overline{S}_w = S_w + \frac{1-0.98}{0.98} \qquad (9-8)$$

（3）当 f_w 到极限值 0.98 时，根据 $\overline{S}_w$ 计算驱油效率 E_D：

$$E_D = \frac{\overline{S}_w - S_{wi}}{1 - S_{wi}} \qquad (9-9)$$

苏联学者谢尔卡乔夫在研究水驱油田最终采收率与井网密度关系时，统计了乌拉尔—伏尔加等地区个开发单元的流动系数，以及回归统计得出了5组采收率随井网密度变化的统计定量关系：$E_R = E_D e^{-\alpha \cdot SPC}$。为了确定井网密度常数，需将流动系数与井网密度常数进行近似回归分析：

$$\alpha = 0.05812 \left(\frac{Kh}{\mu}\right)^{-0.24579} \qquad (9-10)$$

式中　α——井网密度常数；

　　　Kh/μ——流动系数，$10^{-3}\mu m^2 \cdot m/(mPa \cdot s)$；

　　　E_D、E_R——驱油效率和采收率；

　　　SPC——井网密度，口/km^2。

按照油藏井网调整前后或注水前后的井网密度，将上述参数代入谢尔卡乔夫公式中，即可计算出采收率，见表9-2。

表9-2　采收率计算公式

油藏组	油藏数	流动系数，$\mu m^2 \cdot m/(mPa \cdot s)$	按照近似函数获得的方程
Ⅰ	23	>5	$E_R = 0.778e^{-0.0052SPC}$
Ⅱ	45	1~5	$E_R = 0.726e^{-0.0082SPC}$
Ⅲ	24	0.5~1	$E_R = 0.644e^{-0.017SPC}$
Ⅳ	24	0.1~0.5	$E_R = 0.555e^{-0.01196SPC}$
Ⅴ	14	<0.1	$E_R = 0.42e^{-0.02055SPC}$

3. 水驱油效率法

利用实验室所进行的水驱油效率实验，对岩心的测试结果计算出驱油效率，进而利用丙型水驱曲线法所得的水驱波及系数计算出水驱油采收率。

在半对数坐标中当含水率大于40%时，岩样的驱油效率与注入水倍数呈直线关系。首先对油藏实验所测驱油效率与注入水倍数 V 关系曲线分别进行归一化处理。

对油水相渗曲线归一化处理过程如下对多条要处理的油水相渗曲线，用下式拟合：

$$R = a_i \times \lg(V) + b_i \qquad (9-11)$$

求出多条相渗曲线的 a_i、b_i，然后平均得出：

$$a = \frac{\sum_1^N a_i}{N} \quad b = \frac{\sum_1^N b_i}{N} \tag{9-12}$$

即可得到含水大于 40% 后的水驱油效率和注入水倍数关系的拟合公式，即水驱油效率曲线计算式：

$$R = a \times \lg(V) + b \tag{9-13}$$

注入水倍数为 100 时对应的驱油效率作为油田最终水驱油效率：

$$E_D = a \times \log(V_{100}) + b \tag{9-14}$$

4. 图版分析法

对具体油藏分区块进行图版拟合分析，可以采用两种童氏图版——含水与采出程度关系图版、含水与可采储量采出程度关系图版。通过生产历史资料与图版的拟合分析，即可计算出油藏水驱开采原油的采收率。

根据童氏经验公式，有：

$$\lg \frac{f}{100-f} = \frac{7.5(R-R_m)}{100} + 1.69 \tag{9-15}$$

式中　f——综合含水，%；

　　　R——阶段采收率，%；

　　　R_m——采收率，%。

再将油藏实际含水率曲线与童氏图版进行对比，从采出程度与含水率之间的关系，按照目前的开采趋势，可以推断油藏最终采收率。

5. 水驱特征曲线法

水驱特征曲线法是一种常用的矿场经验统计方法，将目前常用的水驱曲线划分为 10 个典型类别。根据油田实际生产数据拟合得到并筛选出与油田实际相近的水驱曲线，然后根据经济极限含水率外推得到油藏的注水开发采收率。该方法可用来标定油田在目前生产状态下能够达到的采收率。

表 9-3 为水驱特征曲线方程总结。

表 9-3　水驱特征曲线方程总结

曲线名称	计算公式	曲线名称	计算公式
马克西莫夫—童宪章水驱特征曲线（甲型）	$\lg W_P = a + bN_P$	乙型水驱特征曲线	$\lg WOR = B'R + A'$
西帕切夫水驱特征曲线（丙型）	$\frac{L_P}{N_P} = a + bL_P$	纳札洛夫水驱特征曲线（丁型）	$\frac{L_P}{N_P} = a + bW_P$
卓诺夫水驱特征曲线	$\lg L_P = a + bN_P$	俞启泰水驱特征曲线	$L_P = a - b\ln\left(1 - \frac{N_P}{b}\right)$
卡札柯夫水驱特征曲线（m 为常数）	$N_P = a - \frac{b}{L_P^m}$	其他水驱特征曲线方程	$\frac{W_P}{N_P} = \frac{N_P - b}{a - N_P}$

续表

曲线名称	计算公式	曲线名称	计算公式
类卡札柯夫曲线 $N_P = a\dfrac{W_P}{N_P}$	$N_P = a+b\dfrac{W_P}{N_P}$	$N_P = a\dfrac{L_P}{W_P}$	$N_P = a-b\dfrac{N_P}{W_P}$
$N_P = a-\dfrac{1}{L_P}$	$N_P = a-\dfrac{b}{W_P^{m}}$	$N_P = a+b\dfrac{L_P}{N_P}$	$N_P = a-b\dfrac{1}{W_P^{1/2}}$
$N_P = a-b\dfrac{N_P}{L_P}$	$N_P = a-\dfrac{b}{L_P^{1/2}}$	$N_P = a-be^{-kL_P}$	$N_P = a-b\dfrac{L_P}{W_P}$

注：W_P—油藏产出水体积；N_P—累产油量；L_P—累产液量；WOR—水油比；R—采出程度；a、b、A'、B'—系数。

例如，丙型水驱曲线的表达式为：

$$\frac{L_P}{N_P} = a+bL_P \tag{9-16}$$

经理论推导，水驱开发油田的可动油储量 Nom 等于丙型水驱曲线直线斜率的倒数，即：

$$N_{om} = \frac{V_p(S_{oi}-S_{or})}{B_{oi}} = \frac{1}{b} \tag{9-17}$$

式中　V_p——油藏孔隙体积；

　　　S_{oi}——原油始含油饱和度；

　　　S_{or}——残余油饱和度；

　　　B_{oi}——原始原油体积系数。

油田的累积产量和含水率的关系为：

$$N_P = \frac{1-\sqrt{a(1-f_w)}}{b} \tag{9-18}$$

6. 数值模拟法

基于低渗透裂缝性储层等效连续介质模型和目标区块的实际地质特征，运用 Eclipse 软件建立机理模型，注采平衡为约束条件，模拟生产至经济极限含水率条件下的采出程度。

7. 波及系数修正法

波及系数法结合了动态分析法与实验分析方法，可用来标定油田的理论采收率，其表达式为：

$$R_{real} = R_{core}f_w\frac{E_{vr}f_w}{E_{vc}f_w} \tag{9-19}$$

式中　R_{real}——油藏实际采出程度；

　　　R_{core}——岩心采出程度；

　　　f_w——产水率，%；

　　　E_{vr}——油藏波及系数；

　　　E_{vc}——岩心波及系数。

其中，几个比较关键参数的计算过程如下。

1）岩心采出程度与含水饱和度关系

假设在注水过程中岩石孔隙体积不发生变化，那么岩心采出程度与含水饱和度的关系式为：

$$R_{core} = \frac{S_w - S_{wi}}{1 - S_{wi}} \qquad (9-20)$$

式中　S_w——岩心含水饱和度；

　　　S_{wi}——岩心束缚水饱和度。

岩心分流量方程为：

$$f_w = \frac{1}{1 + (K_{ro}\mu_w) / (K_{rw}\mu_o) S_w} \qquad (9-21)$$

式中　μ_o——原油黏度，mPa·s；

　　　μ_w——水黏度，mPa·s；

　　　K_{ro}——油相相对渗透率；

　　　K_{rw}——水相相对渗透率。

2）岩心波及系数的确定方法

当 $\overline{S}_w \geqslant S_{wp}$ 时，岩心波及系数 E_{vc} 为：

$$E_{vc} = 1 \qquad (9-22)$$

当 $\overline{S}_w < S_{wp}$ 时，根据物质平衡原理，岩心内的存水体积为注水波及区的存水体积与非注水波及区的存水体积之和，即：

$$\overline{S}_w = S_{wp} E_{vc} + (1 - E_{vc}) S_{wi} \qquad (9-23)$$

式中，S_{wp} 表示岩心水驱波及区的平均含水饱和度，可由岩心产水率与饱和度曲线求得；$\overline{S}_w$ 为岩心平均含水饱和度，可由下式求出：

$$\overline{S}_w = \frac{2}{3} S_{we} + \frac{1}{3}(1 - S_{or}) \qquad (9-24)$$

式中　S_{we} 为有效含水饱和度。

整理后，可得：

$$E_{vc} = (\overline{S}_w - S_{wi}) / (S_{wp} - S_{wi}) \qquad (9-25)$$

8. 物理概念计算法

油田采收率等于经济极限含水率条件下储层水驱油效率与水驱波及效率的乘积，即：采收率 = 水驱油效率(经济极限含水率) × 水驱波及效率(经济极限含水率)。

9. 油水黏度比法

油水黏度比法计算采收率的公式为：

$$\frac{f_w}{1 - f_w} = \left(D \frac{R}{R_m} + 1\right) e^{a + D\frac{R}{R_m}} \qquad (9-26)$$

式中　R——采出程度（小数）；

　　　R_m——最终采出程度；

a、D——与油水黏度相关的统计常数（小数），取值见表9-4。

表9-4　统计常数 a、D 计算式

应用范围（油水黏度比）	计算公式
1.5~3.5	$a=19.16\ln\mu_R-31$，$D=30.37-18.46\ln\mu_R$
3.5~50	$a=-\dfrac{8.407}{\ln\mu_R-0.10464}$，$D=\dfrac{23.1729}{\ln\mu_R-0.10464}$
>50	$a=0.66-4.76$，$D=4.56-0.125\ln\mu_R$

10. 其他方法

（1）累积水油比—累积产水量法：

$$\frac{W_p}{N_p}=A+BL_p \qquad N_p=\frac{1}{B}\left[1-\sqrt{(A+1)(1-f_w)}\right] \tag{9-27}$$

（2）累积液油比—累积产水量法：

$$\frac{L_p}{N_p}=A+BW_p \qquad N_p=\frac{1}{B}\left[1-\sqrt{(A+1)\cdot\left(\frac{1-f_w}{f_w}\right)}\right] \tag{9-28}$$

（3）采出程度—油水比法：

$$R=A+B\ln\left(\frac{1}{f_w}-1\right) \qquad E_R=A+B\ln\left(\frac{1}{f_w}-1\right) \tag{9-29}$$

（4）采出程度、含水—油水比法：

$$R\cdot f_w=A+B\ln\left(\frac{1}{f_w}-1\right) \qquad E_R=A+\frac{B\ln\left(\dfrac{1}{f_w}-1\right)}{f_w} \tag{9-30}$$

（5）采出程度—含油法：

$$R=A+B\ln(1-f_w) \qquad E_R=A+B\ln(1-f_w) \tag{9-31}$$

（6）剩余油程度—含油法：

$$\ln(1-R)=A+B\ln(1-f_w) \qquad E_R=1+e^A(1-f_w)^B \tag{9-32}$$

（7）采出程度—含水法：

$$\ln R=A+Bf_w \qquad E_R=e^{A+Bf_w} \tag{9-33}$$

（8）采出程度—水油比法：

$$R=A+B\ln\left(\frac{1-f_w}{f_w}\right) \qquad E_R=A+B\ln\left(\frac{1-f_w}{f_w}\right) \tag{9-34}$$

二、启动压力梯度对采收率的影响

分析表明，低渗透油藏的水驱采收率很大程度上受到启动压力梯度的影响。启动压力梯度越大，见水时间越早，产油量和产液量越小，阶段采出程度、无水采收率和水驱采收率越低；增大生产压力梯度，可以有效地降低启动压力梯度的影响，生产压力梯度越大，见水时间越早，产油量和产液量越大，阶段采出程度、无水采收率和水驱采收率越高。

图 9-1、图 9-2、图 9-3 为受启动压力梯度影响的低渗透油藏产液量、产油量及采收率（采出程度）。从图中可以看出，低渗透油藏油井见水后，含水率急剧上升，启动压力梯度越大，产油量和产液量越小，阶段采出程度、水驱采收率、含水率越低。

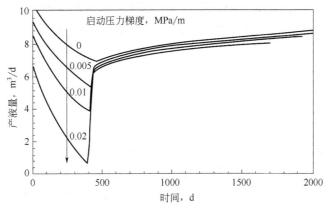

图 9-1　不同启动压力梯度影响的产液量曲线

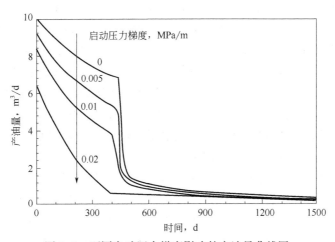

图 9-2　不同启动压力梯度影响的产油量曲线图

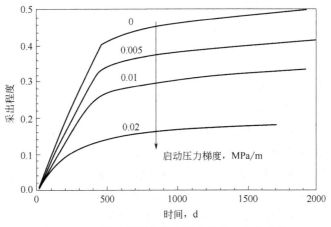

图 9-3　不同启动压力梯度影响的采出程度曲线

第二节　存水率评价

存水率主要表征注水利用率的高低，其内涵为注入水能够起到的维持地层能量的效率。存水率是评价注水开发油田注水状况及注水效果的一个重要指标，它的变化与注水量多少、含水率高低等因素有直接的关系。

一、存水率及分类

1. 传统存水率

一般的油藏工程教材和一些油气田开发丛书将存水率（或阶段存水率）定义为，地下存水量（累积注入量减累积采水量）与累积注入量之比。在水驱油藏开发过程中，随着采出程度的增加，综合含水不断上升，注入水排出量越来越大，含水越高，地下存水率越来越小，相应的，水驱油藏开发效果越来越差。对于同类型的油田，在相同的开发阶段，其开发效果的好坏可用地下存水率的大小来评价。在某一开发阶段，同一注入倍数条件下，油开发效果越好，地下存水率越高，对应的采收率也高；反之，油田注水效果不好，相应的地下存水率则低，采收率也必然低。对于边底水较活跃的开启型油藏，如果不考虑边底水入侵量，那么在某一注入倍数条件下，地下存水率低，但是所对应的采收率偏高；对于无边底水侵入但注入水有部分外溢的油藏，传统的存水率计算将偏大，但所对应的采收率却偏低。综上所述，传统的存水率没有考虑边底水侵入，利用传统的存水率定义，将不能对具有活跃边底水的开启型油藏水驱效果进行正确、客观的评价。因此，对于开启型油藏，必须对存水率定义进行修正，充分考虑水侵量。

存水率分为累积存水率与阶段存水率。累积存水率是指累积注水量与累积采水量之差和累积注水量之比（或未采出的累积注水量之比），通常人们也把累积存水率就称为存水率（或净注率）。它是衡量注入水利用率的指标，也是衡量注水开发油田水驱开发效果、累积存入水利用率的指标，累积存水率越高，注入水的利用率越高，水驱开发效果也就越高。累积存水率的计算表达式为：

$$W_f = \frac{W_i - W_p}{W_i} \times 100\% \qquad (9-35)$$

式中　W_f——累积存水率，%；

　　　W_i——累积注水量，m^3；

　　　W_p——累积采水量，m^3。

关于累积存水率的研究主要是累积存水率与含水率的关系和累积存水率与采出程度的关系两大类。前者由于含水率为瞬时值，受油井措施比例、生产工作制度调整等因素影响，含水率波动较大，尤其是规模较小油田或区块，一般不常使用；而后者采出程度为累积值，波动小，常应用于注水开发油田的注水效果分析。在理想条件下（即无边水，无底水入侵，无夹层水，系统封闭无外溢，地层压力保持稳定），累积存水率最大值为1，且累积存水率随采出程度的增加而下降。在实际注水油田注水效果分析中，如果累积存水率大于理论值，则说明注入水利用率较高，油田注水开发效果好；若累积存水率小于理论值，则表明注入水利用率差，需对油田注水工作进行调整，以增加累积存水率，改善油田注水开发效果。

阶段存水率是指阶段注水量与阶段采水量之差和阶段注水量之比（或未采出的阶段注水量与阶段注水量之比）。它是衡量某一阶段注入水利用率的指标，也是衡量阶段注水开发油田水驱开发效果的指标，阶段存水率越高，该阶段注入水的利用率越高，该阶段水驱开发效果也就越高。阶段存水率的计算表达式为：

$$W_{pf} = \frac{W_{pi} - W_{pp}}{W_{pi}} \times 100\%$$ (9-36)

式中　W_{pf}——阶段存水率，100%；

W_{pi}——阶段注水量，m^3；

W_{pp}——阶段采水量，m^3。

累积存水率和阶段存水率的大小同注水开发油田的综合含水率一样，与开发阶段有关。累积存水率和阶段存水率均随注水开发油田的深入而不断减小，由油田开发初期的几乎为1的存水率逐渐减小到开发后期（或特高含水期）几乎为0。

存水率是评价注水开发油田开发效果的一项重要指标，评价标准见表9-5。水驱曲线的研究证明，任何一个水驱油藏的存水率和采出程度之间都存在一定的关系，而它的具体关系取决于油藏的最终采收率；也就是说，如果两个水驱油藏的最终采收率值相同，则它们存水率与采出程度的关系曲线到一定的开采阶段总会趋于一致。可以通过油藏存水率随采出程度的变化的趋势，评价出这个油藏的最终采出程度。

表9-5　存水率评价标准

存水率，%	>95	95~90	90~85	85~80	<80
评价	好	较好	中等	较差	差

油田开发过程是一个不断调整和不断完善的过程，各阶段存水率与采出程度变化趋势不断改变，各阶段所对应的最终采出程度也不相同。

在生产实践中，存水率的理论值与实际值往往存在一定的差异。造成计算的累积存水率低于理论值主要有两个原因：

（1）在油田开发的早期阶段，边、底水的侵入相当于对油藏注入水，但在计算时，虽然总的产水量有所增加，但未将其纳入累积存水中；

（2）在油田开发的早期阶段，注采不平衡，产液量较多，注入量较少，这时会采取降压开采的措施，两个指标的实际值会低于理论值。

造成累积存水率高于理论值主要有四个原因：

（1）在弥补压力亏空或压力有所恢复的阶段，注采比大于1.0；

（2）注入水溢出；

（3）储层整体的连通性较差，导致注水效果不明显；

（4）由于措施起效，注入水的波及体积有所扩大，开发效果明显。

因此，当存水率和水驱指数的实际值高于理论值时，要考虑油藏压力及注采比的变化对两个指标产生的影响。如果两个指标的实际值高于理论值，证明压力较大，导致储层整体的连通性较差。在正常情况下，两个指标下降幅度较小，或者曲线有上翘趋势，那么就证明，措施已经起效。

当油田处于高含水期或特高含水期时，存水率与水驱指数这两个指标对开发效果的评价具有普遍的适用性，可以指导油田根据实际情况不断调整挖潜措施。但是，当没有考虑到边底水侵入的情况下，应该采用相应的静态地质参数来计算，这样就能削弱它们对指标准确性的影响。

由于传统存水率在其定义的含义上具有局限性，故在应用上也存在很大的局限性，只能用于封闭的油藏和天然边、底水能量较弱的油藏。

2. 广义存水率

根据传统存水率的定义可知，其内涵是为了体现油田注入水能够起到维持地层能量作用的效率。但实际上，对维持地层能量、减缓地层压力下降速度起作用的因素并不完全依赖于注入水的利用率。油田边、底水的侵入同样会起到补充地层能量的作用，有时甚至起主要作用，而此时利用传统存水率计算的值会减小，表现出注入水利用率降低的假象；反之，如果存在注入水外溢，则不会起到维持地层能量的作用，而存水率值会增加，表现出注入水利用率升高的假象。因此，传统存水率并不能真正体现地层中实际存水量的变化规律。对于存在边、底水或不封闭边界的注水开发油田，应用传统存水率来评价油田开发效果是不准确的。若油田天然边、底水能量较弱，其能量补充主要依靠注水实现，传统存水率的计算方法基本能够反映注入水的利用率和油田开发的效果。若油藏天然能量较强，即便在大量注水后的油田开发中后期，传统存水率的计算方法也不能够反映注入水的利用率和油田开发效果的关系。鉴于传统存水率的局限性，许多学者对其进行了修订，定义了广义存水率（或广义阶段存水率），即外来总水量（或阶段外来总水量）与产水量（或阶段产水量）之差占外来水总量（或阶段外来总水量）的比例，外来总水量包括人工注水量和边、底水水侵量，表达式为：

$$W_f = \frac{(W_i B_w + W_e) - W_p B_w}{W_i B_w + W_e} \times 100\% \tag{9-37}$$

$$W_{sf} = \frac{(W_{si} B_w + W_{se}) - W_{sp} B_w}{W_{si} B_w + W_{se}} \times 100\% \tag{9-38}$$

式中　W_f——人工注水量，m^3；

　　　W_{sf}——边底水水侵量，m^3；

　　　W_{si}——原始边、底水水侵量，m^3；

　　　W_{sp}——累计水侵量，m^3；

　　　B_w——水的体积系数，m^3/m^3；

　　　W_e——累积水侵量，m^3；

　　　W_{se}——阶段水侵量，m^3。

广义存水率虽然考虑了油藏边、底水能量的影响，可以运用于边、底水油藏，表面上好像解决了传统存水率的局限性问题，但实际上仍然具有很大的局限性，主要表现在三个方面：（1）本意背离化。存水率，"存"原本针对"注"而言，是为了评价人工注水的利用状况而定义的，存水率的计算也是为了人工注水开发效果评价和动态分析。（2）概念模糊化。实际油藏的边、底水和原油之间都存在一个油水过渡带，且过渡带还受油藏非均质性的影响，而不是一个严格的油水界面，边、底水和侵入油藏内部的边、底水本就是存在油藏中的水，不能人为地被"存"入地下。（3）概念复杂化。将边、底水能量和人工注水能量混在一起，其计算结果只能反映油藏整体产水状况，无法区分人工注水和天然水侵各自的贡献。因此，广义存水率仅适用于有天然水侵的天然边、底水油藏。

3. 注水存水率

传统存水率和广义存水率均存在另一个局限性，即油藏产出水水源除有人工注入水和天然边、底水外，可能还有层间水（即夹在油层中间的含水层）、油水同层共生水（即在同一油层中油水具存，经测试产油量达到工业标准，产水量以含水率计算大于2）等，故在不同油藏开发初期，根据实际生产数据往往会出现产水量大于水侵量和注水开发后产水量大于注水量的情况，甚至可能会出现产水量大于注水量与水侵量之和的情况。在这种情况下，传统存水率和广义存水率计算式的分子为负值，则计算失效。因此，传统存水率和广义存水率不适用于油田开发初期的计算，相对适用于大面积注水开发后的油田开发中后期。聂仁仕等根据存水率定义的根本目的和出发点，定义注水存水率（阶段注水存水率）为：真正起到驱替作用和保持了地层能量的注水量（阶段注水量）占总注水量（阶段总注水量）的比例，即未采出的累积注水量（未采出的阶段注水量）与累积注水量（阶段注水量）之比，其表达式为：

$$W_f = \frac{W_i - W_{ip}}{W_i} \times 100\% \qquad (9-39)$$

$$W_{sf} = \frac{W_{si} - W_{sip}}{W_{si}} \times 100\% \qquad (9-40)$$

式中　W_{ip}——注入水驱动作用下的累积产水量，m^3；

　　　W_{sip}——注入水驱动作用下的阶段产水量，m^3。

注水存水率的计算方法有两种，水驱指数法和人工注水与天然水侵比例法。

1）水驱指数法

对来自注入水驱动作用的产出水进行研究，发现弹性驱动、人工注水驱动、天然边底水驱动等驱动能量对产液（产油和产水）有各自的贡献，各自贡献的相对大小用驱动指数来表示，故区块油藏累积产水量乘以人工注水驱动指数即注入水驱动作用下的累积产水量，所以存水率可采取下式计算：

$$W_{ip} = W_p W_i DI \qquad (9-41)$$

$$W_{sip} = W_{sp}(W_i DI)_s \qquad (9-42)$$

$$W_f = \frac{W_i - W_p W_i DI}{W_i} \times 100\% \qquad (9-43)$$

$$W_{sf} = \frac{W_{si} - W_{sp}(W_i DI)_s}{W_{si}} \times 100\% \qquad (9-44)$$

式中　W_iDI——人工注水驱动指数；

（W_iDI）$_s$——阶段人工注水驱动指数。

2）人工注水与天然水侵比例法

若油藏开发时间特别长，弹性能量已基本释放，没有弹性驱动，在注水开发后，油藏保持在泡点压力以上开采，也没有溶解气驱，这时即可认为油藏驱动能量只有人工注水能量和天然边、底水能量，存水率可以采取下式计算：

$$W_{ip} = W_p \frac{W_i}{W_i + W_e} \tag{9-45}$$

$$W_{sip} = W_{sp} \frac{W_{si}}{W_{si} + W_{se}} \tag{9-46}$$

$$W_f = \frac{W_i - W_p \dfrac{W_i}{W_i + W_e}}{W_i} \times 100\% \tag{9-47}$$

$$W_{sf} = \frac{W_{si} - W_{sp} \dfrac{W_{si}}{W_{si} + W_{se}}}{W_{si}} \times 100\% \tag{9-48}$$

注水存水率的定义从根本上解决了传统存水率与广义存水率的局限性，排除了除人工注水驱动能量外的其他驱动能量等因素的影响，能有效地进行人工注水开发效果分析与评价，可用于任何类型油藏的任一开发阶段。由于实际油藏不可能只存在人工注水能量和天然边、底水能量，故运用水驱指数法和人工注水与天然水侵比例法计算的存水率会出现一定的差值，但当其他驱动能量相对较弱时，即通常天然水驱驱动指数与人工注水驱动指数之和大于 0.9 时，计算差值不大，计算的相对差值一般都小于 5%，也能满足工程需要。注水存水率随采出程度的增加而减少，也就是说，随着注水开发时间的增加，油藏含水率增加，注水存水率下降，水驱作用效果变差，直到存水率为 0 时，注水开采无效，此时要提高原油采收率只能依靠其他增产措施。实际上应根据不同油藏边、底水天然能量及含水率和采出程度等实际情况进行综合分析，当注存水率很低（如小于 30%）时，适时地调整注水状况，合理地利用天然能量，并采取其他增产措施，延长油田稳产时间，最终提高原油采收率。

二、存水率与采出程度的关系

1. 指数式

根据存水率的定义，其数学表达式为：

$$E_s = \frac{W_i - W_p}{W_i} = 1 - \frac{W_p}{W_i} \tag{9-49}$$

式中　E_s——存水率；

W_i——累积注水量，10^4m^3；

W_p——累积采水量，10^4m^3。

无因次注入曲线、无因次采出曲线具有以下统计规律：

$$\ln\frac{W_i}{N_p} = a_1 + b_1R \tag{9-50}$$

$$\ln\frac{W_p}{N_p} = a_2 + b_2R \tag{9-51}$$

式中　N_p——累积采油量，$10^4 \mathrm{m}^3$；

　　　a_1、b_1、a_2、b_2——统计常数；

　　　R——采出程度，%。

将以上几式经整理得：

$$\ln(1-E_s) = A_s + B_sR \tag{9-52}$$

或

$$\ln\left(\frac{W_p}{W_i}\right) = A_s + B_sR \tag{9-53}$$

其中

$$B_s = \frac{D_s}{R_m}$$

式中　W_p/W_i——排水率；

　　　R_m——水驱采收率，%；

　　　D_s、A_s——存水率统计常数。

式（9-52）或式（9-53）即为地下存水率与采出程度的数学关系式，可以看出，在油田进入高含水阶段后，存水率与采出程度在半对数坐标纸上呈直线关系。要想得到存水率与采出程度的准确关系式，需要得到 A_s、B_s 的值。

当 E_s 趋近于 0 时，有：

$$B_s = \frac{D_s}{E_R} \tag{9-54}$$

式中　E_R——水驱采收率，%。

整理后得：

$$E_s = 1-e^{\left(A_s+D_s\frac{R}{E_R}\right)} \tag{9-55}$$

通过对油田不同采出程度下存水率进行统计并采用加密求值的方法回归出不同油田 D_s、A_s 与油水黏度比的相关公式：

$$D_s = \frac{6.689}{\ln\mu_R + 0.186} \tag{9-56}$$

$$A_s = \frac{5.584}{0.0476 - \ln\mu_R} \tag{9-57}$$

通过式（9-56）、式（9-57）即可确定地下存水率 E_s 和采出程度 R 的关系，显然，同类型油田在一定采出程度下，存水率越大，水驱采收率越高，开发效果越好；反之，开发效果越差。

2. 幂函数式

通过大量实际数据统计，发现累积存水率与含水率关系曲线形状向上凸，据此给出累积存水率数学关系式：

$$E_s = E_{smax}(1-f_w^n)^m \tag{9-58}$$

式中，m、n 为系数 $n \geq 1$，$0 < m < 1$，$E_{smax} \leq 1$。

累积产油量与含水率关系式为：

$$N_p = bf_w^a \tag{9-59}$$

计算累积存水率的通式为：

$$E_s = E_{smax}[1-(R/E_R)^p]^q \tag{9-60}$$

式中，a、b、p、q 为校正系数。

3. 童氏经典式

1）公式一

童氏水驱校正曲线公式为：

$$\lg\left(\frac{f_w}{1-f_w}+c\right) = 7.5(R-E_R)+1.69+a \tag{9-61}$$

式中，a、c 为校正系数。

利用注采平衡（即累积注入水体积＝累积产液量体积），推导出累积存水率与采出程度的关系式为：

$$E_s = 1 - \frac{B_{oi}}{\rho_o}R\left\{\frac{49}{10^{7.5E_R}}\left[\frac{\exp(17.2725R)-1}{17.2725}-R\right]+\frac{B_{oi}}{\rho_o}R\right\}^{-1} \tag{9-62}$$

2）公式二

油水相渗曲线为指数式：

$$\frac{K_{ro}}{K_{rw}} = ae^{-bS_w} \tag{9-63}$$

设采出程度在含水率为 f_w 时变化 dR，对应的累积采油量变化为 NdR，累积采液量的变化值为 dL_p，则有阶段产油量：

$$NdR = (1-f_w)dL_p \tag{9-64}$$

阶段产水量：

$$dW_p = \frac{Nf_w}{1-f_w}dR \tag{9-65}$$

求定积分并整理，则：

$$W_p = \frac{2N\mu_o B_o \rho_w}{3abS_{oi}\mu_w B_w \rho_o}e^{-G}(e^{AR}-1) \tag{9-66}$$

整理得地下存水率理论关系式：

$$C = \frac{R}{\dfrac{2\mu_o \rho_w}{3abS_{oi}\mu_w B_w}e^{-G}(e^{AR}-1)+R} \tag{9-67}$$

在注采平衡（即注采比为1）的条件下，累积产液量的地下体积应等于累积注水量，故存水率推导如下：

$$C = \frac{W_i - W_p}{W_i} = 1 - \frac{W_p}{W_i} \qquad (9-68)$$

4. 注采比式

将累积存水率定义式中累积注水量用累积注采比和累积产液量表示,即:

$$W_i = Z\left[\left(B_{oi}\rho_w / B_w\rho_o\right)N_p + W_p\right] \qquad (9-69)$$

然后利用甲型水驱特征曲线中累积产油量和累积产水量的关系,推导出累积存水率与采出程度的关系式为:

$$E_s = 1 - \frac{1}{Z}\left[\frac{B_w}{\rho_w} + \frac{B_{oi}NR}{\rho_o}\exp\left(\frac{NR-a}{b}\right)\right]^{-1} \qquad (9-70)$$

式(9-70)中存在最大的问题是累积存水率为采出程度和累积注采比的函数,且累积注采比又是注水量、累积产水量和累积产油量的函数,在应用时将累积注采比看作一个常量,这与实际不相符;另外,在建立过程中使用了甲型水驱特征曲线($N_p = a + b\ln W_p$),甲型水驱特征曲线是一个不完整的关系式,理论和实践已证明甲型水驱特征曲线累积产水量项应该带有一个常数,即$N_p = a + b\ln(W_p + C)$。

第三节 含水率评价

含水率是油井日产水量与日产液量的比值。对于一个开发层系或油藏而言,所用的含水率是指油层生产的综合含水率,定义为评价开发区块中各油井年产水量之和与年产液量之和的比值。

水驱曲线的研究证明,任何一个水驱油藏的含水率和采出程度之间都存在一定的关系,而它的具体关系取决于油藏的最终采收率;如果两个水驱油藏的最终采收率值相同,则它们含水率与采出程度的关系曲线到一定的开采阶段总会趋于一致。

含水率对于水驱开发的效果有很大影响,含水率的变化既是油藏注水状况的直接反应,又是影响多项开发指标的基本原因,含水率变化的主要影响因素是油水黏度比,此外还受油藏类型的影响。

一、含水率预测模型

含水率预测是油藏工程研究的重要组成部分。目前的含水率预测一般只能建立含水率与采出程度的关系。而油田工作者往往希望直接得出含水率随时间变化的规律。在编制开发方案时,油田开发人员往往更希望直接得出含水率随时间变化的规律。

下面介绍两类预测模型。

1. 传统模型

1) Logistic 模型

Hubbert 于 1962 年首次提出了 Logistic 模型,该模型在生态学、人口学、资源预测等领域得到广泛应用,陈元千通过对 Logistic 模型的推导,得到了油田随开发时间变化的含水率预测模型,其一般表达式为:

$$f_w = \frac{1}{1+\alpha e^{-\beta t}} \tag{9-71}$$

式中　t——油田开发时间，a；

　　　α——模型常数；

　　　β——模型常数，a^{-1}。

2）Goempertz 模型

Gompertz 模型是由英国统计学家和数学家 Gompertz 于 1825 年提出的一种动物种群生长模型，该模型被广泛应用于经济增长和油气资源增长的预测，王炜对 Gompertz 模型进行了推导，建立了油田随开发时间变化的含水率预测模型，其一般表达式为：

$$f_w = e^{me^{-nt}} \tag{9-72}$$

式中　m——模型常数；

　　　n——模型常数，a^{-1}。

3）Usher 模型

美国学者 Usher 于 1980 年提出了一个描述增长信息随时间变化的数学模型，该模型反映了一个体系从兴起发展到最后极限的过程。张居增基于水驱油田含水上升规律，将 Usher 模型用于含水率的预测，其主要关系式为：

$$f_w = \frac{1}{(1+ce^{-at})^{1/b}} \tag{9-73}$$

式中　a——模型常数，a^{-1}；

　　　b、c——模型常数。

2. 新型含水率预测模型

近来，大量文献提出了含水率预测模型，本节选取几个典型作为参考。

1）陈国飞组合模型

设在 t 时刻油田含水率的实际值为 $f_{wt}(t=1,2,\cdots,M)$，利用 N 种预测方法得到相应预测模型的含水率预测值为 $f_{wit}(i=1,2,\cdots,N;t=1,2,\cdots,M)$。则第 i 种预测方法在第 t 时刻的含水率预测误差可以表示为 $e_{it}=f_{wt}-f_{wit}$。设各预测方法的加权系数为 w_i 且满足 $\sum\limits_{i=1}^{N} w_i = 1$，则最优组合预测模型为：

$$f_w = \sum_{i=1}^{N} w_i f_{wit}, i=1,2,\cdots,N \tag{9-74}$$

对于 M 个油田实际含水率值 f_t，w_i 可通过使最优组合模型的误差平方和达到最小来确定。第 i 种预测模型的预测误差向量可以表示为：

$$F_i = (e_{i1}, e_{i2}, \cdots, e_{iM}) \tag{9-75}$$

误差矩阵 e 为：

$$e = (F_1, F_2, \cdots, F_M) \tag{9-76}$$

误差信息矩阵 E 为：

$$E_r = \begin{bmatrix} e_1^T e_1 & e_1^T e_2 & \cdots & e_1^T e_N \\ e_2^T e_1 & e_2^T e_2 & \cdots & e_2^T e_N \\ \cdots & \cdots & \cdots & \cdots \\ e_N^T e_1 & e_N^T e_2 & \cdots & e_N^T e_N \end{bmatrix} \tag{9-77}$$

令 $R_r = (1, 1, \cdots, 1)^T$，$W = (w_1, w_2, \cdots, w_{nN})^T$，则组合预测误差的平方和 S 可以表示为：

$$S = \sum_{t=1}^{M} e_t^2 = \sum_{t=1}^{M} \left(\sum_{i=1}^{N} w_i e_{it} \right)^2 = W^T E_r W \tag{9-78}$$

基于最小二乘法的基本思想，因权系数均需非负数，故此问题可转化为用线性规划方法求解非负权重组合预测模型。此时，最优组合预测模型可表示为如下数学规划方程：

$$\begin{cases} \min S = W^T E_r W \\ \text{s. t, } R_r^T W = 1 \\ W \geqslant 0 \end{cases} \tag{9-79}$$

解此线性规划模型即可获得非负组合预测权重系数向量。

此外，陈国飞还根据将预测生物生长的 Von Bertalanffy 模型提出了预测含水率的 Von Bertalanffy 模型：

$$\ln(1 - f_w^{1/3}) = A + Bt \tag{9-80}$$

按线性回归求得直线的截距 A 和斜率 B。

2）杨仁锋模型

杨仁锋从相对渗透率曲线和物质平衡原理出发，理论推导出新型含水率预测模型，结合油田实际生产资料验证新模型的实用性和有效性，并与常用的含水率预测公式进行了对比。对比结果表明：新型含水率预测模型揭示了含水上升规律的相应影响因素和影响规律，与其他常用模型相比，新型含水率预测模型与 Usher 预测精度最高，其精度高于常用的 Logistic 模型、Goempertz 模型，且新型含水率预测模型经相应的数学简化可以得到目前常用的 Logistic 模型。杨仁锋模型为：

$$f_w = \frac{1}{1 + A e^{b(1 - S_{wc} - S_{or})^{\frac{n}{n-1}} \left[(1 - S_{wc} - S_{or}) + Bt \right]^{\frac{1}{1-n}}}} \tag{9-81}$$

式中，参数 A 和参数 B 可以通过现场含水数据拟合得到。

3）徐赢模型

徐赢等以水驱特征曲线方程为基础，分别结合 Arps 与 Logistic 产量递减方程和瑞利产量变化全过程预测模型，通过进一步推导，得到含水率随时间变化的关系式。

（1）以目前广泛应用的甲、乙、丙、丁型水驱特征曲线为基础：

甲型：
$$N_p = a + b \ln W_p \tag{9-82}$$

乙型：
$$N_p = a + b \ln L_p \tag{9-83}$$

丙型：
$$\frac{L_p}{N_p} = a + b \ln L_p \tag{9-84}$$

丁型：
$$\frac{L_p}{N_p} = a + b \ln W_p \tag{9-85}$$

变换后得：

甲型：
$$N_p = a + b\ln b + b\ln\left(\frac{f_w}{1-f_w}\right) \tag{9-86}$$

乙型：
$$N_p = a + b\ln b + b\ln\left(\frac{1}{1-f_w}\right) \tag{9-87}$$

丙型：
$$N_p = \frac{1}{b}\left[1 - \sqrt{a(1-f_w)}\right] \tag{9-88}$$

丁型：
$$N_p = \frac{1}{b}\left(1 - \sqrt{a\frac{f_w}{1-f_w}}\right) \tag{9-89}$$

递减曲线方程经推导可得到的累积产油量随时间变化的关系式，而水驱特征曲线经变换可得到累积产油量与含水率的关系式，上述两种关系式联立则可以得到含水率随时间变化的关系式，见表9-6。

表9-6　油田注水开发期含水率随时间变化关系式

水驱特征曲线类型	递减类型	含水率随时间变化关系式
甲型	双曲	$f_w = \dfrac{1}{\dfrac{1}{\exp\left\{A+B\left\{1-\left[1+nD_i(t-t_0)\right]^{1-1/n}\right\}\right\}}+1}$
	指数	$f_w = \dfrac{1}{\dfrac{1}{\exp\left\{A+E\left\{1-\exp\left[-D_i(t-t_0)\right]\right\}\right\}}+1}$
	调和	$f_w = \dfrac{1}{\dfrac{1}{\exp\left\{A+E\ln\left[1+D_i(t-t_0)\right]\right\}}+1}$
	Logistic	$f_w = \dfrac{1}{\dfrac{1}{A+F\ln\left\{\dfrac{1+d}{1+d\exp\left[-(1+d)D_i(t-t_0)\right]}\right\}}+1}$
乙型	双曲	$f_w = \dfrac{1}{\dfrac{1}{\exp\left\{A+B\left\{1-\left[1+nD_i(t-t_0)\right]^{1-1/n}\right\}\right\}}-1}$
	指数	$f_w = \dfrac{1}{\dfrac{1}{\exp\left\{A+E\left\{1-\exp\left[-D_i(t-t_0)\right]\right\}\right\}}-1}$
	调和	$f_w = \dfrac{1}{\dfrac{1}{\exp\left\{A+E\ln\left[1+D_i(t-t_0)\right]\right\}}-1}$
	Logistic	$f_w = \dfrac{1}{\dfrac{1}{A+F\ln\left\{\dfrac{1+d}{1+d\exp\left[-(1+d)D_i(t-t_0)\right]}\right\}}-1}$

水驱特征曲线类型	递减类型	含水率随时间变化关系式
丙型	双曲	$$f_w = \cfrac{1}{\cfrac{1}{\cfrac{a}{\{1-\{G+H\{1-[1+nD_i(t-t_0)]^{1-1/n}\}\}\}^2}-1}+1}$$
	指数	$$f_w = \cfrac{1}{\cfrac{1}{\cfrac{a}{\{L-E\{1-\exp[-D_i(t-t_0)]\}\}^2}-1}+1}$$
	调和	$$f_w = \cfrac{1}{\cfrac{1}{\cfrac{a}{\{L-G-M\ln[1+D_i(t-t_0)]\}^2}-1}+1}$$
	Logistic	$$f_w = \cfrac{1}{\cfrac{1}{\cfrac{a}{\left\{1-G-K\ln\left\{\cfrac{1+d}{1+d\exp[-(1+d)D_i(t-t_0)]}\right\}\right\}^2}-1}+1}$$
丁型	双线	$$f_w = \cfrac{1}{\cfrac{1}{\cfrac{a}{\{1-\{G+H\{1-[1+nD_i(t-t_0)]^{1-1/n}\}\}\}^2}}+1}$$
	指数	$$f_w = \cfrac{1}{\cfrac{1}{\cfrac{a}{\{L-E\{1-\exp[-D_i(t-t_0)]\}\}^2}}+1}$$
	调和	$$f_w = \cfrac{1}{\cfrac{1}{\cfrac{a}{\{L-G-M\ln[1+D_i(t-t_0)]\}^2}}+1}$$
	Logistic	$$f_w = \cfrac{1}{\cfrac{1}{\cfrac{a}{\left\{1-G-K\ln\left\{\cfrac{1+d}{1+d\exp[-(1+d)D_i(t-t_0)]}\right\}\right\}^2}}+1}$$

注：$E=\dfrac{Q_i}{bD_i}$；$F=\dfrac{Q_i}{bdD_i}$；$G=bN_{po}$；$H=\dfrac{bQ_i}{(1-n)D_i}$；$L=1-\dfrac{N_{po}}{b}$；$M=\dfrac{bQ_i}{D_i}$；$K=\dfrac{bQ_i}{dD_i}$。

　　水驱特征曲线由于受含水阶段、油田调整措施及生产是否稳定等因素的影响，在油田开发低含水阶段和特高含水阶段都不适用，只适用于中高含水开发阶段即油田水驱进入稳定阶段，水驱特征曲线出现直线段后才能准确地应用。水驱特征曲线应用阶段的标志是油藏注采系统基本保持稳定，累积产水量的对数和累积产油量的关系曲线与水油比对数和累积产油量的关系曲线平行。如果上述两条曲线平行或后者的斜率略大于前者，则为应用阶段；反之，如果不平行或后者的斜率小于前者，则不是应用阶段。

　　为了减小误差，有些较大的油田进行含水率预测时，将油田划分为小的开发单位，即分区块或层系分别进行含水率的预测可能会取得更好的效果。当油田进入特高含水期（含水率在90%以上），甲型与乙型水驱曲线将会发生上翘现象，导致利用甲型与乙型水驱曲线计算的含水率偏低。在特高含水期，因甲型与乙型水驱曲线计算的含水率均偏低，而丙型水驱曲线计算的含水率偏高。因此，可以取两种方法计算结果的平均值，这样可减小误差。

（2）以瑞利模型为例，推导含水率随时间变化的关系式，适用于产量变化全过程。

瑞利模型的表达式为：

$$Q = \frac{N_R}{c^2} t \exp\left[-t^2/(2c^2)\right] \tag{9-90}$$

式中 N_R——油气田的可采储量，$10^4 \mathrm{m}^3$；

c——待定参数。

两边对时间 t 积分，可得：

$$N_p = N_R \left\{1 - \exp\left[-t^2/(2c^2)\right]\right\} \tag{9-91}$$

式（9-90）两边同时除以 t 并取对数，可得：

$$\lg(Q/t) = \lg(N_R/c^2) - \frac{1}{4.606c^2} t^2 \tag{9-92}$$

通过回归可得出 c 和 N_R，将其代入式（9-91）即可得到累积产油量随时间变化的关系式，结合水驱特征曲线可得出累积产油量与含水率的关系式，进而得到含水率随时间变化的关系式。

当油田注水开发符合甲、乙、丙、丁型水驱特征曲线时，f_w 与 t 的关系式分别为：

甲型：
$$f_w = \cfrac{1}{\cfrac{1}{\exp\left\{\cfrac{N_R}{b}\left\{1-\exp\left[-t^2/(2c^2)\right]\right\}-\cfrac{a}{b}-\ln b\right\}}+1} \tag{9-93}$$

乙型：
$$f_w = \cfrac{1}{\cfrac{1}{\exp\left\{\cfrac{N_R}{b}\left\{1-\exp\left[-t^2/(2c^2)\right]\right\}-\cfrac{a}{b}-\ln b\right\}-1}+1} \tag{9-94}$$

丙型：
$$f_w = \cfrac{1}{\cfrac{1}{\cfrac{a}{\left\{1-bN_R\left\{1-\exp\left[-t^2/(2c^2)\right]\right\}\right\}^2}-1}+1} \tag{9-95}$$

丁型：
$$f_w = \cfrac{1}{\cfrac{1}{\cfrac{a}{\left\{1-bN_R\left\{1-\exp\left[-t^2/(2c^2)\right]\right\}\right\}^2}+1}} \tag{9-96}$$

4）周鹏模型

模型为：

$$f_w = \left(1 - \frac{a+1}{b^t + a}\right)^c \tag{9-97}$$

变换得：

$$\ln \frac{1 + a f_w^{1/c}}{1 - f_w^{1/c}} = t \ln b \tag{9-98}$$

令：

$$Y = \ln \frac{1 + a f_w^{1/c}}{1 - f_w^{1/c}}, A = \ln b, X = t \tag{9-99}$$

则式（9-98）转换为：

$$Y = AX \tag{9-100}$$

根据油田实际生产数据，给定不同的 a、c 组合值，对式（9-98）过原点进行多次线性回归，即可求取线性相关系数最大时的 a、b、c 值，代入式（9-97）即可建立含水率随开发时间变化的关系式。考虑到 a、c 组合值的多样性和不确定性，为了减少参数的求解时间，可采用数学软件或计算机编程对式（9-97）直接进行拟合求解，当相关性最佳时，即为所求参数值。

二、启动压力梯度对含水率的影响

在油水两相作一维稳定渗流的情况下，它们各自的流动符合有启动压力梯度的线性渗流规律：

$$v_o = \frac{K_o S_w}{\mu_o}\left(\frac{\Delta p}{L} - G_o\right) \tag{9-101}$$

$$v_w = \frac{K_w S_w}{\mu_w}\left(\frac{\Delta p}{L} - G_w\right) \tag{9-102}$$

式中　v_o——油相渗流速度，m/s；

　　　v_w——水相渗流速度，m/s；

　　　$\dfrac{\Delta p}{L}$——驱动压力梯度，MPa/m；

　　　G_w——水相启动压力梯度，MPa/m；

　　　G_o——油相启动压力梯度，MPa/m。

因为含水率为：

$$f_w = \frac{v_w}{v_w + v_o} \tag{9-103}$$

作相应的整理，并设 G_w 可忽略，令 $G = G_O$，则得：

$$f_w = \frac{1}{1 + \dfrac{K_{ro}}{M K_{rw}}\left(1 - \dfrac{G}{\Delta p / L}\right)} \tag{9-104}$$

式中　K_{ro}——油相相对渗透率；

K_{rw}——水相相对渗透率；

M——油水黏度比。

当启动压力为零时，式(9-104)变为达西定律条件下含水率的计算公式。它表明含水率受油水黏度比的制约，油水黏度比越大，含水率越大。但是，在低渗透的条件下，渗流的过程存在启动压力梯度，这时影响含水率的因素就多了，除了油水黏度比以外，渗透率的影响和原油极限剪切应力的影响不可忽视。可以看出，在其他相同条件下，渗透率越低，含水率越高，原油极限剪切应力越大，含水率越高。当渗透率越小和原油极限剪切应力越大时，油相的相对渗透率下降越快，由于渗透率低引起的毛管力大，又导致水相的相对渗透率上升缓慢。

三、含水率计算采出程度

根据学者对水驱特征曲线的研究发现注水开发的油藏，含水率和采出程度之间存在一定的关系，而这个关系取决于最终采收率。如果在开发初期，能预先估计出油藏水驱含水率与采出程度的关系，就可能估计在主要开采阶段含水率与采出程度的变化状况，通过油藏含水率随采出程度的上升的趋势，评价出这个油藏的最终采出程度。

由于油田开发的过程是一个不断调整和不断完善的过程，油田开发的阶段性和不可预见性使得各阶段含水率与采出程度上升趋势不断改变，各阶段所对应的最终采出程度也不相同。

估算注水开发油田含水率与采出程度的方法较多，下面给出了三种比较实用的估算方法。

1. 油水黏度比法

$$\frac{f_w}{1-f_w} = \left(D\frac{R}{R_m}+1\right)e^{a+D\frac{R}{R_m}} \qquad (9-105)$$

式中，a、D 为与油水黏度相关的统计常数，其值可以引用表9-7中的计算表达式进行计算。根据已知的具体油藏的实际生产动态数据（含水率 f_w 和采出程度 R），应用公式(9-105)就可以计算出相应油藏在目前开发模式下或水驱开发效果下的油田综合含水率达到经济极限含水率 f_{wL} 时的最终采出程度。

表 9-7　统计常数 a、D 计算式

应用范围 （油水黏度比）	计算公式
1.5~3.5	$a = 19.16\ln\mu_r - 31$ $D = 30.37 - 18.46\ln\mu_r$
3.5~50	$a = -8.407/(\ln\mu_r + 0.10464)$ $D/a = -(0.7339 + 0.374\ln\mu_r)$ $D = \dfrac{23.1729}{\ln\mu_r + 2.2517}$
>50	$a = 0.66\ln\mu_r - 4.76$ $D = 4.56 - 0.125\ln\mu_r$

综合含水率和采出程度关系的曲线是油藏工程中经常用到的一种曲线。它是由标准曲线和实际生产数据曲线绘制而成，用来评估区块的含水上升情况在现在的条件下是不是正常，而且对油藏的水驱采收率可以进行预测。

2. 童式经验法

童宪章根据大量的水驱开发油藏的生产数据，推导出了含水率与采出程度之间的半经验公式法。当含水率达到98%时其表达式为：

$$\lg \frac{f_w}{1-f_w} = 7.5(R-R_m)+1.69 \tag{9-106}$$

式（9-106）中的系数7.5不适合低渗透油田含水率与采出程度之间的变化规律，长庆油田勘探开发研究院曹军等在水驱曲线理论推导的基础上，采用统计学方法对童氏曲线进行了改进，改进后更符合长庆低渗透油田实际，改进公式如下：

$$\lg\left(\frac{f_w}{1-f_w}+\frac{49}{10^{9.0538R_m-1}}\right)=1.69+\lg\left(1+\frac{49}{10^{9.0538R_m-1}}\right)+9.5038(R-R_m) \tag{9-107}$$

因此利用改进的童式曲线法，通过给定 R_m 的不同数值，便能够在图中绘出含水率—采出程度关系曲线，通过在童式图版上对实际生产数据与理论曲线对比得到最终采收率。

3. 实际生产数据法

通过实际油藏的具体生产数据，应用下述七种采出程度与含水率的关系曲线进行回归分析获得具体的反映该油藏含水率与采出程度的计算表达式。

$$\lg R = A+B\lg(1-f_w) \tag{9-108}$$
$$\lg R = A+Bf_w \tag{9-109}$$
$$\lg R = A+B\lg f_w \tag{9-110}$$
$$\lg(1-R) = A+B\lg(1-f_w) \tag{9-111}$$
$$\lg(1-R) = A+B\lg f_w \tag{9-112}$$
$$R = A+B\lg(1-f_w) \tag{9-113}$$
$$R = A+B\lg \frac{f_w}{1-f_w} \tag{9-114}$$

根据已知的实际生产动态数据，分别按上面七种关系式进行线性回归，求出系数 A 和 B 值，再按相关系数最大确定具体油藏的采出程度计算表达式。当油田综合含水率达到经济极限含水率时，由确定出的具体油藏的采出程度计算表达式可以获得油藏的最终采出程度。

4. 相渗曲线法

水平油层忽略毛管力、油水两相稳定渗流条件下，根据平面径向流产量公式，推导其分流方程：

$$f_w = \cfrac{1}{1+\cfrac{\mu_w}{\mu_o}\cfrac{B_w}{B_o}\cfrac{\rho_o}{\rho_w}\cfrac{K_{ro}}{K_{rw}}} \tag{9-115}$$

在忽略毛管力、油水两相稳定渗流条件下，油、相对渗透率比值与含水饱和度的关系式为：

$$\frac{K_{ro}}{K_{rw}} = ae^{-bS_w} \qquad (9-116)$$

进而得到地面含水与含水饱和度关系式：

$$f_w = \frac{1}{1 + \frac{\mu_w}{\mu_o} \frac{B_w}{B_o} \frac{\rho_o}{\rho_w} ae^{-bS_w}} \qquad (9-117)$$

平均含水饱和度与采出程度的关系式：

$$\overline{S}_w = RS_{or} + S_{wi} \qquad (9-118)$$

平均含水饱和度与含水饱和度的关系式：

$$\overline{S}_w = \frac{2}{3}S_w + \frac{1}{3}(1 - S_{or}) \qquad (9-119)$$

联立得含水饱和度与采出程度关系式：

$$S_w = \frac{3}{2}\left[RS_{or} + S_{wi} - \frac{1}{3}(1 - S_{or})\right] \qquad (9-120)$$

整理得地面含水率与采出程度理论关系式：

$$f_w = \frac{1}{1 + \frac{\mu_w}{\mu_o} \frac{B_w}{B_o} \frac{\rho_o}{\rho_w} ae^{AR+G}} \qquad (9-121)$$

其中

$$A = \frac{3}{2}bS_{oi} \qquad (9-122)$$

$$G = -\frac{3}{2}bS_{wi} + \frac{1}{2}b(1 - S_{or}) \qquad (9-123)$$

众所周知，注水开发油田的目前采出程度不但与油藏地质条件和目前水驱开发效果有关，而且还与油藏的开发阶段有关。为了能够反映这一特征，特采用"由含水率与采出程度关系式预测出（或计算）油藏的最终采出程度 R_m"与"由油藏地质特征参数评价出的油藏最终采出程度（油藏采收率 R_{gm}）"的比值作为评价水驱开发效果在含水率指标方面的评价标准。为了叙述的方便，将这一比值称为采出程度比，其相应的计算表达式为：

$$R_R = \frac{R_m}{R_{gm}} \times 100\% \qquad (9-124)$$

式中　R_m——根据经验公式算出的最终采出程度，%；

　　　R_{gm}——基于地质特征参数计算得到的最终采出程度，%。

5. 注采比法

注水开发砂岩油田的注采关系可以用下式来表达：

$$\lg W_i = C + DN_p \qquad (9-125)$$

由注采比定义得：

$$R_{\text{ip}} = \frac{q^{iw}}{q^o\left(\dfrac{B_o}{\gamma_o}+R_{\text{wo}}\right)} = \frac{\dfrac{\mathrm{d}W_i}{\mathrm{d}t}}{\dfrac{\mathrm{d}N_p}{\mathrm{d}t}\left(\dfrac{B_o}{\gamma_o}+R_{\text{wo}}\right)} = \frac{2.3D\times10^{C+DN_p}}{\dfrac{B_o}{\gamma_o}+R_{\text{wo}}} \qquad (9-126)$$

甲型水驱特征曲线表达式为：

$$\lg W_p = A + BN_p \qquad (9-127)$$

代入注采比定义式，得到：

$$R_{\text{ip}} = \frac{2.3D\times10^{C+D\frac{\lg\frac{R_{\text{wo}}}{2.3B}-A}{B}}}{\dfrac{B_o}{\gamma_o}+R_{\text{wo}}} \qquad (9-128)$$

式中，A、B、C、D 为拟合得到的系数。

　　首先将油藏第 i 年的含水率、累积产液量和注水量作为已知数，特别是将第 i 年的注水量作为一个基数，第 $i+1$ 年的注水量可以在此基础上增加或减少。有了第 $i+1$ 年的注水量后便可计算得到第 $i+1$ 年的合理产液量，从而得到第 $i+1$ 年的累积产液量，在有了产量影响因素变化趋势的前提下便可得到第 $i+1$ 年的含水率值，从而得到产量值。

　　以此类推，可以计算得到此后 N 年的产量值。计算过程如图9-4所示。

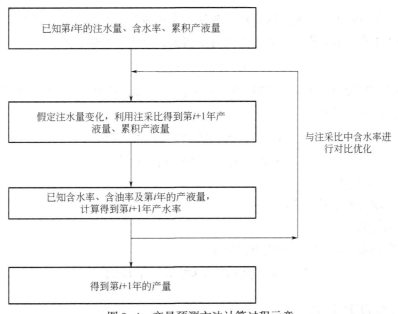

图9-4　产量预测方法计算过程示意

　　从理论上讲，采出程度比 R_R 一般是小于1的，但由于诸多原因，个别油藏的采出程度比 R_R 值大于1。可能是油藏地质特征参数的偏差，使得由油藏地质特征参数评价出的油藏最终采出程度（油藏采收率 R_{gm}）偏小；可能是油藏生产动态参数的偏差，使得由含水率与采出程度关系式预测出的或目前开发技术水平可能达到的油藏最终采出程度 R_m 偏大。采出程度比的大小反映了水驱开发效果的好坏，其值越大说明开发效果越好，评价标准见表9-8。

表9-8 采出程度比评价标准

采出程度比,%	>95	95~90	90~85	85~80	<80
等级	好	较好	中等	较差	差

第四节 注水波及体积评价

注水波及体积大小用油藏的注水波及系数表示。具体来讲，油藏的注水波及系数分为垂向波及系数、面积波及系数和体积波及系数。随着油田采出程度的增加，注水波及系数也就增大，可以依据注水波及系数的变化来评价波及效果的好坏。油藏的注水波及系数不仅能反映油田客观非均质性对注水开发效果好坏的影响，而且能反映石油工作者对油田进行的分层、注采井网、开采方式等主观措施相较于油田本身的地质油藏特点是否适应。因此，注水波及系数应该随时监测了解，以便随时发现油田存在的问题，有助于及时调整开发方案，改善注水效果，提高油田采收率。

一、垂向波及系数

牛彦良、李莉分析了影响井网系数、驱油效率和波及系数的因素，结合非达西渗流理论，对低渗透油藏水驱采收率计算方法进行了研究，给出了经验公式：

$$Y = a_1 E_Z^{a_2}(1-E_s)^{a_3} \tag{9-129}$$

式中，$a_1 = 3.334088568$，$a_2 = 0.7737348119$，$a_3 = -1.225859406$，E_z 为垂向波及系数，Y 为计算参数，由下式确定：

$$Y = \frac{(F_{ow}+0.4)(18.948-2.499V_K)}{(M+1.137-0.8094V_K)10^{f(V_K)}} \tag{9-130}$$

式中　F_{ow}——油水比；

　　　V_K——渗透率变异系数；

　　　M——流度比。

$f(V_K)$ 变异系数的函数，可由下式确定：

$$f(V_K) = -0.6891+0.9735V_K+1.6453V_K^2 \tag{9-131}$$

二、面积波及系数

牛彦良等研究发现水驱油效率是驱替压力梯度的函数，随井网密度的增大而增大；面积波及系数是注水方式、裂缝走向夹角及裂缝相对长度的函数给出计算公式。考虑均质、砂体大面积分布的油藏，面积波及系数与注水方式、储层渗流特征有关系：

$$E_A = \left(\frac{1+\mu_R}{2\mu_R}\right)^{0.5}$$

其中

$$\mu_R = \frac{\left[K_w(S_w) + K_o(S_o)\right]}{\mu_w K_o(S_w)}\mu_o \tag{9-132}$$

式中　E_A——面积波及系数；

$\quad K_w$、K_o——含水饱和度为 S_w 时水、油相对渗透率；

$\quad \mu_o$、μ_w——地层条件下油、水黏度。

考虑裂缝，根据经验结果数学回归得出经验公式，当注采方向与裂缝方向平行时为：

$$E_A = -0.1858L_f^2 + 0.3602L_f + 0.701 \tag{9-133}$$

当注采方向与裂缝方向垂直时为：

$$E_A = 0.1454L_f^2 - 0.94099L_f + 0.73957 \tag{9-134}$$

式中　L_f——裂缝长度。

Dyes 等人应用 X 射线图像技术研究了二维非均质模型五点井网、直线排状和交错排状的平面波及系数，他们应用非线性回归方法拟合了数据点，得到如下方程：

$$\frac{1-E_A}{E_A} = \left[a_1\ln(M+a_2) + a_3\right] + a_4\ln(M+a_5) + a_6 \tag{9-135}$$

式中，a_1、a_2、a_3、a_4、a_5 是与井网形式有关的常数。

三、体积波及系数

陈元千在丙型水驱曲线基础上，经过推导提出了预测水驱体积波及系数与累积产油量，以及水驱体积波及系数与含水率的变化关系式：

$$E_V = 1 - \sqrt{a(1-f_w)} \tag{9-136}$$

其中 a 是丙型曲线回归系数。

刘德华在计算实际的注入水水驱体积波及系数时，利用油田开发初期已知的液体高压物性参数、原油 PVT 等静态资料和油田开发过程中的相关动态资料，给出了开发过程中实际驱油效率的计算公式：

$$E_D = 1 - \frac{B_{oi}}{B_o}\frac{1 - \left[\dfrac{2}{3}\dfrac{1}{b}\ln\left(a\dfrac{\mu_w}{\mu_o}\right) - \dfrac{1}{b}\ln\left(\dfrac{1}{f_w}-1\right)\right] - \dfrac{1}{3}(1-S_{or})}{1-S_{wi}} \tag{9-137}$$

式中　E_D——驱油效率；

$\quad B_{oi}$——原始原油体积系数；

$\quad B_o$——原油体积系数；

$\quad \mu_w$——地层水黏度；

$\quad \mu_o$——原油黏度；

$\quad f_w$——含水率；

$\quad S_{or}$——最终残余油饱和度；

$\quad S_{wi}$——束缚水饱和度。

a、b 由下式确定：

$$\frac{K_{rw}}{K_{ro}} = 10^{a-bS_o} \tag{9-138}$$

式中　K_{ro}——原油相对渗透率；

　　　K_{rw}——水相对渗透率；

　　　S_o——含油饱和度。

油田实际的驱油效率随着综合含水率的增大而增大，且前期增加较慢，后期增加变快。较国际上统一定义的驱油效率而言，黏度和体积系数的变化体现了压力降，含水率体现了开采效果和开采程度，更符合实际的水驱动态。实际的水驱采出程度（R）由实际的水驱油效率（E_D）和实际的水驱体积波及系数（E_V）组成，可以得到实际水驱体积波及系数与累积产油量的关系公式：

$$E_V = \frac{N_p}{NE_D} = \frac{N_p}{N} \frac{B_o(1-S_{wi})}{B_o(1-S_{wi}) - B_{oi}\left\{1 - \left[\dfrac{2}{3}\dfrac{1}{b}\ln\left(a\dfrac{\mu_w}{\mu_o}\right) - \dfrac{1}{b}\ln\left(\dfrac{1}{f_w}-1\right)\right] - \dfrac{1}{3}(1-S_{or})\right\}}$$

（9-139）

式中　N_p——累积产油量；

　　　N——原油地质储量。

油藏开发中，根据物质平衡原理可知，累积产油量的变化取决于地下波及体积内饱和度的变化：

$$dN_p = \frac{V_c \phi \rho_o dS_o}{B_{oi}}$$

（9-140）

式中　N_p——累积产油量；

　　　V_c——波及体积；

　　　ϕ——孔隙度；

　　　ρ_o——原油密度；

　　　B_{oi}——原始地层油体积系数。

不同水油比下的体积波及系数为：

$$E_V = \frac{R'(F)}{R'_c(F)}$$

（9-141）

式中，$R'(F)$ 为油藏生产数据中地下水油比对应的采出程度变化率；$R'_c(F)$ 为岩心水驱油实验中水油比对应的采出程度变化率。

四、影响注水波及系数的主要因素

1. 油层的非均质性

一般认为，油层的非均质性主要是由沉积条件所造成的，此外次生的成岩作用、断层作用对于油层非均质性也有一定的影响。油层的沉积条件是指沉积环境、碎屑物质的搬运速度及海侵和海退等。由于沉积条件不同，沉积碎屑物的分选程度、岩石胶结物的类型与数量、碎屑物质的堆积与充填形式均有不同，造成油层的岩性在平面上和垂直剖面上的巨大差异。在沉积过程中，尽管岩层都是成层沉积，但沿水流方向上的渗透率（水平渗透率）与垂直于水流方向上的渗透率（垂直渗透率）却可能有巨大差别。

油层的非均质性可分为剖面（垂向）上、平面（水平）上和结构特征上的非均质性三种类型。前二者称为宏观上的非均质性，如油层岩石性质、油层有效厚度、水驱地层厚度等方面的非均质性。而结构特征上的非均质性指的是岩石组成与孔隙结构特征方面的非均质性，属于微观上的非均质性。无论是宏观上的非均质性还是微观上的非均质性，都将直接影响到注水波及效率、接触系数及驱油效率。

2. 油层渗透率的差异

油层渗透率的差异包括两方面，即具有各向异性的方向渗透率的差异和从一点到另一点的渗透率的差异。油层渗透率在垂向上的变化往往导致油层水淹的不均匀性。这是注入水在不同渗透率层段的推进速度有所不同所致。实践证明，渗透率极差增大，常常导致注入水的单层突进，造成水淹厚度小、注水波及效率低。由油层在平面上存在的渗透率的各向异性所导致的注水波及体积偏小的状况，可以通过优化注水井网加以调整。

3. 油层的沉积韵律

在岩体或岩层内部，其组成成分、粒级结构及颜色等在垂向上有规律地重复变化，这种现象称为韵律。其中岩石颗粒自下而上由粗变细的演变序列为正韵律，岩石颗粒自下而上由细变粗的演变序列为反韵律，岩石颗粒自下而上由粗变细再变粗或由细变粗再变细的演变序列为复合韵律。

沉积韵律可以反映出储积层岩性、岩相的变化，也可以反映出储积层储油特性上的差异。油层沉积韵律不同会使注水波及体积与驱油效率差异甚大。

反韵律油层的岩性特点是由下而上岩性由细变粗，这种沉积韵律的油层一般具有含水率上升慢、见水厚度大但无明显的水洗层段、驱油效率低等特点。根据注水驱油数值模拟计算结果，反韵律油层的水驱效率随注水量的增大而缓慢上升（表9-9）。

表9-9　反韵律油层注水体积与采出程度的关系

注水体积，PV	采出程度，%	含水率，%
0.038	10.3	—
0.167	16.5	39.4
0.275	25.8	50.5
0.475	31.7	55.3
1.230	44.8	88.2
1.700	49.8	91.6
2.178	53.4	94.0

正韵律油层的岩性特点与反韵律油层相反，即下部为砾状砂岩、含砾砂岩、粗砂岩、中砂岩，上部为中砂岩、细砂岩或少量粉砂岩。这种沉积韵律的油层通常具有以下特点：在平面上水淹面积大，油井产出液含水率上升快，在中、低含水期采出程度低和在垂向上水洗厚度小、单水洗层段的驱油效率高等。

复合韵律油层的岩性变化和沉积顺序兼有反韵律及正韵律油层的双重特点。韵律油层油水运动特征取决于高渗透带所处的位置。若高渗透带偏于下部，油水运动规律大致与正韵律高渗透油层相似；若高渗透带偏于上部，油水运动规律大致与反韵律高渗透油层相似。

综上所述，非均质多油层油田普遍存在非均质性、渗透性和沉积韵律等差异。在注水开发时，这些差异直接导致注入水在各油层、各方向的不均匀推进，使油水关系复杂化，影响油田开发效果。此即所谓注水开发油田的三大矛盾——层间矛盾、平面矛盾和层内矛盾。

层间矛盾是指由于各油层岩性、物性和储层流体性质不同，造成各油层在吸水能力、水线推进速度、地层压力、出油状况、水淹程度等方面的相互制约和干扰，影响各油层，尤其是中低渗透率油层发挥作用。

平面矛盾是指由于油层性质在平面上的差异，引起注水开发后同一油层的各井之间地层压力有高有低、见水时间有早有晚、含水上升速度有快有慢，形成相互制约和干扰，影响油井生产能力的发挥。

层内矛盾是指同一油层的性质在纵向上的差异，造成注入水在油层内垂向上的不均匀分布和推进，影响油层水洗程度和驱油效率的提高。

4. 油层流体黏度

在注水开发油藏，油、水黏度的差异对驱油效率的影响极大。表9-10为在均质岩心上进行的油水黏度比对无水采收率影响情况的岩心试验结果，可见油水黏度比对开发效果的影响是相当明显的，这种影响的总体趋势是随着油水黏度比的增大无水采收率明显下降。

表 9-10　油水黏度比对均质岩心无水采收率的影响

油水黏度比	5.87	21.5	41.6	82.0	115
无水采收率，%	56.2	42.5	18.5	14.5	13.0

对严重非均质油层，油水黏度比对开发效果的影响更明显，它可以更加尖锐地反映出油层内非均质性对注水开发效果的影响。表9-11为另一组在非均质岩心上进行的驱油试验结果，可见在非均质岩心中，当油水黏度比为50和5时的无水采收率分别为8.7%、12.6%，远远低于表9-11所示均质岩心的驱油效率。

表 9-11　油水黏度比对非均质岩心驱油效率的影响

油水黏度比	不同注入体积时的采出程度，%			
	无水期	0.5PV	1.5PV	2.5PV
50	8.70	14.5	21.0	26.0
5	12.6	30.0	48.4	54.5

5. 流度比

流体在多孔介质中流动时，有效渗透率与流体黏度的比值称为该流体的流度。流度表示流体在多孔介质中流动能力的大小，流度越大，流动能力越大。水、油的流度 λ_w、λ_o 分别为水、油的有效渗透率 K_w、K_o 与它们的黏度 μ_w、μ_o 之比：

$$\lambda_{w} = \frac{K_{w}}{\mu_{w}} \tag{9-142}$$

$$\lambda_{o} = \frac{K_{o}}{\mu_{o}} \tag{9-143}$$

在决定流度的两个因素——渗透率和黏度中，渗透率的影响程度大于黏度。在注水驱

油过程中，随着油的不断采出，地层含水饱和度不断增大，含油饱和度不断减小，水的相对渗透率不断上升，而油的相对渗透率不断下降。这种情况如图9-5所示。

图9-5中实线为油相相对渗透率随含水饱和度的变化情况，虚线为水相相对渗透率随含水饱和度的变化情况，两条曲线左端点和右端点分别对应于束缚水饱和度下及残余油饱和度下的油、水相对渗透率关系。可以看到不同的采油阶段有不同的水、油相对渗透率和有效渗透率，因此不同的采油阶段有不同的水、油流度值。

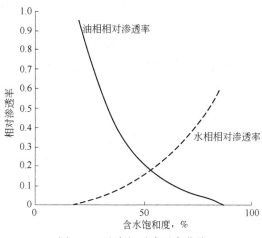

图9-5　油水相对渗透率曲线

注水开发油藏的流度比 M 等于驱替相（水）流度 λ_{w} 和被驱替相（油）流度 λ_{o} 之比：

$$M = \frac{\lambda_{w}}{\lambda_{o}} = \frac{K_{w}\mu_{o}}{K_{o}\mu_{w}} \tag{9-144}$$

文献中对流度比的表达有两种方式，一种是用束缚水饱和度下油的流度 λ_{oio} 和残余油饱和度下水的流度 λ_{orw} 来表示：

$$M = \frac{\lambda_{orw}}{\lambda_{oio}} = \frac{K_{orw}\mu_{o}}{K_{oio}\mu_{w}} \tag{9-145}$$

式（9-145）是以油水相对渗透率曲线端点处数据为依据的流度比概念，它以活塞式驱动（驱替流体和被驱替流体之间有明显分界面）为假定条件，这时处于束缚水饱和度下的油在陡峭前沿之前流动，而在前沿后方的水在残余油饱和度下流动。但实际上大部分注水都不是理想的活塞式驱替，因而涉及注水的流度比，在多数注水文献中都以另一种方式，即水窜时推进前沿平均含水饱和度下水的流度 λ_{wf} 和束缚水饱和度下油的流度 λ_{oio} 来表示：

$$M = \frac{\lambda_{wf}}{\lambda_{oio}} = \frac{K_{wf}\mu_{o}}{K_{oio}\mu_{w}} \tag{9-146}$$

若在水窜之后转注聚合物，当计算聚合物溶液和油的流度比 M_{po} 时，又需改用下式：

$$M = \frac{\lambda_{p}}{\lambda_{1}} = \frac{K_{p}/\mu_{p}}{\dfrac{K_{o}}{\mu_{o}} + \dfrac{K_{w}}{\mu_{w}}} \tag{9-147}$$

式中　λ_{p}——聚合物溶液的流度，应在残余油状态下测出；

　　　λ_{1}——聚合物段塞前方油、水混合液的流度；

μ_p——聚合物溶液的黏度，Pa·s。

油相渗透率 K_o 和水相渗透率 K_w 根据用地层岩心测定出的相对渗透率曲线确定。

在注水开发油藏，流度比可以被看作是水驱前沿前方的油与前沿后方的水相对移动速度的一种量度。假定作用在油水两相上的压力梯度相等，流度比等于 1 表示油、水以同一速度运移；流度比小于 1 表示油的运移速度比水快，水窜时的驱油效率较高；流度比大于 1 表示油的运移速度比水慢，水将窜进到油的前部造成水淹，导致驱油效率低下，剩余油只能在注入大量水后才能被采出。

流度比对扫油面积系数的影响可用图 9-6 表示。图 9-6 表示一个五点井网见水时扫油面积系数与流度比的关系，可见当流度比从 0.1 增大到 10 时，见水时扫油面积系数从 1 下降到 0.5，表明原油采收率将降低一半。

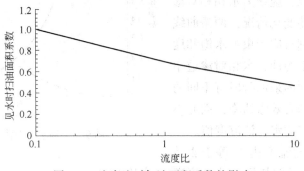

图 9-6　流度比对扫油面积系数的影响

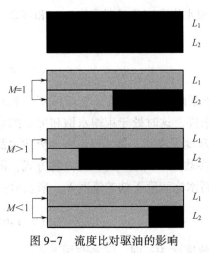

图 9-7　流度比对驱油的影响

为了说明流度比对注水波及体积系数的影响，设定了两个已经饱和了原油的平行油层 L_1 和 L_2，它们的外部尺寸相同，但 L_1 的水相渗透率是 L_2 的两倍，L_1 和 L_2 之间被一不渗透隔板隔开。现在用同一个压力源以同一排量向 L_1 和 L_2 注入驱油剂（图 9-7）。

首先来考察流度比等于 1 的情况。由于进入 L_1 和 L_2 驱油剂的流度相同，进入 L_1 驱油剂的真实流速是 L_2 的 2 倍。当驱油剂从 L_1 突破（见水）时，驱油剂在 L_2 中只运移了一半距离。这时，两层总的体积波及系数等于 0.75，驱油效率为 75%。

其次考察流度比大于 1 的情况。由于驱油剂的流动能力大于油的流动能力，驱油剂在 L_1 中的真实流速大于第一种情况，而在 L_2 中的真实流速小于第一种情况。当驱油剂从 L_1 突破时，它在 L_2 中的运移距离小于第一种情况。这时，两层总的注水波及体积系数小于 0.75，驱油效率小于 75%。

最后考察流度比小于 1 的情况。由于驱油剂的流动能力小于油的流动能力，驱油剂在 L_1 中的真实流速小于第一种情况，而在 L_2 中的真实流速大于第一种情况。当驱油剂从 L_1

突破时，它在 L_2 中的运移距离大于第一种情况。这时，两层总的注水波及体积系数大于 0.75，驱油效率大于 75%。

五、聚合物驱油原理

在影响注水波及系数的诸因素中，既有油层地质条件方面的（油层非均质性，渗透率，沉积韵律），也有驱油剂方面的（油水黏度比，流度比）。属于油层地质条件方面的客观因素固然难以用人工方法加以改变，但属于驱油剂方面的因素是可以通过在注入水中添加某种化学剂的方法加以改善的。

1. 降低油水黏度比

从表 9-10 和表 9-11 所示油水黏度比对岩心驱油效率的影响可以看到，降低油水黏度比可以提高驱油效率。因此，设法降低地层原油的黏度或提高驱油剂的黏度就可以达到提高驱油效率的目的。显然，大面积降低地层原油黏度的方法是不现实的，而通过在注入水中添加增稠剂以提高驱替相黏度的方法是很容易做到的。

2. 降低流度比

从图 9-6 和图 9-7 所示流度比对注水波及系数和驱油效率的影响可以看出，降低流度比可以提高注水波及系数和驱油效率。表 9-12 是在一维均质地质模型上进行的聚合物驱和水驱数值模拟结果，可见在聚合物驱替 14 年后，模型含水率达到 97.1%（残余油阶段），原油采收率为 52.3%。而在同一条件下注水驱替 14 年后，模型含水率达到 97.6%，但此时的原油采收率仅有 41.6%。而若使采收率达到聚合物驱的水平，采用水驱需要 168 年。由于本模型所模拟的地层渗透性是均质的，因此模拟试验所表现出的提高采收率和缩短开发周期效果主要应归因于聚合物驱的降低流度比机理。

表 9-12　均值地质模型驱油效果比较

驱替方案	驱替时间，a	注入体积，PV	含水率，%	采收率，%
水驱	14	1.70	97.6	41.6
水驱	168	12.6	99.8	52.3
聚合物驱	14	1.70	97.1	52.3

流度比的降低提高了注水波及系数，使得需大量注水才能采出的油，仅用少量黏性水便可采出。由此看来，聚合物驱油的真正意义在于改善驱替效果，缩短开发周期。

第五节　注水开发效果评价标准

在油田开发挖掘中，重视油田注水开发效果，优化油田注水开发效果的评价方法是相当重要的问题，它为更进一步加强油田的开发效果提供了可靠的评估手段，为油田开发改良提供具备参考价值的数据支撑。在我国石油资源日益紧缺的背景下，评价注水开发效果具备重要的现实意义。

一、注水开发效果评价指标

油田注水的评价指标有许多个，包括注水储量控制程度与注水储量动用程度、产油量自然递减率与综合递减率、存水量与含水率、能量保持水平和利用能力，必须在不同的角度上全面具体地评价一个油田注水方案。在评价开发效果时，首要的工作就是将这些油田注水的评价指标总结到计算的公式中，便可以得到实践中油田开采工作的评价指标的具体数值。水驱开发油田效果评价由单指标定性评价到综合定量评价是一个突破。综合定量评价建立在单指标定性评价的基础之上。

开发经验表明，油藏开发效果不但与油层物性、原油物性、岩石物性及驱动类型等油藏自然条件有关，也与开发层系划分、井网部署、采油工艺水平及开发调整等人为因素有关。在这些因素构成的指标体系中，各个因素关系复杂，甚至有些因素对开发效果的影响程度不能给出精确评价，每种因素的评判结果也不很确切，针对这种模糊性，可以采用模糊数学的方法将影响开发效果的一些因素由定性的描述转为定量化，使评价的因素更全面，评价结果更可靠。

在长期的油田注水开发实践中，研究人员发现，油田注水开发效果的影响因素主要有四个，这也是其效果评价的主要方向。

（1）地质条件。毋庸置疑，影响油田注水开发效果的主要因素之一是地质条件。地质条件很大程度上决定了注水时水层在纵向及横向上的推进速度和均匀性，并依据水驱采收率判断所用注水方式取得的效果。

（2）注水方案。注水方案不同，最终获得的油田采收效果不同，依据不同方案的效率值，可为注水方案及操作人员技术水平提供较为直观的评价依据。

（3）人为因素。由人为因素直接控制的程序，对注水开采效果产生决定性影响的因素，如注水方式、强度、地质层次分析等，可用作油田注水开发效果人为影响因素的直观评价指标。

（4）调整方案实施效果。在注水经验积累下，采取调整措施后，如注采强度、层系及井网等的调整，所取得的油田注水开发效果，可用于评价改善状况，并能一定程度上反映出注水开采队伍研发能力。

从油田注水技术的应用来看，地质条件是其最重要的影响因素，地质因素所包含较广，但其中每一方面都对油田注水中有重大影响。

二、注水开发潜力评价

1. 水驱难易程度评价

水驱难易程度作为注水开发潜力的内容之一，对它的评价将从孔隙结构特征、储层的敏感性、渗流物性及砂体分布和流体物性等几方面进行评价，具体指标如图 9-8 所示。

（1）孔隙结构特征分析。研究岩石的孔隙结构，实质就是研究岩石的孔隙构成，包括孔隙的大小、形状、连通情况、孔隙类型等。

（2）储层敏感性分析。储层敏感性分析是针对油藏在开采过程中，外来施工流体与岩石接触时，可能发生的潜在性伤害及对储层可能造成的伤害进行分析，主要从岩石的水敏、速敏、酸敏及其影响因素等方面分析。

（3）储层渗流物性分析。储层渗流物性不但影响水驱难易程度，而且还影响水驱均匀程度和水驱采收率的大小。反映储层渗流物性的特征指标包括油藏岩石的渗透率、储层岩石渗透率的变异系数、储层岩石的润湿性等。

（4）砂体分布分析。砂体分布指储层在横向和纵向上含油储层的特征分布状况，主要影响水驱均匀程度和水驱采收率。反映砂体分布的指标主要有砂岩有效厚度、平均单层含油气厚度、有效砂岩系数、有效厚度钻遇率、砂层分布系数和过渡带储量比等。

- 孔隙结构特征
  - 退贡效率
  - 排驱压力
  - 饱和度中值压力
  - 孔道均值系数
- 储层敏感性
  - 速敏
  - 水敏
- 储层渗流物性
  - 储层平均渗透率
- 砂体分布
  - 有效砂岩系数
  - 砂岩分布系数
- 流体物性
  - 黏度
  - 含蜡量
  - 胶质沥青含量

图 9-8　水驱难易程度评价指标体系

（5）流体物性。流体物性从其影响水驱开发难易程度、影响水驱推进均匀程度及原油采收率方面考虑，主要指标包括原油的黏度、原油含蜡量、原油胶质沥青含量等参数。

2. 水驱均匀程度评价

水驱均匀程度评价指标体系如图 9-9 所示。

- 颗粒结构
  - 颗粒粒度
  - 颗粒分选系数
- 孔隙结构
  - 喉道均值系数
  - 孔喉分选系数
  - 歪度
  - 饱和度中值压力
  - 退汞效率
  - 孔隙度
- 储层渗流物性
  - 储层平均渗透率
  - 储层非均值性
  - 润湿性
- 储层敏感性
  - 水敏性
  - 速敏性
- 含油气砂体分布
  - 有效厚度
  - 平均单层厚度
  - 有效厚度钻遇率
  - 有效砂岩系数
  - 砂岩有效分布系数
  - 过渡带储量大小
- 原油物性
  - 黏度
  - 含蜡量
  - 胶质沥青含量

图 9-9　水驱均匀程度评价指标体系

（1）颗粒结构分析。颗粒结构是指岩石颗粒的大小和岩石颗粒分布情况。它不但影响水驱难易程度，而且还影响水驱均匀程度和采收率的大小。反映油藏颗粒结构的特征参数的指标体系主要有颗粒粒度和岩石的分选系数。

（2）孔隙结构分析。孔隙结构就是研究岩石的孔隙构成。它依然要影响水驱难易程度，而且还影响水驱均匀程度和采收率大小。其影响水驱均匀程度的主要指标体系包括喉道均值系数、喉道分选系数、歪度、饱和度中值压力、退汞效率和孔隙度等。

（3）储层渗流物性分析。影响水驱均匀程度的储层渗流物性指标体系包括储层平均渗透率、储层非均质性和岩石的润湿性等。

（4）储层敏感性分析。储层敏感性分析同“水驱开发难易评价”中敏感性的分析。

（5）含油气砂体分布分析。同“水驱开发难易评价”中砂体分布分析。

（6）原油物性分析。同“水驱开发难易评价”中流体物性分析。

3. 水驱采收率评价

水驱采收率评价指标体系如图 9-10 所示。

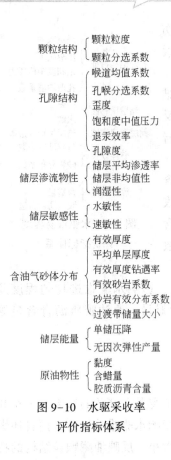

颗粒结构 { 颗粒粒度
颗粒分选系数

孔隙结构 { 喉道均值系数
孔喉分选系数
歪度
饱和度中值压力
退汞效率
孔隙度

储层渗流物性 { 储层平均渗透率
储层非均质性
润湿性

储层敏感性 { 水敏性
速敏性

含油气砂体分布 { 有效厚度
平均单层厚度
有效厚度钻遇率
有效砂岩系数
砂岩有效分布系数
过渡带储量大小

储层能量 { 单储压降
无因次弹性产量

原油物性 { 黏度
含蜡量
胶质沥青含量

图 9-10 水驱采收率
评价指标体系

（1）颗粒结构分析。同"水驱开发难易评价"中颗粒结构分析。

（2）孔隙结构分析。同"水驱开发难易评价"中孔隙结构分析。

（3）储层渗流物性分析。同"水驱开发难易评价"中储层渗流物性分析。

（4）含油气砂体分布分析。同"水驱开发难易评价"中含油气砂体分布。

（5）储层能量分析。储层能量关系着油田开采过程中采用何种手段进行开采。在油田早期，油田一般利用其自身的天然能量进行开采，能量的大小和类别决定了开采方式和补充能量的方式。能量的大小可以根据试采资料分析得出每采出1%地质储量压降值和无因次弹性产量两个指标来分析。

（6）原油物性分析。同"水驱开发难易评价"中流体物性分析。

三、水驱开发效果的评价

注水油田的水驱开发效果指油田在实行注水开发时对油田采出程度或采收率的贡献程度。它的指标体系应该表现以下几方面：

（1）在相同采出程度时，注水油田的累积水侵量包括天然边底水侵入量的多少，反映水驱开发效果的好坏。

（2）在相同的累积注水量下或注入的孔隙体积倍数下（累积注入水体积与油藏总孔隙体积之比），采出程度的大小反映水驱情况的好坏。

（3）在注水开发油藏过程中，地质储量的动用程度与可采储量的相对大小（预测能够达到的开采储量与该油藏理应达到的可采储量之比），这是反映水驱效果好坏的重要指标。

由此，从以下几个指标对水驱开发效果进行分析：

（1）水驱储量控制程度。水驱储量控制程度是指现有井网条件下与注水井相连通的采油井的射开有效厚度与所有采油井的射开总有效厚度之比。其实质是用注水井和采油井射开的有效厚度来评价水驱对储量的控制程度，其评价指标分别用两种比较实用的方法估算：油砂体法和概算法。

（2）水驱储量动用程度。水驱储量动用程度即总的吸水厚度与注水井总射开厚度之比，或总产液厚度与油井总射开厚度之比。从实际的开发效果分析，认为水驱储量的动用程度是水驱动用储量与地质储量的比值，这一指标可采用丙型水驱特征曲线方法确定。

（3）可采储量。可采储量是指在现有经济技术和开采工艺条件下，能从地质储量中开采出来的那一部分储量，原则上是地质储量与经济采收率的乘积，它是反映注水开发油田水驱开发效果好坏的综合指标。预测油藏可采储量的方法很多，可采用两种方法（甲型水驱特征曲线法和丙型水驱特征曲线法）对这一指标进行确定。

（4）含水率。含水率是油井日产水量与日产液量的比值，在实际中指评价开发区块中各油井年产水量和年产液量的比值，是油层生产的综合含水率，它也是反映注水油田开发效果的一个重要指标。

（5）存水率。存水率分为累积存水率和阶段存水率。累积存水率是累积注水量与累积采水量之差与累积注水量之比（或存入地下未能采出的累积注水量与累积注水量之比），通常所说的存水率指累积存水率。累积存水率是衡量注入水利用好坏的指标，也是衡量注水开发油田水驱开发效果的重要指标之一。

（6）注水量。注水量指标可以从侧面反映出注水开发效果。前面常规油藏工程方法中建立了注水量计算模型，也可以采用油田目前的采出程度与注水量的关系，外推至最终采出程度处去估算累积注水量（最终注水量）。

（7）能量的保持和利用程度。能量的保持水平反映了在地层压力的保持程度及该地层压力水平下是否满足排液量的需要。根据地层压力保持程度和提高排液量的需要，分为三类：

① 地层压力在饱和压力以上，能满足油井不断提高排液量的需要。

② 地层压力下降没造成油层脱气，但不能满足油井提高排液的需要。

③ 地层压力下降造成油层脱气，也不能满足提高排液的需要。它没有定量的指标数据，根据压力保持在哪个水平，从而确定其范围。

（8）剩余可采储量采油速度。剩余油可采储量采油速度指当年核实年产油量除以上年末的剩余可采储量之比。该指标综合反映了目前开发系统（井网、注水方式、注采强度等）开发效果的好坏。其评价指标按阶段划分。

（9）年产油综合递减率。年产油综合递减率指当年核实产油量扣除当年新井年产油量后，与上年标定日产水平折算的当年产油量之差，除以上年底标定日产水平折算的当年产油量。这一指标反映了油田在某一阶段的地下油水运动和分布状况及生产动态特征。

四、人为控制因素分析

一个油藏在某一开发时期的实际水驱开采效果不仅取决于油藏自身的基础地质条件，而且还与开发人员的技术水平和不同的人为控制因素（开发层系的划分、井网密度、注采井网布置、注采强度、开发方式、开采速度等）相关。人为控制因素评价体系如图 9-11 所示。

（1）开发层系的划分。开发层系划分即把一些性质相近、特征相似的同一水动力学中的小油层组合在一起，采用与其相应的同一注水方式、井网和工作制度对其进行开发，以减少层间干扰，提高注水纵向上波及系数及采收率，并以此为基础，进行生产规划、动态分析和调整。为了较好地评价开发层系划分的合理性，可从以下几个指标进行分析：单井控制有效厚度、隔层的稳定性、渗透率比值、压力比值。

（2）注水时机。合理注水时机指油田在天然能量不足的状况下，要保持油田高产、

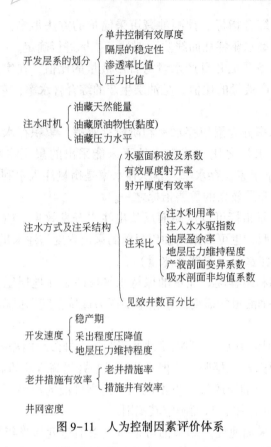

图 9-11　人为控制因素评价体系

稳产，取得较高采收率，而采取向油藏中注水以补充能量的最佳时机。对于合理注水时机的确定，将从地层压力对原油物性的影响程度、油藏天然能量值，以及油藏压力水平等几个指标进行分析。

（3）注水方式及注采结构。确定一个油藏的注水方式，必须根据本油田的实际开发情况，以确保油层受到充分的注水效果，实现合理的注采强度，以达到提高采收率的目的。对于一个具体的油藏而言，注水方式的适应性主要体现在注采结构的适应性。对于注水方式和注采结构适应性，应从平面和纵向上总体考虑。为此可从以下指标分析：水驱面积波及系数、有效厚度射开率、射开厚度有效率、注采比（油层盈余率、地层压力维持程度、产液剖面变异系数、吸水剖面非均值系数等）、见效井数百分比等。

（4）开发速度。油藏的可采储量开发速度指一年内采出可采储量的百分比，它是影响注水开发油田水驱开发效果的极为重要的人为控制因素。对于开发速度的分析从稳产期、采出程度压降值、地层压力维持程度等指标评价。

（5）老井措施有效率。老井措施有效率包括老井措施率和措施井有效率两个指标。其中老井措施率是指某一年内老井中的所有措施井的井数与全油藏的老井总数之比。措施井有效率是指某一年时间内老井中的所有措施井中的措施有效井数与全油藏老井中的所有措施井数之比。

（6）井网密度。井网密度即每口井所控制的面积。生产井的井网密度是否合理对整个油田开发过程的主动性和灵活性的影响很大。

五、改善水驱开发效果的评价

由于油藏自身的地质条件的复杂性和人们对地质条件的认识局限性，随着油藏注水开发程度的逐渐加深，地下矛盾和原油非均质性对生产动态也逐渐暴露出来。要适应目前的生产，井网、开发层系、注采方式等必须做方案的调整和改善。因而，油田措施的分析必须着重对比描述水驱开发效果的各项指标在措施前后的变化。

（1）综合含水率响应值。综合含水率响应值，指开发调整措施前后的综合含水率之差与开发调整措施前综合含水率可能的最大变化范围之比。它可以用来反映开发调整措施前后的水驱开发效果。

（2）总注入响应量。总注入响应量指开发调整措施前后的总注入量之差与开发调整措施前总注入量之比。它也反映开发调整措施前后的水驱效果。

（3）年产油量响应值。年产油量响应值，指开发调整措施后增加的年产油量或预测年产油量的增大值与开发调整措施前年产油量之比。它可以反映开发调整前后的水驱开发效果。

（4）动用地质储量响应值。动用地质储量响应值定义为开发调整措施后增加的动用地质储量与开发调整前可能的动用地质储量的最大增量之比。它可以用来评价开发调整后的动用地质储量变化程度。

（5）可采储量响应值。可采储量响应值指开发调整措施后增加的可采储量与开发调整前可采储量可能的最大增量之比。它可以用来评价开发调整后的储层储量变化程度。

（6）最终水驱采收率响应值。最终水驱采收率响应值指开发调整措施后增加的采收率与开发调整前可能的采收率最大增量之比。它可用来评价开发调整后最终水驱采收率增加情况。

（7）存水率响应值。存水率响应值定义为开发调整措施后存水率的增量与开发调整前存水率可能的最大增量之比。它可以用来评价开发调整后存水率的变化情况。

（8）增产倍比响应值。增产倍比响应值即开发调整措施后产液指数与开发调整前产液指数之比。它可以用来评价开发调整后的增产倍比的变化情况。

（9）产量递减率缓值。产量递减率缓值，也称视递减率倒数响应值，指开发调整措施前后油田区块的视递减率倒数的变化量与开发调整前的视递减率倒数可能变化最大值之比。它表征开发调整前后视递减率倒数变化的程度。

（10）有效厚度产液率响应值。有效厚度产液率响应值，定义为开发调整措施后油田区块产液层厚度的增量与开发调整前有效产液层厚度可能的最大增量之比。该指标反映油田实施开发调整措施后油层产液剖面改善的均匀程度，主要用于层系调整和堵水调剖后的效果评价。

六、水驱开发指标评价的基本步骤

根据各评价指标体系，分别从各个指标体系的单因素影响状况入手进行分析。

（1）根据油藏实际地质和开发状况，确定能反映油藏特征的指标体系。

（2）结合油藏实际情况，选取并计算能反映油藏各客观指标的特征参数。

（3）根据各油藏特征参数对相应的评价指标的影响程度，分别对这些参数进行权重单因素评价。

（4）在上述单因素评价的基础上，对各油藏特征参数进行多因素评价。

（5）根据油藏参数对各评价指标的相对影响程度，确定油藏各特征参数在各个相应指标体系中的权重。

（6）运用模糊综合评判的方法，对各评价因素进行综合评价，从而获得各指标体系影响程度的综合评价结果。

第六节 应用实例

以彩南三工河组油藏为例，进行注水开发效果评价。

一、注水开发潜力评价

1. 水驱难易程度评价

根据油田专家组提供的各参数评价指标可得其参数判断矩阵（表9-13）。

表9-13 参数判断矩阵

参数名	孔隙结构特征	储层敏感性	储层渗流物性	砂体分布	流体物性
孔隙结构特征	1	0.333	3	1	2
储层敏感性	3	1	5	3	0.5
储层渗流物性	0.333	0.2	1	0.5	0.333
砂体分布	1	0.333	2	1	0.5
流体物性	0.5	2	3	3	1

用层次分析法解上述矩阵方程的特征值可得各因素的权重（表9-14）。

表9-14 因素权重

参数名	孔隙结构特征	储层敏感性	储层渗流物性	砂体分布	流体物性
权重	0.137	0.402	0.079	0.137	0.245

综合以上对各指标单因素的评价，结合因素的权重，可得影响水驱难易程度的指标评价矩阵：

（1）原理1：水驱难易程度评价矩阵为（0.1631, 0.3628, 0.4102, 0.1067, 0.0748）。

（2）原理2：水驱难易程度评价矩阵为（0.0990, 0.3413, 0.4029, 0.0978, 0.0591）。
归一化得：1：（0.1459, 0.3246, 0.3670, 0.0955, 0.0669）；
　　　　　2：（0.0990, 0.3413, 0.4029, 0.0978, 0.0590）。

根据最大隶属度原则，彩南油田三工河组油藏水驱难易程度属于"中等"偏"较好"的范围。

二、水驱均匀程度评价

根据油田专家组提供的各参数评价指标可得其参数判断矩阵（表9-15）。

表9-15 参数判断矩阵

参数名	颗粒结构	孔隙结构	储层渗流物性	储层敏感性	含油气砂体分布	原油物性
颗粒结构	1	2	3	0.8	3	1.2
孔隙结构	0.5	1	1.6	0.4	1.6	0.6
储层渗流物性	0.333	0.625	1	0.3	1	0.4
储层敏感性	1.25	2.5	3.333	1	4	1.6
含油气砂体分布	0.333	0.625	1	0.25	1	0.4
原油物性	0.833	1.667	2.5	0.625	2.5	1

用层次分析法解上述矩阵方程的特征值可得各因素的权重（表9-16）。

表9-16 因素权重

参数名	颗粒结构	孔隙结构	渗流物性	敏感性	含油气砂体分布	原油物性
权重	0.090	0.175	0.277	0.071	0.277	0.111

综合以上对各指标单因素的评价，结合因素的权重，可得影响水驱均匀程度的指标评价矩阵：

（1）原理1：水驱均匀程度评价矩阵为（0.2703，0.2677，0.2882，0.2080，0.1670）。

（2）原理2：水驱均匀程度评价矩阵为（0.2548，0.2622，0.2941，0.0822，0.1207）。

归一化得：1：（0.2250，0.2229，0.2399，0.1732，0.1390）；

2：（0.2513，0.2586，0.2900，0.0811，0.1190）。

根据最大隶属度原则，彩南油田三工河组油藏水驱均匀程度属于"中等"偏"较好"的范围。

三、最终采收率评价

根据油田专家组提供的各参数评价指标可得其参数判断矩阵（表9-17）。

表9-17 参数判断矩阵

参数名	颗粒结构	孔隙结构	储层渗流物性	储层敏感性	含油气砂体分布	原油物性	储层能量
颗粒结构	1	4	6	1.6	6	2.5	1
孔隙结构	0.25	1	1.6	0.4	1.6	0.6	0.3
储层渗流物性	0.1677	0.625	1	0.25	1	0.4	0.2
储层敏感性	0.625	2	4	1	4	1.5	0.6
含油气砂体分布	0.1677	0.625	1	0.25	1	0.4	0.2
原油物性	0.4	1.6667	2.5	0.6667	2.5	1	0.4
储层能量	1	3.333	5	1.6667	5	2.5	1

用层次分析法解上述矩阵方程的特征值可得各因素的权重（表9-18）。

表9-18　因素权重

参数名	颗粒结构	孔隙结构	渗流物性	敏感性	含油气砂体分布	原油物性	驱动能量
权重	0.045	0.175	0.277	0.071	0.277	0.111	0.045

综合以上对各指标单因素的评价，结合因素的权重，可得影响水驱采收率程度的指标评价矩阵：

（1）原理1：水驱采收率程度评价矩阵为（0.2701, 0.2588, 0.2947, 0.0652, 0.1049）。

（2）原理2：水驱采收率程度评价矩阵为（0.2547, 0.2558, 0.2990, 0.0837, 0.1187）。

归一化得：1：（0.2718, 0.2605, 0.2966, 0.0656, 0.1056）；

2：（0.2517, 0.2582, 0.2954, 0.0827, 0.1173）。

根据最大隶属度原则，彩南油田三工河组油藏水驱采收率程度属于"中等"偏"较好"的范围。进而根据最大隶属度原则可以分析出注水开发潜力的评价结果属于"中等"偏于"较好"的水平。

四、水驱开发效果评价

1. 水驱储量控制程度评价

（1）原理1：评价矩阵为（0.90, 0.10, 0.10, 0, 0）。

（2）原理2：评价矩阵为（0.82, 0.17, 0.01, 0, 0）。

归一化得：1：（0.8182, 0.0909, 0.0909, 0.0000, 0.0000）；

2：（0.8200, 0.1700, 0.0100, 0.0000, 0.0000）。

2. 水驱储量动用程度评价

（1）原理1：评价矩阵为（0.90, 0.10, 0.10, 0, 0）。

（2）原理2：评价矩阵为（0.82, 0.17, 0.01, 0, 0）。

归一化得：1：（0.8182, 0.0909, 0.0909, 0.0000, 0.0000）；

2：（0.8200, 0.1700, 0.0100, 0.0000, 0.0000）。

3. 可采储量评价

（1）原理1：评价矩阵为（0.90, 0.10, 0.10, 0, 0）。

（2）原理2：评价矩阵为（0.82, 0.17, 0.01, 0, 0）。

归一化得：1：（0.8182, 0.0909, 0.0909, 0.0000, 0.0000）；

2：（0.8200, 0.1700, 0.0100, 0.0000, 0.0000）。

4. 含水率评价

（1）原理1：评价矩阵为（0.90, 0.10, 0.10, 0, 0）。

（2）原理2：评价矩阵为（0.82, 0.17, 0.01, 0, 0）。

归一化得：1：（0.8182, 0.0909, 0.0909, 0.0000, 0.0000）；

2：（0.8200, 0.1700, 0.0100, 0.0000, 0.0000）。

5. 存水率评价

（1）原理1：评价矩阵为 (0.1, 0.8, 0.1, 0.1, 0.0)。

（2）原理2：评价矩阵为 (0.17, 0.66, 0.16, 0.01, 0.0)。

归一化得：1：(0.091, 0.727, 0.091, 0.091, 0.000)；

2：(0.170, 0.660, 0.160, 0.010, 0.000)。

6. 注水量评价

（1）原理1：评价矩阵为 (0.90, 0.10, 0.10, 0, 0)。

（2）原理2：评价矩阵为 (0.82, 0.17, 0.01, 0, 0)。

归一化得：1：(0.8182, 0.0909, 0.0909, 0.0000, 0.0000)；

2：(0.8200, 0.1700, 0.0100, 0.0000, 0.0000)。

7. 能量的保持和利用程度评价

1）地层能量保持

（1）原理1：评价矩阵为 (0.0, 0.1, 0.1, 0.8, 0.1)。

（2）原理2：评价矩阵为 (0.0, 0.01, 0.16, 0.66, 0.17)。

归一化得：1：(0.091, 0.727, 0.091, 0.091, 0.000)；

2：(0.170, 0.660, 0.160, 0.010, 0.000)。

2）能量的利用程度

（1）原理1：评价矩阵为 (0.90, 0.10, 0.10, 0, 0)。

（2）原理2：评价矩阵为 (0.82, 0.17, 0.01, 0, 0)。

归一化得：1：(0.8182, 0.0909, 0.0909, 0.0000, 0.0000)；

2：(0.8200, 0.1700, 0.0100, 0.0000, 0.0000)。

8. 剩余可采储量的采油速度评价

（1）原理1：评价矩阵为 (0.90, 0.10, 0.10, 0, 0)。

（2）原理2：评价矩阵为 (0.82, 0.17, 0.01, 0, 0)。

归一化得：1：(0.8182, 0.0909, 0.0909, 0.0000, 0.0000)；

2：(0.8200, 0.1700, 0.0100, 0.0000, 0.0000)。

综上可得各参数判断矩阵（表9-19）。

表 9-19　参数判断矩阵

参数名	储量动用	储量控制	可采储量	含水率	存水率	注水量	能量保持和利用	采油速度
储量动用	1	1	1	0.6	0.6	0.4	0.4	0.4
储量控制	1	1	1	0.6	0.6	0.4	0.4	0.4
可采储量	1	1	1	0.6	0.6	0.4	0.4	0.4
含水率	1.6667	1.6667	1.6667	1	1	0.6	0.6	0.6
存水率	1.6667	1.6667	1.6667	1	1	0.6	0.6	0.6
注水量	2.5	2.5	2.5	1.6667	1.6667	1	1	1
能量保持和利用	2.5	2.5	2.5	1.6667	1.6667	1	1	1
采油速度	2.5	2.5	2.5	1.6667	1.6667	1	1	1

用层次分析法解上述矩阵方程的特征值可得各因素的权重（表9-20）。

表9-20　因素权重

参数名	储量动用	储量控制	可采储量	含水率	存水率	注水量	能量保持和利用	采油速度
权重	0.191	0.191	0.191	0.112	0.112	0.068	0.068	0.068

综合以上对各指标单因素的评价，结合因素的权重，可得影响水驱开发效果的指标评价矩阵：

（1）原理1：水驱开发效果评价矩阵为（0.2701，0.2588，0.2947，0.0652，0.1049）。

（2）原理2：水驱开发效果评价矩阵为（0.2547，0.2558，0.2990，0.0837，0.1187）。

归一化得：1：（0.2718，0.2605，0.2966，0.0656，0.1056）；

2：（0.2517，0.2582，0.2954，0.0827，0.1173）。

根据最大隶属度原则，彩南油田三工河组油藏水驱开发效果属于"好"的范围。

五、人为控制因素的评价

人为控制因素评价指标的参数判断矩阵见表9-21。

表9-21　参数判断矩阵

参数名	开发层系	注水时机	注水方式	开发速度	老井措施	井网密度
开发层系	1	0.2	0.6	0.4	0.2	0.4
注水时机	5	1	5	2.5	1	2.5
注水方式	1.6667	0.2	1	0.6	0.4	0.6
开发速度	2.5	0.4	1.6667	1	0.4	1
老井措施	5	1	2.5	2.5	1	2.5
井网密度	2.5	0.4	1.6667	1	0.1	1

用层次分析法解上述矩阵方程的特征值可得各因素的权重（表9-22）。

表9-22　因素权重

参数名	开发层系	注水时机	注水方式	开发速度	老井措施	井网密度
权重	0.368	0.056	0.237	0.142	0.056	0.142

综合以上对各指标单因素的评价，结合因素的权重，可得人为控制因素的指标评价矩阵：

（1）原理1：人为控制因素评价矩阵为（0.2701，0.2588，0.2947，0.0652，0.1049）。

（2）原理2：人为控制因素评价矩阵为（0.2547，0.2558，0.2990，0.0837，0.1187）。

归一化得：1：（0.2718，0.2605，0.2966，0.0656，0.1056）；

2：（0.2517，0.2582，0.2954，0.0827，0.1173）。

根据最大隶属度原则，彩南油田三工河组人为控制因素属于"好"的范围。

六、改善油田水驱开发效果的评价

改善油田水驱开发效果评价指标的参数判断矩阵见表9-23。

表9-23 参数判断矩阵

参数	综合含水率响应值	总注入响应值	年产油量响应值	地质动用储量响应值	可采储量响应值	最终采收率响应值
综合含水率响应值	1	1	1.5	0.6	1.8	1.8
总注水量响应值	1	1	1.5	0.7	2	2
年产油量响应值	0.7	0.7	1	0.5	1.3	1.3
动用地质储量响应值	1.5	1.5	2	1	3	3
可采储量响应值	0.54	0.5	0.77	0.4	1	1
最终采收率响应值	0.54	0.5	0.77	0.4	1	1

用层次分析法解上述矩阵方程的特征值可得各因素的权重（表9-24）。

表9-24 因素权重

参数名	综合含水率响应值	总注入响应值	年产油量响应值	地质动用储量响应值	可采储量响应值	最终采收率响应值
权重	0.13	0.12	0.183	0.088	0.239	0.239

综合以上对各指标单因素的评价，结合因素的权重，可得改善彩南油田水驱开发效果指标评价矩阵：

（1）原理1：改善彩南油田水驱开发效果指标因素评价矩阵为（0.4698，0.3949，0.0909，0.0435，0.0000）。

（2）原理2：改善彩南油田水驱开发效果指标因素评价矩阵为（0.5090，0.4046，0.0818，0.0048，0.0000）。

归一化得：1：（0.2718，0.2605，0.2966，0.0656，0.1056）；

2：（0.2517，0.2582，0.2954，0.0827，0.1173）。

根据最大隶属度原则，彩南油田三工河组改善水驱开发效果因素属于"好"的范围。

参考文献

[1] 李兴训.水驱油田开发效果评价方法［D］.成都：西南石油学院，2005.

[2] 张居增，张烈辉，张红梅，等.预测水驱油田含水率的Usher模型［J］.新疆石油地质，2004，25（2）：191-192.

[3] 陈国飞，孙艾茵，唐海，等.用组合模型预测水驱油田含水率［J］.油气藏评价与开发，2016，6（2）：11-13.

[4] 牛彦良，李莉，韩德金，周锡生.低渗透油藏水驱采收率计算新方法［J］.石油学报，2006，27（2）：77-79.

[5] 周鹏，王庆勇，张凤喜.预测水驱油田含水率的新模型及应用［J］.断块油气田，2017，24（4）：522-524.

[6] 张居增，张烈辉，张红梅，等.预测水驱油田含水率的Usher模型［J］.新疆石油地质，2004，25（2）：191-192.

[7] 王炜，刘鹏程.预测水驱油田含水率的Gompertz模型［J］.新疆石油学院学报，2001，4：30-33.

[8]　王炜，刘鹏程.预测水驱油田含水率的 Gompertz 模型［J］.新疆石油学院学报，2001，13（4）：30-32.

[9]　徐赢，潘有军，周荣萍，等.油田注水开发期含水率随时间变化规律研究［J］.岩性油气藏，2016，28（4）：127-132.

[10]　赖枫鹏，李治平，岑芳.一种注水阶段考虑含水率变化的产量预测方法［J］.天然气地球科学，2009，5：827.

[11]　陈元千.对预测含水率的翁氏模型推导［J］.新疆石油地质，1998，19（5）：403-405.

[12]　聂仁仕，贾永禄，霍进，等.实用存水率计算新方法及应用［J］.油气地质与采收率，2010，2：83-86.

[13]　相天章，于涛，温静，等.累积存水率曲线研究及应用探讨［J］.断块油气田，2001，8（4）：31-32.

[14]　张虎俊.预测可采储量新模型的推导及应用［J］.试采技术，1995，16（1）：38-42.

[15]　冯其红，吕爱民，于红军，等.一种用于水驱开发效果评价的新方法［J］.石油大学学报（自然科学版），2004，28（2）：58-60.

[16]　初伟.塔中4油田开发效果评价［D］.大庆：大庆石油学院，2009.

[17]　辛毅超.陇东地区元284井区注水开发效果评价［D］.成都：西安石油大学，2019.

[18]　骆永亮，蒋建勋.开启型油藏的注水开发效果评价方法［J］.辽宁化工，2013，42（7）：819-922.

[19]　郭印龙，郭恩常，杨永利，等.一种新的水驱开发效果评价体系［J］.石油地质与工程，2008，5：67-68.

[20]　张锐.应用存水率曲线评价油田注水效果［J］.石油勘探与开发，1992，2：63-68.

[21]　张锐.油田注水开发效果评价方法［M］.北京：石油工业出版社，2010：41-52.

[22]　Yang Zhengming, Urdaneta Alfredo. A Practical Approach to History Matching Premature Water Breakthrough in Waterflood Reservoir Simlation［J］. SPE Res Eval & Eng 20（3）：726-737.